Universidade dos Batuqueiros e Batuqueiras Engajadas no Furdúncio.

Qual é o seu time no Espírito Santo?

O Enigmático Torcedor do Futebol Capixaba

ISBN 978-65-01-23934-7

José Augusto dos Anjos Araujo

Vitória ES / 1906 ~1959 ~ 2024

Ladies First

Estádio Kléber Andrade. A Casa da Torcida Capixaba

A Seleção Masculina só se apresentou uma vez no ES; foi em 1996 no Eng. Araripe contra a Polônia.

Escusas

Estranho começar uma obra com justificativas, mas a ádvena não se apoia na razão e tudo fluiu na emoção mesmo, portanto livre de regras e convenções. Por esse motivo não há divisão de capítulos; a formatação é misturada (desenhos e tamanho das letras, em sua maioria para realçar, ou para caber na página mesmo – 98% das fotos roubartilhadas de tudo quanto é feira livre ...); "do nada" aparecem desvios para contextualizar com a história de cidades do Espirito Santo onde os fatos são narrados; abundam profusões, letras de músicas e devaneios; foram "inseridos" termos inexistentes na língua culta; surgem "por aproximação" palavras do dialeto capixabês – tanto no débito quanto no crédito; há uma infinidade de gargalhadas e risos (pois realmente me diverti muita na produção muito embora isso seja totalmente censurável); algumas coisas parecem repetidas mas se formos observar bem, outros contextos estão acrescidos como papos do facebook ou mantidos para não alterar os textos originais, ou são revividos mesmo e também contrariando as boas normas quase tudo é narrado na primeira pessoa pois em boa parte dos "causos" expostos eu fui testemunha mesmo e essas histórias não poderiam se perder ou ficarem restritas a papos de botequim que submergem depois de passada a ressaca. Outra motivação foi que os próprios amigos e amigas ao elogiarem alguns textos relativos ao nosso futebol diziam: por que você não faz um livro? Missão dada comecei a matutar ... material não faltava ...

Quanto às fontes eu segui as normas acadêmicas citando-as rigorosamente, mas sendo públicos não pedi autorização, exceto alguns textos e fotos mais sensíveis sobre os quais consultei os autores e estes além de acederem ainda incentivaram que se publicasse. Portanto se alguém não concordar com alguma coisa é só avisar que eu retiro ou corrijo para a próxima edição. Minha editora permite tais alterações numa boa desde que mantido o número de páginas.

A ideia inicial era publicar em preto e branco para baratear o custo final haja visto que meu 1º livro (sobre o jogo de botões) ficou caríssimo tanto pelo formato maior (tamanho A4, como este), gigantesco com quase 500 páginas (este vai fechar com 215) e pelo papel, especial, pois não dá para mostrar os belos botões e acessórios em um papel que não permitiria que ficassem, como ficaram, perfeitos. Mas o que encareceu mesmo foi a impressão colorida. Então, neste exato momento – manhã do dia 13 de novembro de 2024 – fazendo a revisão final e vendo que está ficando uma "beleuza", na dúvida vou fazer a 1ª Edição colorida mesmo ... se ficar caro eu compro um pra mim e depois lanço o Preto e Branco, "cértio"? ... ou posso publicar o colorido em outra editora ...

Como tem muita coisa só do Rio Branco por motivos explicados posteriormente; para "compensar," a parte final aborda TODOS os municípios do estado, todos os seus cubes históricos profissionais e alguns amadores, sempre com ênfase nos torcedores apesar de ser uma tarefa árdua pois as fotos e relatos existentes (e raros) são sempre sobre os times. Quem tiver problemas com o RBAC, fuja!

100% dos brasileiros e brasileiras já chutaram uma bola mesmo que apenas uma única vez na vida. Quem prosseguiu no funil jogou, e evidentemente torceu, para o seu time de escola, time de bairro ou time da família, não necessariamente nessa ordem. Desde que pelo menos uma vez na vida tenha brincado e mesmo sendo uma rara pessoa que não gosta de futebol (a não ser alguns jogos de uma Copa ou outra pela Seleção) essa pessoa que não torce para time nenhum dirá que jogou e vibrou com seu time da infância. Das peladas no quintal, na rua, na chuva, na fazenda ou numa varandinha de Sapê ...

Daí que os que "sobraram", que são milhões e milhões que só pensam naquilo, no caso o futebol, acabaram em algum momento de suas vidas adotando um time "pra chamar de seu". Tem gente que só tem um, outros tem 2, outros tem um no estado onde moram outro no Rio e outro em São Paulo; ultimamente tem gente que tem o seu brasileiro e um gringo, espanhol, italiano, inglês ou alemão. E por aí vai... Tem os malucos como eu (18 times ou mais), mas se o time da família jogar contra o Rio Branco ela ficará em 2º plano. Nas derrotas dos 17 aplaudo o desempenho dos adversários, mas ganhar jogando mal ou mesmo roubado só com o Capa Preta.

Durante estes meses de preparação pensei o nome do livro e os espertinhos e espertinhas já perceberam que a inspiração vem da velha pegadinha que até hoje as pessoas caem ... Que Timeteu no Rio de Janeiro (ou quem qualquer lugar)? Se a pessoa olhar enfezada é porque entendeu ... Aí o perguntante dá uma melhorada. – Que time é o teu no Rio de Janeiro? E invariavelmente a pessoa responde ... Se não entendeu, a piada está pronta. – Eu sô mineiro Uai, é galoooo !!! kkkk - Então para não ficar com um nome inconveniente ou intrigante, escolhemos >>> Qual é o seu time no ES? Os Enigmáticos Torcedores do Futebol Capixaba. <<<

JAAA no Parque Moscoso; 50 anos antes aí foi criado o Rio Branco / voando no campo da ETV em Jucutuquara / No Náutico Brasil

Torcedores de Clubes do Futebol Capixaba: Quem são eles e elas? Como vivem? O que comem? Quantos são? Quando surgiram? De que modo nadam contra o Tsunami Capirioca? Kkkkkk

Creio que os que me conhecem estão "carecas de saber" que eu sou meio avesso a redes socias (no celular nem pensar, rsrs), mas há alguns anos comecei a tatear no Facebook para curtir, falar e postar sobre coisas que eu gosto como o Futebol Capixaba, Jogo de botões, História, fauna, flora, geografia, literatura, artes em geral do Estado do Espírito Santo e política, entre outros assuntos. Gosto da plataforma pois a considero mais adequada à pesquisa com textos longos e fotos aglutinadas com conteúdo específico ao contrário de outras com propósitos mais imediatistas. Mas, como tudo na vida, vai que um dia some tudo de uma hora pra outra? Rsrsrs - Por isso resolvi salvar minhas pesquisas e conversas nem sempre fiadas em um local apenas e como fiz especificamente com o tal *Jogo de Botões*, pretendo publicar em livro, só para garantir que não desapareçam para todo o sempre. - WhatsApp (trabalho e família), Instagram (chiques), X Twitter (afetados). Tik Tok(engraçadinhos), Telegram (abriga muitos loucos) e por aí afora não são a minha praia. Cada um na sua e não estou nem aí se o facebook como dizem é coisa de velho. Adoro meus velhinhos e velhinhas, kk.

Portanto, a ideia é ir resgatando os posts e com os luxuosos comentários das amizades acrescidos ... não tenho um roteiro definido mas vou tentar colocar inicialmente os mais antigos e especialmente algumas memórias de nossas andanças estado afora e em outros confrontos interestaduais para vermos "os meninos jogar" !!! As fontes principais serão exatamente duas páginas do Facebook que administramos: a Rio Branco Atlético Clube (de torcedores e ex-jogadores) e a Torcida Bola Branca Memorial (que criei para dar suporte) e sempre que possível da maneira como foram publicados os posts...O pouco que temos sobre nossos valorosos adversários também será contemplado ... "je promets"

vamos ver no que vai dar ... "O mundo sob o ponto de vista Capa Preta"

Conjecturando aqui com meus botões e voltando à minha infância e adolescência penso que normalmente as pessoas (assim que decidido assistir ao jogo) não vão aos estádios sozinhas, a não ser que não encontrem alguém da família, um vizinho de bairro ou um colega ou uma paquera que seja para dividir as alegrias ou tristezas, uma cervejinha ou um simples picolé. Aliás muitas amizades começam ali naquele burburinho dos vendedores ambulantes, as pessoas chegando, as afinidades e tudo o mais antes de adentrar o estádio propriamente dito. Muita gente marca pelo telefone e fica por ali esperando a turma chegar. - *Pow, já tô esperando há um tempão ... Vc é que chegou muito cedo; já comprou pelo menos o ingresso?* Kkkkkkk / Tinha uns caras que levavam no Estádio Engenheiro Araripe uma pequena parafernália e um barril grande de Chopp e ficavam lá no Tobogã ... eles não vendiam, tomavam entre eles (era uma turma de Jardim América) mas o bar do clube grená reclamou e proibiram a festa. / Assim como a praia, um estádio de futebol é um daqueles raros espaços onde se exerce a democracia no Brasil, talvez até mais que em outros. / Acho que vou fazer outro livro só sobre os botecos ao redor dos estádios Espírito Santo afora. Rsrsrsrs

Vejo que quando as pessoas se programam para participar de algum evento ou situação é o embrião de alguma coisa organizada e daí para combinarem camisas iguais, chegarem juntos, levarem uma bandeira, papel picado, inventar um corinho etc. e tal é um pulo, não é mesmo? Algumas pessoas se sentem bem quando estão participando em conjunto de algo maior com algumas poucas dezenas ou mesmo milhares de auras dentro de um estádio ou um num simples campo de pelada* que seja, apenas para torcerem por uma agremiação que pratica o chamado "velho e rude esporte bretão". Até mesmo os indiferentes aos oponentes que estão jogando quando questionados sobre para qual time estão torcendo sempre escolherão um, por uma infindável combinação de motivos cujas razões a própria razão desconhece. Rsrsrsr *Existem divergências quanto a origem do nome pelada. Alguns dizem que o termo pelada é originário de "péla", assim chamada as bolas de couro ou borracha, palavra derivada do latim vulgar pilella (diminutivo de pila) que significa bola ou novelo de lã. Outros dizem que o termo se deve à ausência de grama no terreno onde costumam ser realizadas as partidas. Na Argentina e Uruguai é "Picadito". No Chile, Bolívia e Peru é "Pichanga"... e tem mais ... Chamusca, Birria, Potra e Megenga. Kkkkkk - Aqui na praia é Racha !!!!

Amor da minha vida / Daqui até a eternidade / Nossos destinos foram traçados / **Na maternidade** // Paixão cruel, desenfreada / Te trago mil rosas roubadas ...

Os carecas e as carecas também sabem que eu já nasci riobranquense e isto não é uma mera figura de linguagem posto que na fria e chuvosa noite de 23 de agosto de 1959 meu pai foi presenteado na maternidade com um charuto (guardado cuidadosamente em um armário no vestiário do "Bley") **por um atleta alvinegro que assim que o jogo acabou correu para lá a fim de conhecer quem é que estava chegando na parada. Naquela época só se sabia se era menino ou menina lá na hora do vamos ver,** rsrsrs **- Ele havia marcado o 3° gol do Rio Branco (no Estádio Governador Bley) exatamente no horário** {20h40min **em que eu cheguei à Ilha de Vitória** (Sta Casa na Vila Rubim)} **e mal tomou banho pegou um carro de praça e rumou pra lá para espanto do meu pai que disse: rapaz, como é possível? ... na hora do gol (estava ouvindo no rádio), aos 37 do 2° tempo começou o trabalho de parto e foi tudo muito rápido**

Meu saudoso Tio Nanau. Nos deixou em 2011

Vitória, 25-8-59 — A GAZETA — Sétima página

Rio Branco venceu fácil numa partida sem brilho

O TIME ALVI-NEGRO JOGOU SEM INSPIRAÇÃO - GOALS DE CHANCE MARCARAM OS 3 x 0 DO CAMPEÃO CAPIXABA — O QUADRO DO MANUFATORA NÃO IMPRESSIONOU BEM — PELEJA DESPIDA DE TÉCNICA E CHEIA DE FALHAS INDIVIDUAIS — BOM PÚBLICO PRESENTE AO ESTÁDIO — JOSÉ MACEDO GOMES COM UMA ARBITRAGEM BOA — DETALHES DO PRIMEIRO ENCONTRO NESTA CAPITAL DA "TAÇA BRASIL"

Nos vestiários após o jogo

A GAZETA nos DESPORTOS

Campeonato juvenil

... Pois é meu cunhado, vim trazer o seu charuto para você se acalmar. Kkkk **- O time venceu por 3 x 0 pela Taça Brasil o representante do estado do Rio (o Manufatora) e venceu também o jogo de volta no dia 30 em Niterói por 1 x 0, gol também dele (aos 40 do 2° tempo de pênalti** rsrsrs**). Era casado com minha tia, irmã de minha mãe. Seu nome era Egnaldo de Almeida, conhecido como Nanau que também jogou no Vitória e na Desportiva. Já o meu pai (Mauricio de Araujo) me levava desde os 4 anos no colo pra arquibancada e foi aí que tudo começou ... em Jucutuquara ... segundo relatos eu apontava com o dedo indicando que eu queria ficar lá em cima, perto da Charanga, kkkkkkk.**

Meu pai sempre ligado em Música Sacra foi regente de coral e toca órgão e outros teclados; minha mãe tocava acordeom, então só as batidas do coração podem explicar meu apreço pelo samba ... e pelo rock ... e pelo blues ... e pelo chorinho ... jazz ... música erudita ... MPB e mais nada, rsrs

---

Paulo Cesar Ribeiro
José Augusto Anjos Araujo Ênio,Adilson, Nanau,Álvaro depois Marcelo e Roberto encrespado.Tecnico Mossoró.

CRUZEIRO 1 X 2 RIO BRANCO - ESTÁDIO INDEPENDÊNCIA
09-02-1958
Gols: Nanau e Beto Pretti
MOMENTO DO GOL DE NANAU

Paulo Cesar Ribeiro
Não o time qe jogou da reportagem de 1xo sobre o Fonseca.Voce vê Quênia foto poleiro é Carlinhos japonês o Carlos Magno.Vou guardar essa foto.
2 a Curtir Responder Compartilhar

José Augusto Anjos Araujo Autor Administrador +1
Paulo Cesar Ribeiro Não entendi muito bem mas na reportagem está 3 x 0 sobre o Manufatura.

Paulo Cesar Ribeiro / Confundi o time, desculpe. O Fonseca era de Niterói.

José Augusto Anjos Araujo / Paulo Cesar Ribeiro Encontrei três jogos do RB contra o FONSECA pela Taça Brasil de 63 - 0 x 1, 3 x 0 e 3 x 3 onde o RB passou de fase quando também passou em 3 jogos contra o Vila Nova- GO sendo eliminado depois para o Atlético-MG.

Paulo Cesar Ribeiro / Correto, lembro, faço confusão com datas.76 anos.

José Augusto Anjos Araujo / Paulo Cesar Ribeiro Mas a memória está boa; lembrou do Fonseca e eu para encontrar vaguei bastante, rsrsrsrs

Jair Samuel Pereira Pereira / Nanau, tinha o apelido de Elvis Presley e completava também o ataque poderoso com Adilson, Beto Pretti e Roberto Sputinique, lembra? -

JAAA / Um torcedor "das antigas" me disse certa vez que o Nanau e o Nilson Flores foram os melhores atacantes que ele já viu; no Vitória FC

José Teodoro Ferreira Ferreira / Esse foi o RBAC q vi jogar em Colatina na década de 60

José Augusto Anjos Araujo / Sim. Jogos pelos 1os estaduais contra a UACEC, o Colatinense e o Vila Nova.

José Teodoro Ferreira Ferreira / Verdade era torcedor do UACEC

15 – 12 – 1957 Rio Branco 4 x 2 Cruzeiro em Belo Horizonte

Antônio Carlos Viana Freire / Não esquecendo pra mim o melhor de todos foi o atacante BELO, kkkkk era o cara. Tive o prazer de ver o final de sua carreira no Vitoria FC, e jogar uns 25 minutos em Colatina o jogo na festa da cidade entre o Vitória FC verso fluminense FC. Nos anos acho que foi 1965.

José Augusto Anjos Araujo / Belo foi um grande jogador lembrado até hoje, rsrsrsr pela torcida do Cruzeiro. Explico, em 23/08/1960 - dia do meu aniversário de 1 ano, ele fez o gol da vitória do RB sobre o time mineiro no Estádio Independência na primeira participação do Cruzeiro em uma competição nacional. Era muito amigo do meu tio Nanau e jogaram juntos algumas vezes.

José Teodoro Ferreira Ferreira / Vi o Belo jogar no UACEC na década de 60 grande centroavante. Acho q encurtou a carreira dele foi pq gostava de tomar umas e outras

JAAA / Nanau jogou no Rio Branco, no Vitória e o que poucos sabem: formou no primeiro time da Desportiva que entrou em campo. Teve convites para jogar no Atlético-MG, mas nunca topou. Dizem de brincadeira que ele não aceitou pois não moraria longe da praia e do Parque Moscoso, rsrs

Bem, agora é que vai começar - depois de tanto egocentrismo, se bem que ele voltará, rsrsrs - vamos tentar botar ordem na casa e arriscar desenvolver o tema.

Em um estudo dos especialistas Sartore Salles e Rocco Jr. da PUC-SP (2013) que aborda o universo das torcidas organizadas (pesquisa mais voltada para a atuação de seus membros nas redes sociais) eles deixam no ar a seguinte preposição: o ser (torcedor de um clube) ou o pertencer (a um grupo) como grande dilema desses indivíduos e concordam com muitos sociólogos que afirmam ser o futebol, em geral um espelho da vida social tanto em seus aspectos mais positivos, quanto negativos. Zygmunt Bauman (2003), ao analisar o conceito de comunidade, escreve: Como observou amargamente Eric Hobsbawn, 'a palavra comunidade nunca foi utilizada tão indiscriminadamente quanto nas décadas em que as comunidades no sentido sociológico se tornaram difíceis de encontrar na vida real. Homens e mulheres procuram grupos de que possam fazer parte, com certeza e para sempre, num mundo em que tudo o mais se desloca e muda, em que nada mais é certo'. [...]. 'Exatamente quando a comunidade entra em colapso, inventa-se a identidade'. [...]. E como observou Orlando Petterson (citado por Eric Hobsbawn), 'embora as pessoas tenham que escolher entre diferentes grupos de referência de identidade, sua escolha implica a forte crença de que quem escolhe não tem opção a não ser o grupo específico a que 'pertence' (BAUMAN, 2003, p. 196-197).

Assim, como elemento importante de nossa cultura, vivenciamos o futebol das mais variadas formas nos nossos momentos de lazer, seja na prática deste esporte através das peladas de rua ou em quadras e campos, rachas e bate-bolas, na leitura de notícias em jornais e ou pela internet, jogos de computador ou vídeo game e também na assistência despretensiosa ou como torcedor de algum clube, seja em casa pela televisão ou indo aos estádios. Ser torcedor significa que se tem preferência por determinado clube e seu ato, o torcer, é explicado por Rosenfeld quando este autor aponta que: [...] torcer significa "virar, dobrar, encaracolar, entortar", etc. O "torcedor" designa, portanto, a condição daquele que, fazendo figa por um time, torce quase todos os membros, na apaixonada esperança de sua vitória. Com isso reproduz-se muito plasticamente a participação do espectador que 'co-atua' motoramente, de forma intensa, como se pudesse contribuir, com sua conduta aflita, para o sucesso de sua equipe, o que ele, enquanto torcida - como massa de fanáticos que berram -, realmente faz. (ROSENFELD, 1993, p.94) O entendimento do conceito de Pertencimento Clubístico, elucidado por Damo (1998) em sua dissertação de mestrado, é importante para tentarmos entender como se dá a relação entre torcedor e clube. Segundo esse autor, a expressão é uma forma de, pelo menos no caso brasileiro, compreender o vínculo identitário ligado ao futebol. O pertencimento clubístico amplia o entendimento de que o torcedor não apenas torce, vibra, gosta do seu time, ele também é um militante – não necessariamente está envolvido em algum grupo organizado ou até mesmo presente nos estádios – que extrapola suas emoções para além do jogo.

> "Hoje, o meu personagem da semana é uma das potências do futebol brasileiro. Refiro-me ao torcedor. Parece um pobre-diabo, indefeso e desarmado. Ilusão. Na verdade, a torcida pode salvar ou liquidar um time. É o craque que lida com a bola e a chuta. Mas acreditem: — o torcedor está por trás, dispondo."
>
> Nelson Rodrigues

Em nível global, Wann e James (2019), destacam a importância de diferenciar fãs de esporte e espectadores de esporte. Os autores definem fãs de esporte como indivíduos interessados em seguir um esporte, time e um atleta específico, enquanto os espectadores de esporte são aqueles que ativamente presenciam um evento de esporte pessoalmente ou através de alguma mídia, como rádio, TV ou internet. Os autores descrevem uma abordagem de diferenciação de fãs baseado no nível de identificação a um time. Apesar de haver na literatura uma variedade de definições, um consenso é que a identificação a um time está associada a uma conexão psicológica entre o fã e o time.

Wann (2006) descreve as potenciais causas que levam alguém a se identificar com um time: causas associadas ao time em si, fatores psicológicos e razões ambientais. As razões associadas ao time se referem à história, tradição e sucesso do time, além da atratividade de seus jogadores. Causas ambientais podem ser associadas à socialização, a um time rival ou os jogos em um estádio específico, por exemplo. As razões psicológicas estão associadas ao indivíduo em si, incluindo a necessidade de se sentir parte de um grupo (THEODORAKIS et al., 2012).

Considerando que mesmo organizados as torcidas acabam por improvisar bastante, teorizemos ...

Elemento Conceitual	*Definição*	*Autores*
Competência provocativa	Envolve interromper padrões habituais, sair da zona de conforto, da faixa de possibilidades que se mostraram eficazes no passado para arriscar-se em improvisações frescas.	(BARRETT, 2002)
Tolerância a erros	Implica abraçar erros como fonte de aprendizagem, considerando que os erros são inevitáveis e podem ser, não só tolerados, mas também assimilados e incorporados à performance, uma atitude que pode ser sintetizada como a "estética da imperfeição", isto é, tratar o erro não como ameaça, mas como oportunidade, como experimentos através dos quais as pessoas podem aprender.	(BARRETT, 2002; WEICK, 2002, p. 13)
Estruturas mínimas	Essa proposição considera que, nos processos organizacionais, os atores baseiam-se em algo quando se arriscam em improvisações – as estruturas mínimas, isto é, o conjunto de crenças, alicerces, regras gerais, normas que são observadas no ato de improvisação. No entanto, essas estruturas são minimalistas e servem não para restringir a ação, mas para permitir máxima flexibilização, exploração, experimentação, (re/des)construindo o conjunto de acordos e convenções.	(KAMOCHE; CUNHA, 2001 BARRETT, 2002; HATCH, 2002)
Distribuição de tarefas e negociação	Esse pressuposto considera que improvisadores estão em contínuo diálogo e intercâmbio com os outros atores, indicando e recebendo cursos de ação, isto é, num fluxo contínuo de atividades, estão ao mesmo tempo interpretando os jogos dos outros, antecipando padrões e convenções, enquanto simultaneamente tentam moldar suas próprias criações, tentando relacioná-las ao que ouviram/viram.	(BARRETT, 2002; FHASH; ANTONELO, 2011b)

Tomada de sentido	Numa organização, as diferentes formas com que os atores criam sentido e significado são processadas de forma relevante na improvisação, pois são elas que trabalham na construção das informações e ressaltam indiretamente novas interpretações sobre a ação dos atores e suas consequências.	(WEICK, 1995, 1998; BARRETT, 2002; FLACH; ANTONELO, 2011a)
Comunidades de Práticas	Saber como improvisar, bem como responder a improvisação de outros atores requer estender-se para fora, associando-se a comunidades de práticas, aprendendo quais são os códigos e acordos existentes entre os participantes, como reagir a eles, como comportar-se como um participante daquela prática.	(BARRETT, 2002)
Liderança rotativa	A prática do revezamento pode garantir padrões de reciprocidade e simetria, ou seja, o papel de liderado deve ser visto como tão ativo e influente quanto o de líder.	(BARRETT, 2002; CUNHA; CUNHA, KAMOCHE, 2002)
Bricolagem	Esse conceito é indissociável do fenômeno da improvisação, haja vista que, a ação improvisada é realizada com os recursos disponíveis no momento, pois o desempenho dos atores nessas ocasiões privilegia a ação em detrimento da reflexão, como resposta aos problemas/oportunidades que surgem.	(WEICK, 1998; CUNHA; CUNHA, 1998)
Recursos	Se a dimensão bricolagem da improvisação é indissociável dela, isso significa que os membros organizacionais devem não só conhecer quais são os recursos disponíveis, mas serem hábeis em trabalhar com eles e (re)combiná-los. Os recursos podem ser *materiais* (sistemas de informação, recursos financeiros, edifícios e todas as outras infraestruturas tangíveis); *cognitivos* (conjunto de modelos mentais que os membros individuais da organização carregam, sejam eles tácitos ou explícitos, adquiridos dentro ou fora da organização); *afetivos* (emoções e experiências, sentimento de transcendência e interconectividade emocional); e *sociais* (aqueles relacionados à estrutura social como relações formais e normas subentendidas e explícitas nos padrões de interação).	(CUNHA; CUNHA; KAMOCHE, 2002)

Em um artigo com pesquisadores capixabas e canadenses (Campus São Mateus UFES, Soares, Neves & Servare, 2019 -) - ATTENDANCE AND INCOME FROM CAPIXABAS FOOTBALL: CURRENT SCENARIO AND ALTERNATIVES - .os autores estabeleceram uma cadeia de valores em uma adaptação e estabeleceram alguns deles:

1. As emissoras de televisão compram direitos audiovisuais com o intuito de garantir certa audiência do público regional do Espírito Santo. Atualmente, alguns canais de Streaming pela Internet têm transmitidos jogos do Campeonato Capixaba, Copa Espírito Santo ou outros jogos com times capixabas em torneios nacionais ou regionais.

2. Os clubes capixabas em geral não ganham dinheiro. A diretoria dos clubes, na maioria dos casos, é composta por torcedores abnegados e apaixonados, seja pelo clube, seja pelo futebol. A natureza do negócio e a estrutura de propriedade e gestão é pouco profissional, fazendo com que muitos times sejam organizações sem fins lucrativos (Soriano, 2010).

3. Os patrocinadores e anunciantes buscam visibilidade regional ou têm apego pessoal ao clube que está sendo financiado.

4. Os organismos reguladores (ligas e federação) obtêm pouco benefício financeiro e alguns membros desses organismos possuem interesse de conseguir visibilidade para obter benefícios políticos ou eleitorais.

5. Os jogadores, em sua grande maioria, recebem salários baixos e distantes da realidade dos clubes das séries A e B do Campeonato Brasileiro. Os jogadores que se destacam são negociados nas categorias inferiores a profissional. Há ainda aquisição de jogadores que se destacaram em alguma fase de suas vidas em nível nacional ou internacional. Nesses casos, a contratação é financiada por uma ou mais empresas patrocinadoras, intermediadas pelo clube.

O aumento da renda e do público no futebol capixaba passa pela profissionalização das relações da Cadeia de Valor descrita. / Algumas pesquisas e dados interessantes foram apresentadas no trabalho >>>

Fatores que fariam os torcedores irem a mais jogos

Fonte – Autores, 2019.

Formas preferenciais de pagamento pelo ingresso

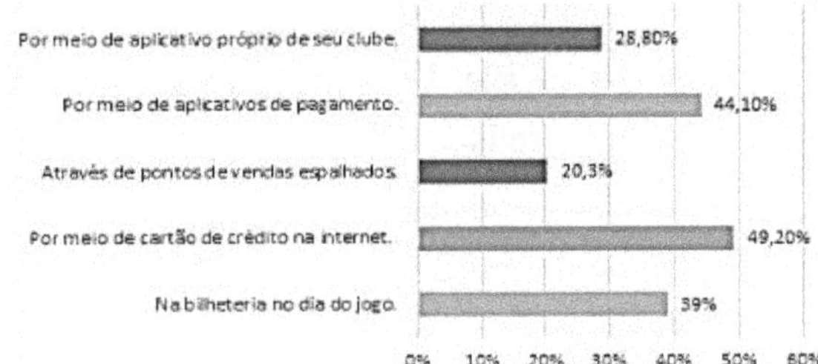

Fonte – Elaborado pelos autores, 2019.

Algumas hipóteses foram levantadas pelos pesquisadores para o baixo público dos jogos entre clubes capixabas:

- A falta de grandes resultados e prática de um futebol vistoso nos últimos anos capaz de provocar uma identificação nas gerações anteriores e, posteriormente, ser transpassada aos mais jovens e a falta de políticas de atração desse grupo mais jovem por parte da federação capixaba, clubes e também do próprio governo estadual.

- Embora exista uma mídia que divulga o futebol capixaba a maioria prioriza o futebol dos grandes clubes brasileiros e faz divulgação maciça destes numa falta de bairrismo raramente vista em outros estados da federação. Os jornais tradicionais dão páginas e páginas sobre o dia a dia de clubes cariocas e paulistas e raramente divulgam o futebol local. Por esse e outros motivos apenas 32% dos entrevistados na pesquisa dizem torcer para um clube do estado.

Passadão

Quando existia o Campeonato Brasileiro de Seleções Estaduais as pessoas abandonavam suas paixões clubísticas e se uniam em torno do "Scratch" Capixaba. Nunca vencemos a competição, mas apesar das dificuldades o coro sempre comeu. Mais pra frente outros relatos desses campeonatos e algumas histórias hilariantes como uma vez que nesse mesmo esquema o narrador, sem informações confiáveis passa para o povão que o ES vencia durante todo a partida e todo mundo animado - a seleção capixaba tomou uma virada e apenas ao fim ele dá a notícia. Quase apanhou. kkk

-TORCENDO- DE LONGE...

Aspecto da grande assistencia, que encheu, na tarde de 12 de outubro findo, a praça da Independencia, desta cidade, anciosa pelas noticias que os jornaes lhe iam transmittindo sobre o encontro entre os «footballers» espirito-santenses e os parahybanos.

12 de outubro de 1927 - Espírito Santo 6 x 1 Paraíba - Estádio das Laranjeiras, Rio de Janeiro, RJ.

JAAA / Eu ia oferecer um doce de jaca para quem acertasse quanto ficou esse jogo, mas como ninguém ia acertar mesmo, já comi o doce, rsrsrs

Fernando Achiamé

Os torcedores se reuniam na atual praça Costa Pereira porque ali ficava a sede em Vitória da The Western Telegraph Company - os principais lances da partida de futebol eram transmitidos via cabo submarino por telegramas, lidos para a multidão com ajuda de um megafone.

Pela imprensa ...

A revista paulista Realidade do mês de dezembro de 1972, sem mais detalhes na fonte, executou um levantamento de torcedores estado por estado, fez um "apanhado" raramente visto (nem mesmo na imprensa capixaba) e provavelmente baseado nela, passados mais de 50 anos ainda se afirma de mãos juntas que o Rio Branco tem 40% da torcida no estado. Nas ruas e bares isso pode ser verdade até hoje, mas aí já vai um corporativismozinho. Kkkk **- Vamos aos números**

Rio Branco / 37 %

Desportiva / 15 %

Estrela do Norte / 11 %

Vitória / 4 %

Clubes de Colatina / 4 %

Cachoeiro / 3 %

Clubes de Linhares / 2 %

Santo Antônio / Caxias / e São Mateus - 1 % cada

Outros / 13 % e nenhum 7 %.

Desde o inicio do futebol no Espirito Santo, o Rio Branco é o time mais popular do estado. Existem relatos de torcidas organizadas já na década de 1920. Pesquisas na década de 1980 apontavam que o clube tinha cerca de 40% da torcida do estado. Pesquisas mais recentes do Instituto Futura, mostram o Rio Branco na preferência do torcedor capixaba.

* Torcida Organizada Comando Alvinegro
* Torcida Organizada Força 12
* Torcida Organizada Bola Branca

Colhido num site de Portugal -2001 -sobre torcidas organizadas no ES. A Grenamor é citada.

1) Flamengo (RJ): 31,54%
2) Vasco (RJ): 21,40%
3) Fluminense (RJ); 14,66%
4) Atlético (MG): 9,79%
5) Botafogo (RJ): 9,61%
6) Cruzeiro (MG): 3,97%
7) São Paulo (SP): 3,47%
8) Palmeiras (SP): 2,05%
9) Corinthians (SP): 1,80%
Outros: 1,70%

Entre os clubes de outros estados, os capixabas torcem:

Pesquisa AG 2017

Pesquisa por amostragem. Margem de erro de 4%

Pesquisa Pluri Consultoria - 2020			
Percentual de preferência dos torcedores- ES. Margem de erro 3,8%			
Rio Branco	19,4	Nova Venécia	1,9
Desportiva	12,2	São Mateus	1,8
Serra	5,7	Alegrense	1
Vitória	5,2	Outros	6,7
Estrela	4,6	Nenhum	32
Vilavelhense	2,5	Não Sabe	2,4
Linhares	2,3	Não respondeu	2,3

Pesquisa mais recente, de 2024 também mostra fatos interessantes:

Como os capixabas assistem ao futebol? Para que time torcem? Uma pesquisa exclusiva da Futura Inteligência entrevistou capixabas nas cidades mais populosas do Estado para entender como o Espírito Santo consome o esporte mais popular do país. O estudo concluiu que, apesar dos times cariocas serem os preferidos dos capixabas, 80% da população gostaria de ver um time do Espírito Santo disputando campeonatos nacionais e mais da metade iria para fora torcer por um time do estado.

A pesquisa confirmou que o Rio Branco possui a maior torcida entre os clubes capixabas. Quando perguntados sobre os times de futebol capixabas de sua preferência, 9,2% preferem o Capa Preta e 6,2% apontaram a Desportiva, com Serra (2,3), Vitória (2,3) e Linhares (1,1%) na sequência. /// /// ENLEIO >> "Disturdia", entrei numa farmácia com a camisa do Rio Branco e papo vai, papo vem com o atendente e lá pelas tantas pergunto. Qual o seu? ... e ele >>> Porto Vitória ... Boa escolha eu disse. Isso foi logo depois do Porto vencer a **Taça** ES **2024.**

A pesquisa da Futura permite interpretar o potencial de apoio dos capixabas aos clubes em competições nacionais. Ela mostra que 79,5% dos entrevistados gostariam de ver um time do Espírito Santo disputando campeonatos nacionais, e mais da metade (50,5%) viajaria para fora do estado para assistir a um time local.

Os times capixabas que deveriam disputar campeonatos nacionais incluem Rio Branco (29%), Desportiva (16%), Vitória (14%), Linhares (7%), Serra (6%), Estrela do Norte (6%) e Real Noroeste (5%).

Existe outro trabalho capixaba {TORCIDAS ORGANIZADAS EM VITÓRIA: MODOS DE SOCIABILIDADE E RITUAIS, JBA / Dr. IMG (orientador)} mas contem tantos enganos na pesquisa da história no ES que não vale a pena apresentar. - O trabalho em si foi relativo a uma torcida apenas e constou de entrevistas com alguns membros... O que se salva em parte é um pequeno trecho na revisão bibliográfica e como se trata de um trabalho local vamos extrair apenas este ...

... Essa fase em que as torcidas uniformizadas surgiram é considerada por alguns autores uma fase romântica, pois esses torcedores iam aos estádios para incentivar o time e demonstrar amor e devoção pelo seu clube de coração, sem nenhuma cobrança mais forte por melhorias ou nenhuma tentativa de influência política nas decisões do clube (TOLEDO, 1996; LUCCAS, 1998). Posterior à fase romântica da uniformização de torcedores e da visibilidade dos torcedores-símbolo, que personalizavam e identificavam as torcidas, o surgimento das Torcidas Organizadas acompanhou algumas das mudanças ocorridas na época, impondo gradativamente outras formas de sociabilidade, de desfrute do futebol como lazer e hábito, fundamentando um outro modo de torcer diverso do comportamento usual observado (TOLEDO, 1996, p. 26). Toledo (1996) ainda ressalta que o termo "Uniformizada" é anterior ao termo "Organizada" e que, hoje em dia, as maiores torcidas preferem a denominação "Organizada" para destacar que existe uma dada organização além da mera uniformização. O Espirito Santo também passa por essa mudança, mas é só em 1975 que Manoel Rodrigues funda a torcida organizada "Bola Branca" (GOMES FILHO, 2002, p.59).

Engana-se a autora pois no próprio livro citado há um capitulo cujo título é "Torcidas Organizadas já nos anos 20". Se ela se referiu às organizadas modernas (grandes grupos com faixas, bandeiras, bateria e todo o apetrecho ela também (ou a fonte) se engana, pois, a primeira foi fundada em 1968 e a segunda em fins de 1973. Além disso, apesar de todo o carisma e paixão pelo clube do Nenel, ele não foi o fundador da Bola Branca. Foi convidado no início e logo se destacou como líder ... depois daremos mais detalhes

É de fundamental importância nos determos brevemente na análise desta associação que se procura estabelecer entre a violência e as referidas torcidas. A adoção deste percurso justifica-se pela possibilidade de se pensar outras finalidades e modos de organizações das torcidas, que não o exclusivo objetivo da prática da violência. Pensar sua organização a partir deste objetivo único apenas concretiza uma linha de pensamento, e consequente posição política, que pretende excluir as torcidas organizadas do universo do futebol profissional. A violência é um fenômeno social mais amplo. Ela é, antes de tudo, um fenômeno próprio do tecido social e das relações humanas. É muito mais uma possibilidade inerente ao homem, enquanto parte de sua própria constituição, do que posse exclusiva de alguns grupos que, por este fato, se localizariam de forma diferenciada no tecido social: violência como mais uma das potencialidades presentes nas ações humanas (Luccas, 98).

> "O fenômeno de desprezo ou ódio contra o exterior, que Freud chamará de 'narcisismo das pequenas diferenças' em O mal-estar na civilização, reforça a coesão do grupo e coloca-o em posição de guerra potencial contra os estrangeiros, percebidos como inimigos. Assim aparece o elemento que faltava à compreensão do vínculo afetivo que une os membros da organização. O amor não basta, é necessário que o ódio esteja presente, ódio componente da pulsão de morte em sua vertente de pulsão de destruição dirigida ao exterior. Uma organização para existir e durar precisa então construir inimigos. Inimigo exterior contra o qual o grupo fará a guerra, inimigo interior sob a forma do bode expiatório ou sob a forma de guerra civil aberta ou velada. Qualquer grupo só pode existir num campo generalizado de guerra. Assim fazendo, ele cria valores novos e consolida os laços de reciprocidade entre seus membros."

O livro citado na pesquisa capixaba é o "Rio Branco Atlético Clube, História e Conquistas (1913 a 1987) cuja autoria é do falecido jornalista Oscar Gomes Filho. Embora no próprio livro o autor cite o Professor César Fernandes como coautor e sua importância na elaboração do mesmo (página 9) eu não posso me calar diante dos fatos que não foram bem assim como ele relatou. Na realidade a divisão de tarefas o deixou mais com as estatísticas e a formatação, mas as histórias contadas nas entrevistas, e os textos principalmente foram elaborados pelo Cesar o que fica muito claro pelo seu estilo narrativo. O livro ficou parado um tempo e quando retomado o Oscar fez do jeito dele. É macambúzia, mas foi assim. O César nunca reclamou de nada nem nunca reivindicou tal status, mas eu faço questão de estabelecer a veracidade dos fatos. Acho até que ele não vai gostar dessa revelação pois é um cara muito discreto e na dele e também aclaro que o Oscar deve ter tido seus motivos e não cabe julgar ninguém; inclusive no lançamento do livro ele fez uma dedicatória emocionante para mim. Era um cara muito bacana e companheiro de arquibancadas e bem sei o trabalhão que tiveram para resgatar a história do clube visitando antigos jogadores e dirigentes, vasculhando os jornais da época, costurando retalhos nas raras fontes sobre o nosso futebol. Quem sabia alguma coisa sobre o clube (alguns já bem idosos e fundadores em 1913) eles encontravam e "sorviam"

Oscar Gomes Filho

Rio Branco Atlético Clube
História e Conquistas

Autógrafos de algumas lendas do futebol capixaba como Jorge Reis, Paulo Pimenta, Edilson. Dirman, Adalberto Souza, etc (fiquei tão embasbacado que nem guardei os nomes e ainda deixei de pegar outros) no lançamento do livro no Hall do nosso antigo estádio Governador Bley. Neste dia um repórter de AG me pediu para tirar uma foto com uma bandeira grande que o Nenel tinha levado na arquibancada do velho estádio. Subi, fiz pose de desfraldador, ele deu uns cliques mas não saiu no jornal depois. Maledeto !!!!! kkkkk comprei o jornal uns 5 dias seguidos e nada, rsrs

Esses foram colhidos no Bar do Ceará em frente ao estádio numa mesa enorme com jogadores e torcedores> Bar tradicional (ele não é mais no local), cervejinha gelada e os pasteizinhos de Siri como não existe em nenhum lugar do planeta.

Cesar,
o Rio Branco é grandioso pelos seus dirigentes, atletas, colaboradores. Mas, também pela nossa brilhante torcida. Você, particularmente, faz parte dessa história.
Obrigado. Deus o proteja.
17.12.03

Entre a ideia do livro em 1981 e todo o trabalho (pesquisa em fontes diversas, transcrição de áudios e tudo o mais) até o lançamento (2002), houve um hiato de 11 anos, atrasos por diversos motivos, problemas políticos no clube pós administração do Edinho; Manoel Ferreira renunciou e alguns beneméritos não concordaram nem com ela e nem com o presidente Djalma de Sá votou na tchurma do Marcos Vicente.

Oscar era um intectual, professor, como o César (que dava aulas deHistória), mas da disciplina de Matemática, a saber, no Polivalente de Itaparica; jornalista de A Tribuna, falava até francês e tocava Sax. Esportista, batia sua bolinha no Futebol de Salão

O Rio Branco foi fundado por garotos das classes estudantil e trabalhadora, e ao formar times fortes desde o início, contando com jogadores dos mais diversos níveis sociais, sem exclusão de negros, mulatos e operários de todas as profissões, caiu imediatamente no gosto popular. Assim, nas duas primeiras competições oficiais, o Torneio Início e o Campeonato da Cidade de 1917, mostrou que já tinha a maior torcida de Vitória. Uma legião de fãs que, rápido, ganhou corpo com o bicampeonato de 1918/1919.

Tomando dianteira também em meio aos populares, o clube passou a contar, já na década de 20, com torcidas barulhentas, calorosas, arrebatadoras. Era o que se passou a denominar, mais tarde, a torcida organizada, que tinha membros certos, permanentes, instrumentos musicais e de batuque, e que soltava foguetes antes, durante e após os jogos.

Os registros, que encontramos a respeito, são poucos, mas nos deram conta da existência de duas torcidas, que marcaram época, a partir de meados dos anos 20, ambas de Jucutuquara: a do torcedor Rubens Barbosa, conhecido com Rubinante Bacurau, e a do Manoel Donêncio. Devotando igual amor e paixão ao time capa preta, elas se distinguiam por um fato significante: a do Rubinante era integrada por garotos, como o chefe e organizador; a de Donêncio a era composta pelos mais velhos.

Entre os menores companheiros de Rubinho Bacurau, se destacavam entre outros, Rui Bandeira, que seria, mais tarde, jogador dos times de baixo e jornalista, e os irmãos Arildo e Ailton Lima. O primeiro se tornaria conhecido e respeitável professor em Vitória, e seria homenageado, mais tarde, com o título de Sócio Honorário do cube. Já Ailton atuaria pelo time principal algumas vezes. Foram, toda a vida, ardorosos torcedores, assim como a irmã, Djanira Lima, a Tia Deja.

Outros companheiros de Rubinante Bacurau foram Martin e Antonio, irmãos de Zemar Moreira Lima, e Zeco Greppe, irmão de dona Carmem, esposa de Alcy Simões. Quem igualmente agitava na torcida era Darly Simões, que, mais tarde, foi também jogador, e que era irmão do mais consagrado atleta do clube em todos os tempos.

A ala dos maiores, chefiada por Manoel Donêncio, comandou por muitos anos, a festa, primeiro, no Estádio de Zinco, depois, no "Governador Bley". Um fato marcante dessa facção de torcedores é que eles buscavam alguns jogadores em casa, transportando-os na boléia do caminhão do chefe, o senhor Donêncio. O mais requisitado, nesses casos, foi o goleiro Dias III, mulato forte, corajoso, ídolo do time nos primeiros anos da década de 30.

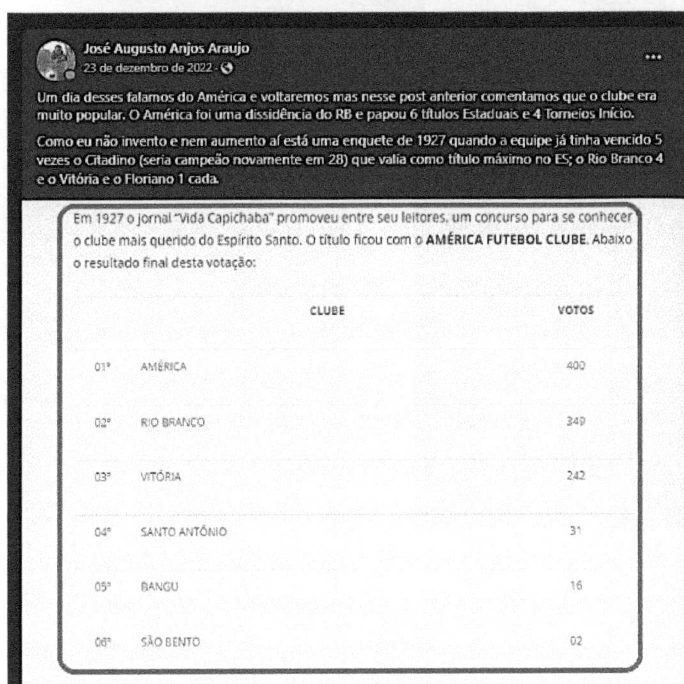
José Augusto Anjos Araujo
23 de dezembro de 2022

Um dia desses falamos do América e voltaremos mas nesse post anterior comentamos que o clube era muito popular. O América foi uma dissidência do RB e papou 6 títulos Estaduais e 4 Torneios Início.

Como eu não invento e nem aumento aí está uma enquete de 1927 quando a equipe já tinha vencido 5 vezes o Citadino (seria campeão novamente em 28) que valia como título máximo no ES; o Rio Branco 4 e o Vitória e o Floriano 1 cada.

Em 1927 o jornal "Vida Capichaba" promoveu entre seu leitores, um concurso para se conhecer o clube mais querido do Espírito Santo. O título ficou com o **AMÉRICA FUTEBOL CLUBE**. Abaixo o resultado final desta votação:

	CLUBE	VOTOS
01º	AMÉRICA	400
02º	RIO BRANCO	349
03º	VITÓRIA	242
04º	SANTO ANTÔNIO	31
05º	BANGU	16
06º	SÃO BENTO	02

Apesar do forte apelo popular e da narrativa no livro, apenas na década de 30 com o hexacampeonato a torcida do Rio Branco disparou na preferência do torcedor capixaba e aqui cabe uma consideração interessante: o América tinha uma gafieira, a primeira da cidade de Vitória, o que certamente engrossava a torcida. Kkkkk

O Vitória sempre teve a 3ª torcida da cidade. Inicialmente com a situação descrita na ilustração. Nas décadas seguintes a 2ª torcida foi do Santo Antônio, que também ganhou 6 campeonatos e com a falência deste a Desportiva (a partir do início da década de 60) assumiu o posto.

A bem da verdade, só existem 3 clubes de massa no ES: o Rio Branco, a Desportiva e o Estrela. Os demais quando estão bem mobilizam suas cidades, como Linhares, Colatina ou São Mateus.

Diga-se também, que a torcida do Vitória FC cresceu muito nos últimos anos.

A rivalidade mesmo era com o Vitorinha, rsrs - torcedor nenhum gosta de perder mas eu prefiro perder pra Desportiva que perder pros azuis. Outro clube que eu não suporto é o Serra, mas isso é outra história

Polêmica

Uma polêmica envolvendo o árbitro da partida de 15 de julho, no empate entre América e Moscoso, interferiu na continuidade do Campeonato. José Fiel, que apitou o jogo, teria colocado no boletim enviado à Liga resultado diferente ao que ocorrera em campo, considerando o América vencedor pelo placar de 3 a 2. Nos tribunais, os dirigentes do América, apoiados por Rio Branco e Barroso, tentaram obter os dois pontos da vitória, mas a Liga em princípio optou por manter o resultado obtido em campo.

A decisão provocou um racha na Liga. Victoria e Moscoso solicitaram o seu desligamento. O Campeonato foi suspenso por vários dias e houve a renúncia do presidente da entidade. As equipes participantes mantinham-se ativas somente atraves de amistosos e jogos-treino. Nesse intervalo, novos clubes filiaram-se à Liga: São Cristóvão, Campos Salles, Tiradentes e Ypiranga, os quais ingressaram na recém-criada Segunda Divisão.

A competição principal só foi retomada no dia 19 de agosto, com a realização da última partida do primeiro turno. O campeonato prosseguiu sendo disputado por apenas três equipes. Os dissidentes Victoria e Moscoso fundariam, ainda em 1917, uma nova liga: a Confederação Espírito-santense de Sports Athleticos (CESSA), da qual também faziam parte os clubes Piratininga e Americano.

O Campeonato Capixaba de Futebol, conhecido popularmente como Capixabão, foi realizado pela primeira vez como Campeonato de Vitória em 1917 com clubes apenas da capital. A disputa, organizada pela Liga Sportiva Espírito Santense (LSES), teve cinco equipes: América, Barroso, Moscoso, Rio Branco e Victoria, atual Vitória Futebol Clube.
O América sagrou-se campeão, vencendo o torneio em pontos corridos.[1]
No Campeonato de Vitória de 1919, o clube Victoria, era tido, ainda em abril de 1919 como o legítimo campeão da competição, quando decidiu o título com o Rio Branco de forma controversa. O Vitória jogava pelo empate e a decisão terminou em 1 a 1. Mas o jogo foi anulado, por supostas irregularidades nos dois times. Em seguida, o Rio Branco venceu por 2 a 1, mas o Vitória recorreu. **Já no ano seguinte, em 1920, a Liga Sportiva Espírito Santense, num voto de minerva do presidente, determinou a realização de novo jogo, vencido pelo Rio Branco: 3 a 1**

O VITÓRIA TINHA FAMA DE INVICTO NA CIDADE – O PRIMEIRO VI RIO OFICIALO FOI EM 08/ 07/1917 COM VITÓRIA ALINEGRA POR 3 X 1. E EM 28 DE ABRIL DO ANO SEGUINTE NOVA VITÓRIA PELO MESMO PLACAR ...... Diário da Manhã, que publicava atos oficiais na primeira página e a seguir acontecimentos sociais, sempre se referia ao Clube Vitória como "o Vitória Futebol Clube, o invicto glorioso". Mas o Rio Branco, de pessoas mais modestas, era mais popular. Embora perdesse para o Vitória, que reunia Nelson Monteiro, filho de Bernardino, e até um tenente do Exército que trazia uma escolta do 3º Batalhão para guarnecer o campo. Como vingança, o Rio Branco contratou Sanema, jogador carioca e, com ele, o time venceu. A torcida do Vitória reagiu cantando: "Ai, ai, meu pessoal, Sanema foi comprado pelo Rio Branco, um time avacalhado." A torcida ofendida respondeu: "Pessoal da nossa equipe deixa o nome na história, arrancando o invicto glorioso do Vitória." No remo aconteceu o mesmo: o Clube Álvares Cabral contratou o "Engole Garfo", campeão nacional de remo, do Rio Grande do Sul, para competir com Wilson Freitas, de dezessete anos, orgulho do Saldanha da Gama.

As encrencas com o football club Victória começaram bem antes pela diputa das ainda crianças que criariam os clubes na década seguinte do Juventude e Vigor e do Moscoso, para um lugar onde praticar o esporte, mas isso é outra história...

Sobre aquele quadro ali em cima, o das torcidas – estou escrevendo "despues" com o livro pronto rs– eu me bati, como um cão danado atrás desse São Bento e naaaadaaaa / seria o time da Ladeira São Bento

O torcedor em geral tem certa antipatia por um clube ou outro mais por conta do comportamento de certas pessoas "do lado diverso". No caso do Serra, por exemplo, existem os verdadeiros torcedores, mas existem também os violentos que se organizam para agredir os visitantes como se ainda fosse um time de várzea. Afastam as famílias dos jogos.

Em matéria de A Gazeta de 11 de janeiro de 1944, encontra-se um belo registro sobre a torcida Capa Preta: *"a torcida organizada do Rio Branco merece nossos melhores aplausos; a recepção que fez ao quadro alvinegro, no jogo amistoso contra o Bangu-RJ na sua entrada em campo foi um espetáculo jamais apreciado nessa capital, tal o entusiasmo das aclamações, tal o número de bombas que estrugiam seguidamente num grito de vitória para o desporto capixaba; foi um belíssimo atestado de amor que os adeptos do Rio Branco consagraram às cores alvinegras".*

Djanira Duarte Lima, a querida Dona Deja, uma segunda mãe dos jogadores alvinegros nos anos 50 e 60. Era irmã dos jogadores Arildo e Ailton Lima que fizeram parte das primeiras torcidas organizadas do Mais Querido nos anos 20. Morava em Jucutuquara. Durante muito tempo ela é que preparava as refeições dos jogadores. Ela faleceu em 14 de julho de 1967 deixando imensas saudades. Segundo o historiador Délio Grijó no Site "Morro do Moreno" a Tia Djanira foi uma das maiores cozinheiras do estado. Seu nome batiza uma charmosa escadaria no centro de Vitória, uma homenagem da prefeitura da capital.

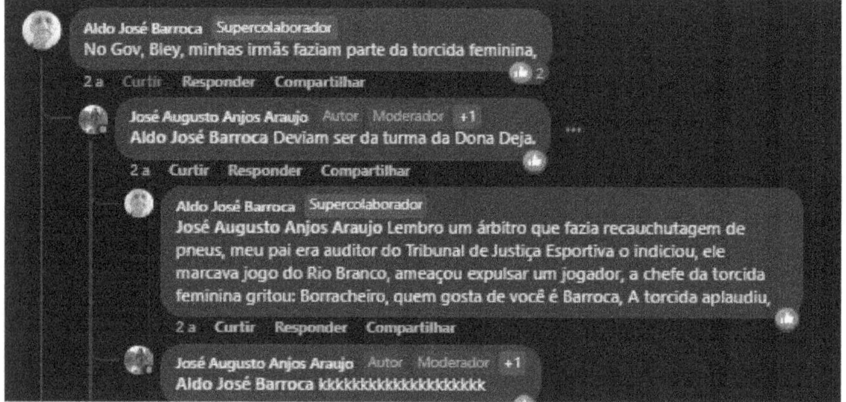

O Vovô de toda a família capa preta, Moysés Rodrigues de Freitas: amável, dedicado, admirado, respeitado.

Misto de torcedor, dirigente, conselheiro, mais que um benemérito, um patrimônio do Rio Branco. Assim foi Moisés Rodrigues de Freitas, o Vovô Moisés. Nascido em 7 de fevereiro de 1880, já era um respeitável senhor de 33 anos, quando o clube foi fundado. A idade, contudo, não o impediu de abraçar logo a causa defendida pelos garotos fundadores, para se tornar uma legenda na história do Rio Branco. Vovô Moisés, sempre ouvido e respeitado acompanhou de perto durante mais de 60 anos a trajetória do clube. Foi torcedor fanático, um entusiasmado frequentador dos estádios onde além de levar o incentivo aos atletas, recebia sempre o carinho dos rio-branquenses. Ao ouvir dos companheiros mais jovens o "cuidado Vovô, com o coração" tinha sempre na boca a resposta: *"quando venho torcer para o Rio Branco, deixo o coração em casa".*

O jornalista Rui Bandeira, ele próprio torcedor mirim nos anos 20 contou em matéria de A Gazeta, de 1963 sobre um torcedor destes que se destacam nos estádios por seu comportamento apaixonado pelo clube; Era conhecido como "Querido" e ninguém sabia seu nome real; eis o texto: *"Terno branco, impecavelmente engomado, sapatos brancos limpíssimos, indefectível chapéu de palha, nunca subia à arquibancada. Ora sentado sobre a cerca, pernas balançando, ora de pé, parado, quieto, preso às alternativas sensacionais do jogo; depois andando a grandes passadas, gesticulando freneticamente, chamando o juiz de ladrão, a uma falta mal interpretada".* / O amigo **Aldo Barroca** em uma postagem do facebook lembrou de outra figura: o Índio Ubiratã, um fisiculturista que frequentava o Bley todo caracterizado.

Para quem não sabe, inicialmente símbolo da torcida que depois se estendeu para o próprio clube a expressão Capa Preta veio de um cidadão quase anônimo que frequentava os estádios desde os anos 20, no Zinco e depois no Bley. Sua identidade só foi revelada no livro do Oscar pois muita gente pensava que era uma lenda a história do Cavaleiro Capa Preta. Um amigo sacana, torcedor da Desportiva falava jocosamente que o apelido era porque antigamente o Rio Branco era muito ajudado pelas arbitragens e Capa Preta lembra a toga dos Juízes. Inveja pura! Kkkkkkkkkkkkkkkkkkkkkkkkkk

MASCOTE / HISTÓRIA

Lafayette Cardoso de Resende era um cidadão que tinha uma propriedade aos pés da montanha conhecida como ***Moxuara*** mais especificamente numa área rural chamado ***Itapoca*** no município de ***Cariacica***, vizinho à capital do Espírito Santo. Eu fiz um estudo do caminho antigo que era percorrido nos anos de 1920 de sua fazenda até o bairro de ***Jucutuquara em Vitória;*** época na qual sua inusitada estampa e comportamento começaram a chamar a atenção do público no 1° Estádio de maior porte no estado: o saudoso Estádio de Zinco inaugurado em 1919. Pois bem, meu estudo mostrou que eram estradas precárias mais ou menos onde é uma rodovia hoje, a José Sete, mas era apenas um caminho entre algumas habitações e em vários trechos passando por dentro de outras propriedades até chegar em Itacibá e daí rumava para a região de São Torquato até a ponte Florentino Avidos em Vitória num total de 22 quilômetros. Daí pra frente (já era pavimentado) até o estádio mais uns 6 quilômetros. Ou seja, um total na época de 28 quilômetros que com a urbanização se reduziu nos dias de hoje para uns 19 quilômetros. Ele fazia o trajeto cavalgando e evidentemente exposto às chuvas e pior, à lama produzida e ao poeirão nos dias de sol. Para se proteger usava uma capa de cor preta e não desgrudava dela.

Esse pormenor que eu chamei de estampa era ampliada para outros fatores: não entrava no estádio e assistia ao jogo do alto do morro (na direção da trave esquerda) onde chegava sem apear do cavalo, não conversava com ninguém e vemos na foto ilustrativa que muitas pessoas viam o jogo lá de cima. No canto inferior direito da foto aparecem os limites do campo. Para coroar, em alguns gols ou vitórias importantes ele pegava o revólver e dava uns tirinhos pra cima. Kkkkkk, o que o levou a ser ***um dos raros exemplos no mundo de uma pessoa específica se tornar símbolo de um clube.***

Sua presença era motivo de curiosidade e de dentro do estádio nas preliminares havia o burburinho e ansiedade: será que o cavaleira da capa preta vem hoje? Segundo relatos da época as pessoas, entre torcedores anônimos e ilustres dos primeiros tempos ficavam olhando pra cima se ele se atrasasse. Assim surgem os pagãos "amuletos" rsrs

Em 1917 (América campeão) e 1918 (Rio Branco) os campeonatos eram decididos no campo de Paul (um bairro de Vila Velha), o Victória mandava alguns jogos em seu campo (chamado de Stand que era apenas cercado e tinha uma fileira de assentos de madeira) e outros jogos eram realizados no campo de um clube chamado Campos Sales onde é hoje o centro de Vila Velha, o primeiro bem gramado e oficial. Mas eram apenas campos e não um estádio que concentrasse muitas pessoas. Não sabemos se o Sr. Lafayette acompanhou as primeiras disputas, mas os relatos são de que ele foi um dos primeiros a demonstrar sua paixão pelo clube, a seu modo é claro, mas convenhamos, era meio inusitado. Essa foto ao lado é a única conhecida do antigo estádio que foi demolido para a construção do Governador Bley, no mesmo local, de cimento armado e o mais moderno e 3° em capacidade no Brasil inaugurado em 1936. Também assistiu jogos lá; do mesmo local. Sem descer do cavalo e sem conversar com ninguém. rsrsrs

Quem deu alguns poucos detalhes sobre o Sr. Lafayette foi seu primo Vespasiano Meirelles que jogou como atacante entre 1927 e 1931 (nas súmulas era o Parafuso, bicampeão em 1929 e 1930). Assinalou o local onde ele morava e confirmou que ele embora influente e respeitado em Cariacica costumava entrar mudo e sair calado. Kkkk - Nos jogos do time, ao apito final saía em disparada para sua fazenda. Sua influência na história do clube pode ser até maior do que se imagina pois é irmão da mãe de um dos beneméritos e várias vezes presidente do clube, o saudoso Manoel Ferreira. Seu filho, Valderedo, egresso do Centenário da Praia do Canto (clube extinto) pertencia ao plantel do Rio Branco entre 1940 e 1943 jogando algumas partidas e sendo titular na conquista do Torneio Início de 1942. Não chegou a jogar no título de 1940, mas jogou 4 partidas no título de 42. Era zagueiro de área numa época complicada pois as equipes jogavam no esquema 2 x 3 x 5, ou seja, na hora de se defender" tinha que encarar cinco atacantes, rsrs. Enfim, esse símbolo de admiração e fidelidade se tornou mais que uma mascote (sim, a palavra é feminina), se tornou um emblema qualitativo tanto dos torcedores e admiradores quanto da própria agremiação. Abaixo outras mascotes de clubes capixabas.

MARCAÇÃO RIO BRANCO, NÃO BRINCA, NÃO BRINCA I

O saudoso Manoel Donêncio, torcedor símbolo do clube foi uma das poucas pessoas que perpassaram os três estádios da história do Rio Branco: o Zinco, o Bley e o Kléber Andrade. Esse grito de guerra acima revelava a todos, torcedores, imprensa e mesmo os jogadores de sua presença nos estádios. Não era um simples grito e sua voz se encaixaria entre todos os adjetivos cabíveis e semelhantes à palavra estridente, como penetrante, ressonante, estrondoso ou vibrante e em alto e bom volume. Kkkkkk

Governador Bley em 1936 Localização bairro Jucutuquara – Vitória-ES

Esse grito ecoou pelos estádios capixabas de meados da década de 20 até 1987 e seu entusiasmo contagiou uma legião de admiradores tornando-o querido e respeitado pelos rio-branquenses. Já tinha em 1928 uma torcida organizada (barulhenta, mas ordeira, como ele dizia) com os amigos. Ele que nasceu em 4 de fevereiro de 1900 era menino quando conheceu os também adolescentes fundadores do clube, na época ainda conhecido como Juventude e Vigor. Isso ainda no Estádio de Zinco.

Um fato muito interessante é que embora conhecido por todos como Manoel Donêncio este era seu apelido pois o nome era do seu pai. Ele adotou a "alcunha" também como homenagem ao pai, mas verdadeiramente porque seu nome real causava constrangimentos, para dizer o mínimo.

Corte rápido >>> há alguns anos estava eu a conversar com meu amigo Renan Barcelos e o papo foi para o jogo de botões e eu falei: lembra do Bolinha?, surfista, ele também joga etc. e tal e começamos a falar dele (João Carlos Orlandi Pinto) e em certo momento eu lembrei que ele era neto do Manoel Donêncio, conhecido em toda a cidade e revelei o seu nome: Manoel Pinto das Virgens - aquilo caiu como uma bomba nos ouvidos do Renan que disse: PQP kkkk / em meados dos anos 70 minha mãe chega em casa com uma história que ninguém acreditou e foi motivo de piadas. / ... disse que estava na sala de espera de um consultório e a enfermeira chegou e disse em alto e bom som **>>> Sr. Manoel Pinto das Virgens** ... levantou um senhor de chapéu com um sorriso sacana e seguiu a enfermeira - kkkkkk <<< pois eu falei: *pega aí o telefone e liga pra ela pedindo desculpas.* Kkkkk

Um pouco de história >>> a família Pinto (como os Pinto Ribeiro - O Capitão-mor Sr. Manoel, ancestral dos "Monjardim" e dos "Azambuja - e os "Pinto Homem de Azevedo", cuja descendência gerou ainda no Século XVIII o Sr. Manoel Pinto Ribeiro Pereira de Sampaio (1783-1857), primeiro e único capixaba a presidir o STF - na época, Supremo Tribunal de Justiça), portuguesa com certeza, sempre teve alguma influência no Espirito Santo mas o Seu Manoel teve que trabalhar duro desde cedo para sustentar a prole.

*Como o livro vai ser em P&B trata-se do **Círculo da direita***

O Manoel Donêncio pai, era leiloeiro no local destacado em vermelho na foto acima. Chegou a ser notícia em jornais da capital em 1910 por ter fisgado um Mero gigante que teve que ser rebocado por uma lancha. Essa reportagem foi feita por A Gazeta numa retrospectiva sobre Vitória antiga e um recorte de jornal me foi dado por um amigo, neto do Pinto das Virgens que disse que o leiloeiro também participava ativamente das festas da quermesse da igreja católica todos os anos.

Fui juntando as informações que tinha e em outra página do Facebook que eu criei (Espirito Santo Registros Históricos) deu para entender melhor o contexto ... tudo começou com a foto acima e uma indagação de minha parte:

Uma amiga de longa data, a **Alice Hubner**, postou uma foto de Vitória dos anos 20, portanto secular, e no texto destaca a área que marquei em azul, na cidade alta, onde seria depois construído o Hospital dos Funcionários Públicos e abaixo (marquei em verde) o local onde é hoje a Praça Oito, que na época era o Cais Grande, onde aportavam as embarcações e depois foi chamado de Cais da Alfândega.
Além da imponência da Catedral (cuja construção tinha se iniciado há poucos anos) diante da cidade ainda sem os prédios construídos nas décadas seguintes e que a engoliram, outra coisa me chamou a atenção e a marquei em vermelho. >>> Por essa perspectiva, da foto, existia uma área de igual tamanho à da antiga Praça da Independência, muito próxima ao cais principal. Seria um cais secundário?
Não vou pesquisar por dois motivos, rsrsrsrs: primeiro que curioso, não lembro de ter visto ou lido nada sobre a região marcada em vermelho, e segundo porque sei que tem gente no grupo que sabe. Parecia, pela foto, tratar-se de um lugar bem movimentado.
E aí, alguém se habilita ?????

Fernando Achiamé / No local assinalado em vermelho funcionou durante muitos anos o Mercado Velho de Vitória, demolido depois da inauguração do Mercado da Capixaba em meados da década de 1920.

No mesmo lugar foi construída uma praça (não sei o seu nome oficial), chamada de Praça das Salsichas pelo povo (segundo Elmo Elton), devido ao comprimento e formato dos seus bancos.

Logo depois da vitória da Revolução de 1930, o logradouro teve seu nome trocado para Praça João Pessoa.

E em 1935-36 naquele espaço foi construída a nova sede dos Correios.

Essa foto deve ser do final dos anos 20 ou início dos anos 30.

Um abração José Augusto dos Anjos Araujo.

Gerson França / O mestre Fernando Achiamé já discorreu sobre essa "claro" na orla. Aproveito para complementar: antes da construção do mercado velho (à época, novo rsrs!), nesse pedaço funcionava a Banca do Peixe (ou do Pescado). Ali era comercializado e tributado todo peixe que abastecia Vitória, desde tempos imemoriais. Era de interesse dos Capitães-mores regular esse comércio, pois a redizima do pescado era usada para pagar os proventos do mesmo. Ali também, antes do aterro, foi o principal atracadouro da Vila de Victoria. Era ao lado da antiga "Pedra", também chamada de "Lage", que ficava ao pé da colina. Nessa pedra foi edificado o primeiro forte dentro da Vila, na segunda metade do século XVII, chamado oficialmente de Nossa Senhora do Carmo. Ali em cima, também, começava a Ladeira da Matriz, que era uma das vias que ligava a parte alta até a chamada "praia da vila".

Sensacional !!!!! Fernando Achiamé e Gerson França são dois dos mais renomados historiadores do Estado

José Augusto Anjos Araujo / Eu tinha confiança de que nossos membros dariam mais detalhes o que me enche de confiança com a página que criamos exatamente com essa intenção: uma complementaridade de conhecimentos. Obrigado Mestres! Nessa venda do peixe citada um camarada notável era o Sr. Manoel Donêncio, citado pela imprensa em 1918 como tendo fisgado um Mero gigante que teve que ser rebocado por uma lancha (do Antenor Guimarães). Esse Manoel Donêncio era um dos leiloeiros da região e é pai do Manoel Pinto da Virgens, conhecido em toda a cidade como emérito torcedor do Rio Branco nas décadas seguintes. Herdou o apelido do pai por motivos óbvios. Seu nome era muito, digamos .. curioso. Kkkkkkkk Manoel Pinto das Virgens. Ele tinha um bordão que os jogadores ouviam dentro de campo mesmo com o estádio cheio >>>> Marcaçãããão Ribrancooo (sim, ele comia um "o") - Nãããoo Brinncaaaaa ! - rsrsrs - eu cheguei a viajar com ele em jogos no interior e sou amigo dos filhos, netos e bisnetos.

Descascando o Pinto

Manoel Donêncio - figura inesquecível que fez parte da história de Vitória - Teve uma profunda ligação com o mar bem como seu pai, o velho Donêncio que fez notícia em 1918, quando era leiloeiro-mór das festas de São Benedito, ao fisgar um Mero de mais de 300 quilos que foi rebocado pela lancha "Oscarina" de antenor Guimarães

Ilha da Fumaça armazéns de Antenor Guimarães - 1922

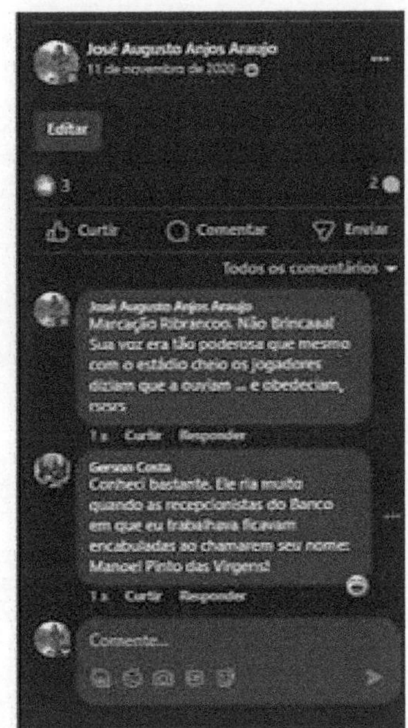

A Ilha da Fumaça era propriedade da família Guimarães. Nela existiam trapiches onde se armazenavam combustíveis, como: gasolina, óleos lubrificantes, querosene (o famoso Jacaré). Até hoje existe a ponte que servia de embarque e que serve hoje como atracadouro de uma firma de rebocadores que atracam navios no porto de Vitória e demais portos do Estado. O combustível chegava através de navios, em sua maioria, procedentes aos Estados Unidos e exportado para o Brasil pelas firmas Texaco, Anglo-mexican, Shell e Esso. Depois de depositado na Ilha da Fumaça, era remetido para os revendedores de Vitória, para outras partes do Espírito Santo e para o Estado de Minas Gerais. Primeiramente, ali residiu o Sr. Manoel Pinto das Virgens, o nosso inesquecível "Manoel Donêncio", que adotara este cognome devido a frase que seu verdadeiro nome formava. Seu Manoel, fazia o transporte em grandes canoas até ao píer dos armazéns da firma Antenor Guimarães, depois tomando o destino de compra.

Num artigo sobre a história da cidade no Site "Morro do Moreno" (fonte também do 2º parágrafo anterior – por Délio Grijó), o historiador Elmo Elton num texto sobre uma divisão histórica que havia entre os devotos de São Benedito - Caramurus e Peroás, que muitas vezes terminava em briga, cita que Donêncio Pinto da Virgens era da turma dos Peroás, mas não fica claro se era o pai ou o filho. Creio que o pai. /// Achiamé conta que essas facções, Peroás de cores azuis e Caramurus, verdes realmente dividiam a cidade desde 1833. Eu diria do alto de meus devaneios que foi um esboço dos torcedores do futebol pois as irmandades tinham até suas bandas - escolha um lado, kk - passando nesse ínterim pela rivalidade esportiva propriamente dita no remo entre o Álvares e o Saldanha.

Foram, ainda, peroás famosos: Zé do Barão, também chamado Zé Guizô, tocador de bumbo da banda do Rosário; Donêncio Pinto das Virgens, leiloeiro de prendas, e Antônio Mota, mais conhecido por Macota, este o idealizador e executor do roubo da imagem. Mas essa é outra história, rsrsrs

##

Avenida Paulino Miller em Jucutuquara

Jucutuquara / bairro de classe média, onde famílias tradicionais de Vitória moravam, e moram até hoje algumas delas, como: a dos irmãos Arildo, Aylton e **Djanira Lima**, essa uma das maiores cozinheiras do Estado; Copollilo, do saudoso Alfredo; Calazans; Grijó, dos meus saudosos tios Francisco (Chico) e Emília Gifoni, sua esposa, e meus primos Francisco Amálio Grijó Neto, o Grijozinho, Maria Amália e Maria Emília; família Quejock; Carvalinho, dos amigos Enildo, Turquinho Dodoca, Dinga e Janete; **os Fontana**, de **Goli,** Alaor, "Isola", Itamar; e os Monjardim. O bairro ganhou notoriedade depois da construção do **Estádio Governador Bley**, na década de 40, (na verdade 1936 – grifo meu) quando era interventor o Major João Punaro Bley, sendo responsável pela magnífica obra da época o construtor Camilo Gianordoli, que era membro da diretoria do **Rio Branco Futebol Clube**, proprietário do Estádio.

Bondes >>> Existia uma linha que adotava esse nome de Cruzamento, era uma que partia da Costa Pereira (que já foi chamada de Independência e Sete de Setembro) e entrava no bairro de Jucutuquara, fazendo ponto final defronte ao bar do mais conhecido morador e torcedor do Rio Branco, que era o Sr. **Manoel Pinto das Virgens**, o querido e saudoso Manoel Donêncio, que ficava nas proximidades dos Fradinhos.

Textos (e imagem): De bonde com Grijó / A Ilha de Vitória que Conheci e com que Convivi, - vol. 6 – Coleção José Costa PMV, 2001

Zira De OLiveira Oliveira / Conheci essa família, moravam no final da linha do bonde. Saudades dessa época.
José Augusto Anjos Araujo / Zira De OLiveira Oliveira Sim. Exatamente.
Dulce Regina Vieira Rabello / Tio Manoel Donêncio era Deus no Céu e o Rio Branco na Terra! O filho Manoelzinho também torcedor...
José Augusto Anjos Araujo / Sim. Ele, os filhos, netos e bisnetos. Conheço toda a escadinha.
Márcia Monjardim / Eu!!!! Conheci todos eles! Moravam perto da minha casa.
Magaly Guimarães Lucas / Ele gritava: marcação Rio Branco. Era criança, mas lembro muito
Francisco Di Paulo / Morei na mesma casa que morou Sr. Manoel, Av. Paulino Muller 1404
Lia Simões / Conheci muito. O bonde Praça Costa Pereira x Jucutuquara fazia ponto final em frente a casa dele. Conheci muito Dona Vivi, as filhas, toda a família. Gente especial. Fizeram parte de minha infância.
Cassia Maia Bordados / Lia Simões Diva também filha de Sr. Manoel

Marco Antonio Soares Calazans / Conheci Seu Manoel, dona Vivi, Diva, Tucada e toda família. Eram vizinhos de meus avós paternos no final de Jucutuquara. Lembro-me dos gritos de Seu Manoel no Estádio Governador Bley: Marcação no jogo Rio Branco...
Aloisio Medeiros / Eu conheci, era muito amigo do meu pai, mesmo torcendo por times diferentes....

Lia Simões / Tinha também Dalva e mais. Toda vez Que ia pegar o bonde ficava aguardando e bate papo com elas. Tempo bom.
Fabricio Leandro / Comprei muito pão na padaria dele
Dulce Regina Vieira Rabello / Tio Manoel Donêncio, passava muitos dias lá, era ótimo, passeava com as meninas....
Cassia Maia Bordados / Dulce Regina Vieira Rabello minha mãe sempre conta dos bailes de carnaval de Sr. Manoel
Sonia Noronha / Euuuuuuuuuu.... recordações lindas, muito querido!
Carlos Antonio Alves Dos Santos / Seu Manoel amante do futebol. Deixou saudades para nós do Bairro República.
Rosalvo Marcos Trazzi / Marcaçããããããooo RIBRANCO! (engolia o O).
José Augusto Anjos Araujo / É VERDADE, KKKKKKKKKkkkk

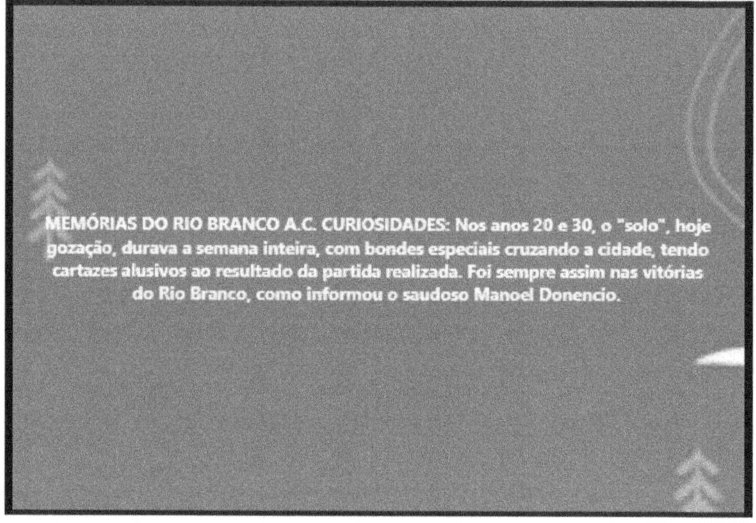

José Augusto Anjos Araujo / 17 de outubro de 2020

Essa é do Balacobaco. Foto totalmente inédita do Manoel Donêncio (de chapéu) entregando a taça de campeão capixaba de 1975 ao capitão Wilson Pereira. Edinho Bourguignon e Kléber Andrade também aparecem na foto. Consegui com seu neto João Carlos Orlandi Pinto.

Sabemos por relatos do ex-presidente Guilherme Abaurre que em que pese seus antepassados o Sr. Manoel era de origem humilde e começou a trabalhar desde a adolescência e que desde cedo começou a torcer pelo time de Paixão. Gilberto Paixão do Nascimento foi o primeiro craque e ídolo do clube até os anos 30, titular absoluto de todas as Seleções Capixabas do período, outro ídolo era o Doca, filho do Vovô Moisés. Voltando ao Parafuso (o futebol também se faz com ídolos): ***"fui para o clube em 1925 e daí nunca mais saí".*** Com um sorriso contagiante apesar das agruras que passou por ser militante político, tendo sido preso e torturado algumas vezes. Se preso era buscado na cadeia por dirigentes influentes do clube para defender o time Capa Preta. Os três depois de pararem com o futebol foram dirigentes a torcedores enquanto viveram. **Paixão** foi um dos responsáveis pela troca das cores do clube, de verde e amarelo para preto e branco. Reza a lenda que em uma de suas idas ao RJ trouxe uma revista colorida mostrando o uniforme da Juventus de Turim, expondo que o preto e branco caiam muito bem e lembrava a camisa do Sul América (na época Gynasio Espirito Santense e depois Colégio Estadual) um time de escolares que rivalizava com o XV de Novembro (Escola Parochial e depois Escola Normal) e que junto com o Rui Barbosa foram os primeiros a praticar o esporte (com bolas improvisadas) em Vitória após 1906 de quando existem os primeiros relatos - *Álvaro José Silva em Esporte Memória - Secretaria Municipal de Esporte, 2005. As primeiras bolas "de verdade" vinham do Rio de Janeiro trazidas por estudantes, mas não se sabe ao certo quem as trouxe primeiro, o certo é que os garotos do Football Club Victória já tinham as bolas oficiais do campeonato carioca em 1912. O Rio Branco foi fundado em 1913 e tinha entre seus fundadores, amigos ligados ao Botafogo na pessoa do Lulú Rocha (Luiz Martins da Rocha ex-jogador do clube carioca, capitão e campeão em 1910 e 1912), ele e o irmão Pedro Martins (1° presidente da Liga) depois de pararem com o futebol vieram trabalhar em Vitória em uma firma de navegação e eram irmãos do folclórico e mítico Carlito Rocha presidente do Botafogo (1948~1951) e Lulú foi o 1° técnico do clube(1917) e treinou Claudio Dumas, Eduardo Andrade e Silva, China, Guilherme Abaurre e outros na época que pouco se sabia sobre como e esporte realmente funcionava.*

Voltando ao Ponto, ou melhor, ao Pinto ...

Já residindo em Jucutuquara e com filhos, Seu Manoel tinha um "caminhão de frete" na época de construção do estádio Governador Bley, finalizado em 1936 exatamente no local do antigo Estádio de Zinco. Na época era o 3° maior do país e mais moderno que os do Fluminense e Vasco, pois em concreto armado e sem colunas. Foi muito valiosa colaboração dele em todas as fases da obra: transportou muita terra, areia, brita, enfim, todo tipo de material de construção. Embora o frete fosse sua fonte de renda ele procurava as horas de pouco serviço na praça para levar e descarregar os materiais na obra e nunca cobrava o frete. Em dias de muito movimento e necessidades urgentes o clube pagava apenas o combustível coisa que nem acontecia se ele tivesse, ao fim dos fretes normais, retornando com o caminhão vazio para Jucutuquara. Nessa época apenas o Comércio e o Porto ativavam a economia da cidade. Abaurre lembra que ele fazia os transportes sorridente e alegre por estar ajudando o clube de coração. Por essas e por muitas outras ele se tornou um símbolo da torcida capixaba.

Vez por outra era citado na imprensa por seus eventos e peculiaridades. Cinco de fevereiro de 1939 >>> *"Fez anos ontem o conhecido desportista Manoel Donêncio, o torcedor n° 1 do Rio Branco. Donêncio que é estimadíssimo em nossos círculos esportivos, teve, ontem oportunidade de receber inúmeros cumprimentos e homenagens. A Gazeta, cumprimenta-o prazerosamente".*

Tempos depois o mesmo periódico anunciava que Manoel Donêncio daria o grito de largada da Corrida da Fogueira. Ele era o mais popular torcedor de Vitória, que o digam mesmo os adversários, mormente os torcedores do rival Vitória FC. Dizem as más línguas que seu local predileto era a Praça Oito onde a cada rival que passava após os triunfos do alvinegro e ele reconhecia vinha sua voz acentuada: Rio Brancoooooo! Kkkkkkkkkkkkkkkkkkkk (Oscar GF, 2002).

Wedson Carvalho / Ele era um torcedor ferrenho do Rio Branco Atlético Clube. Presenciei muitas vezes ele dando dinheiro aos jogadores do Rio Branco, por ter tido feito o gol da Vitória do Rio Branco Atlético Clube. Morreu apaixonado pelo Clube.

Nogueira Santos / Nós. Éramos felizes e sabíamos # **Luiz Carvalho** / Lembro do Anjinho. # **Waldemiro Boynard Boynard** / Conheci Manoel Donêncio era amigo do meu pai # **Elias Rocha** / Me lembro dos dois com muitas saudades.

Walter Schmidtke /Enquanto pode, compareceu aos estádios, onde seus gritos de guerra ficaram marcados em meio aos torcedores rio-branquenses. Manoel Donêncio cortou a fita simbólica na inauguração do gramado do Estádio Kléber Andrade, em janeiro de 1982 (do campo para treinamentos), uma promessa e exigência do presidente que deu nome à praça esportiva de Campo Grande. Em junho de 1967, o Conselho Deliberativo do Rio Branco aprovou a concessão de título de sócio benemérito, que Manoel Pinto das Virgens, o popular Manoel Donêncio, recebeu juntamente com outros dois estimados rio-branquenses, os ex-dirigentes Ovídio Alves Corrêa e Hildebrando Gomes Lucas.

ps: Waltinho é ex-jogador (ponta direita habilidoso) e grande colaborador do grupo do FB. Ele é um dos que atestam que mesmo com o estádio cheio dava para ouvir a sua voz o que se tornava um incentivo nos bons e maus momentos que acontecem no desenrolar de uma partida de futebol. Waltinho e Gelsinho (grandes amigos) são 2 exemplos de ex-jogadores que acompanham tudo sobre o clube mesmo morando no Rio de Janeiro. Waltinho quando no RB indicou muitos jogadores do RJ principalmente, mas não só do Fluminense, onde jogava para apostar em Vitória em suas carreiras. A maioria deles por aqui ficou em definitivo.

Uma das histórias relatadas do Seu Manoel Donêncio foi na comemoração do título estadual de 1978. Ele entrou no vestiário com vários envelopes embaixo do braço esquerdo e foi distribuindo o "bicho extra" para os jogadores, em especial um para o ponta Carlinhos Meaípe, autor do gol decisivo. O jogador Acelino disse confidencialmente que era um dinheirinho que dava pra comprar um ou duas cervejas, mas *"Foi a mais importante e emocionante gratificação que recebi como jogador"*. Hoje parece que não existe mais o "bicho", mas tem jogador safado que ganha em apostas das bet's

Como eu frequentei estádios desde os anos 60, sempre o via (e principalmente o ouvia, rsrsrs) no Bley, mas só tivemos um contato mais próximo quando ele já tinha mais de 70 anos e gostava de ir nas viagens para jogos no interior com a torcida Capa Preta que nós garotos fundamos no Centro de Vitória em 1973. Durante essa década ele ainda com boa saúde ou ia aos ônibus levado por algum parente ou ia com a Tia Pepenha; na volta o deixávamos em casa. Ele costumava sentar na 1ª ´poltrona junto com o ex-jogador Alcy Simões, este muito discreto e humilde apesar de ser considerado por muitos como nosso maior craque do futebol de todos os tempos. Seu Donêncio não; era extrovertido e às vezes fazíamos uma rodinha com ele que nos contava histórias deliciosas sobre os velhos tempos das vitórias e derrotas impossíveis. Até mesmo os corinhos da torcida nos anos 30 e 40 ele lembrava, como já contamos num quadrinho lá na página 13. Depois já com a Bola Branca ele ainda ia em um jogo ou outro. / César Fernandes lembra: *"Nas viagens para o interior, fazia questão de pagar a passagem. O dinheiro, ele levava sempre bem embrulhado num pedaço de papel de padaria. Dormia na ida. Nas vitórias, gritava sem parar no retorno a Vitória"*.

Já com bem mais que 80 anos de idade em algumas ocasiões enfrentava a difícil ida ao novo estádio, o Kléber Andrade. Seus filhos ou netos o levavam e ele ia subindo a longa escadaria de madeira (no centro da foto, destacado pela seta), que era o único acesso às arquibancadas, lentamente, amparado pelos ao redor. Perdeu grande parte da visão a ponto de não conseguir distinguir as camisas dos jogadores em campo, mas quando a saúde permitia ia sempre ao campo.

"Não vejo bem, mas é importante para mim ir aos jogos, pois sinto tudo"!

Feicebuqueando encontramos outro mestre da história do ES, o Marcus Vinícius falando sobre samba ... / Unidos de Jucutuquara / 31 de outubro de 2019

Hoje é quinta, dia de #tbtcultural.
Essa semana sofremos, publicamente, uma tentativa de desvalorização e desmonte da nossa festa. O que os feitores não contavam é que a resistência está na nossa essência. As escolas de samba nasceram da repressão e com ela conviveram em toda sua trajetória, estando a resistência enraizada em nossa história. Está no toque da caixa, no leque do mestre sala, na calça e no sapato branco e dentre outros vários elementos que compõem nosso espetáculo.

Muitos foram os que brigaram para que hoje pudéssemos expressar o amor pela agremiação e, na Jucutuquara, Manoel Donêncio foi um deles. Nascido em 1900, Donêncio era um completo líder e agitador cultural. Foi o fundador da primeira torcida organizada do Rio Branco, tornando-se o torcedor símbolo de tal clube. Em Jucutuquara, morava próximo ao ponto final do bonde, onde era uma espécie de líder comunitário, organizando reuniões para melhoria do bairro e festas, juntamente com a saudosa Dona Deja, que chegavam a fechar a avenida Paulino Muller. Em várias delas, em tempos em que a Unidos de Jucutuquara nem pensava em nascer, convidava as batucadas e escolas de samba para se apresentarem publicamente para os moradores do bairro, proporcionando para alguns de nossos fundadores o primeiro contato com o samba.

Dentro da Coruja, nunca se envolveu ativamente, mas, o que não impediu de ter seu nome lembrado em nossas histórias. Ensaiava o bloco Unidos de Jucutuquara na Choupana do Rio Branco, rua de trás da Escola Técnica, hoje IFES, quando uma moradora das imediações, revoltada com o barulho, apareceu esbravejando insultos ao evento e à agremiação. Donêncio, sabendo da sua importância, foi resolver a situação e o fez apenas com uma frase: “minha senhora, aqui é Jucutuquara, samba e futebol por 24h. Se está incomodada, se mude para a Pedra dos Dois Olhos!”.

Além do legado, deixou seus descendentes. Manoel Donêncio é bisavô da Rainha de Bateria Schyrley Moura e mais um de nossos Griot´s. / *Realização: Departamento Cultural* / *Texto: Marcus Vinicius Sant´Ana*

Meu "Pitaco":

Quem administrava a choupana (local onde ocorriam bailes e festas do clube) era o goleiro Pereira que tinha até torcida feminina, nos anos 60. Algum amigo ou amiga disse em uma das páginas do FB - procurei, procurei, mas não encontrei mais - que tinham até um corinho para ele quando entrava em campo ... A Choupana, onde muitos namoros deram em casamento está destacada na seta. Era como diz o texto anterior por trás do Governador Bley e o bar eu lembro que pelo movimento dava um bom lucro. Hoje no local existe o Ginásio de Esportes e a Piscina de 50 metros da Escola Técnica Federal, atualmente IFES.

Uma crônica de Xerxes Gusmão Neto.

Futebol pra mim combina com sol e luz. E com tardes amarelas, de céu azul com esparsas nuvens brancas. E mais gente fazendo algazarra, pessoas correndo, grupos gritando, a guerra das torcidas. Por causa do sol e do amarelo das tardes e mais o azul do céu, futebol do meu jeito é jogado durante o dia. E o jogo noturno nunca tem o mesmo gosto do jogo vespertino.

E que ninguém venha me dizer que sou atrasado ou que isso é coisa de velho. Uma coisa não sou e outra posso até ser, mas ninguém vai me tirar o direito de ter minhas combinações preferidas, ou até se quiserem, minhas rabugices. Sei que vão me dizer que não existem tardes amarelas, mas não admito de maneira nenhuma que impliquem com a cor de minhas queridas tardes. Desde menino, nos campinhos irregulares do Córrego do Patrimônio, quando um dos times chutava morro abaixo e outro acima (os terrenos naquela região são de curtas várzeas), gosto de viver aquela emoção de ver a bola correr de pé em pé, de um lado a outro, campo afora. E gosto daquela sensação única de ver o sol ir perdendo devagarinho o seu calor, escondendo-se atrás dos morros.

Ainda rapazinho fui apresentado ao melhor futebol de Vitória, numa bela tarde. Estava acompanhado de meu tio Adonias, que morava em São Torquato, onde subimos num ônibus da Viação Celeste, que portava um letreiro esquisito sobre seu itinerário: São Torquato-Cruzamento. E no cruzamento dos bondes, em Jucutuquara, saltamos já no meio daquele alarido da torcida chegando com pressa.

Entramos no Estádio Governador Bley com o coração queimando de ansiedade, afinal era o meu primeiro grande programa na capital, que me recebia terna, pacífica e saborosa, com gosto de lençol novo ou de brinquedo recebido no Natal. Nos alojamos na arquibancada e nos preparamos para processar as emoções de um sensacional clássico capixaba: o encontro entre os times do Rio Branco A. C. e do Vitória F. C.

Naquele momento me vinha a lembrança do primeiro receptor de rádio que me ensinara um novo mundo, com música, romance, viagens, humor, aventuras e futebol. Nesse rádio movido a bateria, em tardes de vento e monotonia, passei a admirar o futebol brasileiro e adquirir a preferência pelo Vasco da Gama, São Paulo, Atlético Mineiro, Vitória (da Bahia) e Internacional de Porto Alegre.

Ali, eu estava transformando em realidade aquela miragem barulhenta das transmissões do Oduvaldo Cozzi e do Jorge Curi, mesmo havendo uma grande distância entre o Maracanã e o Governador Bley. Agora eu me via em meio ao futuro, em plena aventura do descobrimento. E, enquanto transcorria uma partida preliminar, eu me dava conta de que estava tomando posse de mais um pedaço de vida.

Terminada a preliminar, tudo vira espera, a espera de coração batendo de uma emoção maior. Alguns bebem cerveja, outros ficam no guaraná, tem aqueles da água, os da pipoca e até os inveterados roedores de unhas. O suspense geral só é resolvido quando entram em campo as duas equipes, uma toda azul e outra no tom alvinegro, rivais que se preparam para a pugna na arena. E o jogo terminou empatado.

Anos mais tarde, fiquei triste quando o Rio Branco não pôde manter o Governador Bley, que para mim significava a lembrança de um futebol alegre e vivo. De um futebol que juntava Rio Branco, Vitória, Santo Antônio, Valeriodoce, Americano, Caxias, Recreio, Jabaquara, União, Itaúnas, Atlético, Santos e outros e mais.

A cidade continua amável, mesmo sem os bondes e sem a Viação Celeste, da qual só me resta o consolo de encontrar o Julinho Biancucci. Jucutuquara não me oferece mais as tardes esportivas, trocando-as pelas noites de bares movimentados. Já não frequento tanto as tardes amarelas, mas a cidade mantém o seu encanto e continua sendo uma vitória que me conquistou.

ESCRITOS DE VITÓRIA - O saudoso Xerxes Gusmão foi jornalista, escritor (e poeta) e profissional do marketing renomado.

Abrindo um parêntesis canino ...

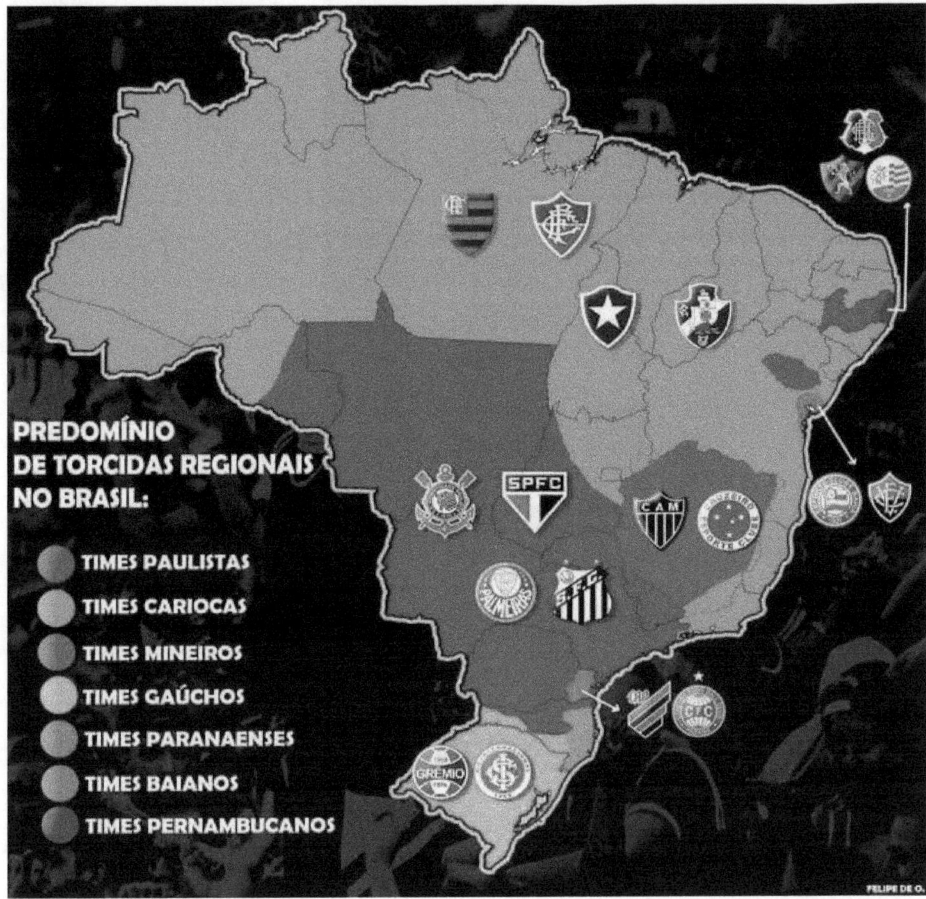

Mandando para escanteio o "complexo de vira lata" do Nelson Rodrigues (o brasileiro não atingia o ápice de seu potencial por possuir uma crença inconsciente de que é uma "etnia" inferior à dos demais, especialmente em face dos europeus) e transportando-o para o futebol capixaba em relação aos grandes centros, vemos que não é só aqui a atração do torcedor pelos clubes mais conhecidos e poderosos.

Observem, de sul a norte a influência da dupla Gre Nal subindo até o oeste de Sta Catarina que tem preferência pelos cariocas no litoral e pelos paulistas em boa parte do interior. No Paraná, o interior aprecia os grandes de SP e apenas na região metropolitana os torcedores se identificam com a dupla Atle Tiba (cada um tem um campeonato brasileiro). A influência paulista sobe pelo estado e vai a Goiás (dividido com os cariocas) e aos Mato Grossos (o mapa não mostra mas no do sul existe muita torcida para os times do RS) aparecendo também no interior da Bahia (onde a dupla BA VI tem a preferência em Salvador) e de Pernambuco onde no Recife aparece o trio Naútico, Sport e Santa Cruz. No restante do Brasil predominam os clubes do Rio de Janeiro certamente devido à cidade ter sido até 1960 a capital federal com cobertura maciça da imprensa sobre os clubes cariocas desde os tempos do rádio. Mesmo os bairristas mineiros têm parte de seu estado ora com os paulistas ora com os cariocas devido à proximidade de algumas regiões com estes embora avancem um pouco no Goiás.

Talvez esse mapa não tenha captado no Ceará, por exemplo, e especialmente em Fortaleza o recente sucesso nacional da dupla Ceará e Fortaleza e em Belém, falo por experiência própria, a grande rivalidade entre Payssandu e Remo. No mais nada é muito diferente do que o que acontece no pequeno Estado do Espírito Santo. Mas, mordendo o osso da realidade temos que reconhecer que é grande a resposta "nenhum" quando se pergunta por aqui qual o time capixaba de sua preferência e isso pode ser explicado em parte pelo grande número de mineiros e baianos (e outros) que vieram morar no estado em razão das grandes indústrias que se instalaram por aqui a partir de décadas passadas. Prossigamos...

E TUDO COMEÇOU COM A CHARANGA

José Augusto Anjos Araujo
4 de abril de 2022

Nesta esquininha triangular em Jucutuquara existia um boteco há 70 anos onde o pessoal da velha guarda liderados pelo Anjinho fazia o aquecimento cachacístico na primeira charanga (batucada simples) que acompanhava um time de futebol em nosso estado.

O aquecimento final era no Bar do Ceará de onde subiam a arquibancada e ficavam lá no alto à direita do setor social. Certa vez (não consegui encontrar) algumas pessoas citaram até mesmo o nome do barzinho e de seu proprietário.

Ainda não era extamente uma torcida organizada (ficavam fazendo um sambinha e muito barulho na hora dos gols) o que só veio a aconctecer mesmo por volta de 1968 com a Torcida Jovem do Zé Maria, Mazinho (filhos do Manoel Ferreira), do Antonio Cesar de Andrade, e de outros rapazes filhos de outros dirigentes do clube. Foram ele que criaram o grito, Braancôôô, Braancôôô pois antes era só na palminha e começaram a aparecer as bandeiras grandes. Eu era moleque mas aquilo me fascinava !!!
Isso sem contar que o time do Rio Branco tinha pelo menos 2 bons jogadores para cada posição. Não é saudosismo apenas, é a história.

Aldo José, João Luiz e outras 38 pessoas 29 comentário 8 compartilhamentos

Ôôôpaaa – Encontrei aos 45 min do 2º tempo. Jocimar P. Campos disse o nome da Chefe: ***Dona Badinha***

No caso desse estabelecimento, eu mesmo nunca entrei nele enquanto boteco (entre os anos 60 e 70), só muitos anos depois quando era mais para um desses locais onde se encontra todo tipo de produtos. Mercearia de bairro. Certa vez passando com um amigo ± em 1972 ele disse que ali era a pré-concentração da turma do Anjinho, mas minha memória só foi até aí. Disse que foi construído (o prédio) no final dos anos 50. Prefiro então apenas a benção de lembrar ***o fato*** *do que a maldição de lembrar de tudo – como aquelas pessoas que a tem (a memória) fotográfica, "tipo" naquela série americana, Unforgettable, onde uma detetive ruiva bonitona, Carrie Wells (Poppy Montgomery) lembra de tudo o que vê. Kkkkk A memória é uma benção, mas pode ser irritante também.*

Lá no fundo da foto, à esquerda nesta rua a bifurcação com a Av. Alberto Torres e a edificação ao centro é o muro do encontro das arquibancadas do Estádio Governador Bley.

Meus HD's externos – amigos e amigas – dão mais detalhes ...

Francisco Di Paulo. / Era o Bar do Funil.
Sergio Luiz Xavier Xavier / Bons tempos! Nesse bar Funil, a cantora **Leci Brandão**, participou de uma roda de samba na década de 70.
Francisco Di Paulo / Jucutuquara já teve muitas histórias bonitas
Ilson Santana / Av. Paulino Muller e Alberto Torres bem arborizadas
José Augusto dos Anjos Araujo / No Funil era a concentração da Charanga do Rio Branco do Anjinho e amigos em meados dos anos 60. Tomavam todas e a saideira (no caso a entradeira) antes dos jogos era no Ceará, na porta do Bley./ Subiam a arquibancada da direita e ficavam lá em cima na batucada. Eu moleque de colo assistia mais eles do que os jogadores e pensava (pensava? kkk) um dia vou ser igualzinho a esses caras. O sonho se realizou anos depois, virei batuqueiro e Anjinho meu parceiro. Até rimou, viu companheiro ???? rsrsrsrs
José Augusto, 22 de setembro

Já dei algumas circuladas tanto mais à esquerda - vindo da casa da Tia Pepenha e pro lado de cá onde moravam alguns batuqueiros com Walteir e Tulú - bem como vindo do final da escadaria à direita onde moravam umas amigas. Aí era o coração da bateria tanto da Bola Branca como do Bloco Unidos que se tornou Escola de Samba na década seguinte ...
Francisco di Paulo / Rodou tudo então.

Os amigos Ilson Santana e Francisco Di Paulo lembraram os nomes de alguns bambas de Jucutuquara, todos moradores dos morros que compõem o bairro e batuqueiros como Ditão, Getúlio que jogou no Rio Branco, Mirinho, Chaleira - realmente o coração da bateria

José Augusto Anjos Araujo / Ilson Santana Getúlio foi colega nosso ne Escola Técnica. A gente o ajudava quando tinha que faltar aulas por viagens e concentrações antes dos jogos. Era zagueiro de área.

Ilson Santana / Conhecia o bairro quase todos, Maleco, Matuzalem, Kincas, Luluca, Urubu e o pessoal do morro, onde morei de 74 a 76, era cunhado de Celém e parava muito na sapataria, ponto de resenha de muita gente.

Ewandro Petrocchi / 70 anos não sei o nome , mas a 50 anos atrás o nome do boteco era Funil!!! Lembro do Anjinho um negro de quase 2 metros e sua batucada

Mario Monteiro / Me esclareçam, esse morro é a arquibancada de quem não tinha dinheiro ou o da rua Lizandro Nicoletti? Nasci em Santa Lúcia, estudei na Escola Técnica, por isso me tornei torcedor Capa Preta... até aí tudo normal / ..um dia meu neto nasceu , minha filha conhecia uma família da Ilha que era a base Ipiranga...meu neto foi criado ali. Natal, ano novo era no quintal deles...um dia eles me disseram.. / Vem pra Coruja. / Pra bateria...e fui eu e a família...hoje sou evangélico, minha filha continua ali ...mesmo fora, amo aquela galera... cheguei encontrei Sombra , Dito, Xavier, amigos meus...passei a gostar de Jucutuquara....Mestre Ditão foi meu diretor de Batera.

Hylsea Regina Da Rocha Santos / Nasci e morei na Alberto Torres.

O PENTÁGONO DA PINGA

Antes de um jogo de futebol os jogadores fazem a tal concentração" e sim, os torcedores também se submetem a um ritual. Cada um se concentra de alguma forma, até mesmo aqueles que decidem de última hora e conseguem entrar no estádio lá pros 18 minutos do 1° tempo, é logico. Kkkk Mas os torcedores mais raiz mesmo costumam sair de casa mais cedo mesmo fazer um lanche, se bem me entendem, em algum boteco decente ou mesmo indecente para se preparar para o embate, rsrsrs / Elegemos os 5 mais emblemáticos de Jucutuquara, esclarecendo que embora seja forte a identificação do clube com o bairro, ele começou mesmo no Centro de Vitória e antes de se transferir para o bairro, treinava numa área emprestada no Bairro Olaria (local onde hoje é o HAFB) e jogava em outro campo (Paul) ambos em Vila Velha antes do aterro da antiga salina em Jucutuquara, iniciado em 1915 para construção do Estádio de Zinco.

Funil

José Augusto Anjos Araujo / Nesta esquininha triangular em Jucutuquara existia um bar nos anos 60 (Funil) onde o pessoal da velha guarda liderados pelo **Anjinho fazia o aquecimento "cacha cístico" na primeira charanga (batucada simples) que acompanhava um time de futebol na Ilha.**

O aquecimento final era no Bar do Ceará em frente ao portão central onde subiam a arquibancada e ficavam lá no alto à direita do setor social. As vezes perdiam a pilha e paravam para "descansar", ou seja, tomar uma.

O grupo era conhecido como Charanga e pelo que me lembro era formado por alguns mais idosos, alguns senhores, em grande parte negros como o Anjinho e alguns rapazes mais novos, como acontece nas rodas de samba. Nem sempre compareciam em grande número a não ser em jogos decisivos sempre no samba cadenciado típico capixaba (andamento mais lento em comparação com o samba de escolas cariocas). Posso afirmar que embora ainda desorganizados serviram de base instrumental, leia-se Samba, para o que viria depois, ou seja, a criação da Torcida Jovem, que além dos garotos contou em seu início com integrantes da Charanga, foram eles que ensinaram o caminho das pedras ou melhor, dos couros. Rsrs - Depois lembro que ficaram o **Anjinho**, o Joel e um senhor baixinho - não lembro o nome dele - que depois passou para a Capa Preta ... Anjinho também .... e tinha o **Tatú**, que vamos mostrar depois, mas ele não tocava, só cantava e sempre fora do ritmo. Kkkkkkkkkkkk .

Ceará Bar

Aldo José Barroca / O Bar do Ceará era no térreo do prédio de meus avós maternos em frente ao portão principal do estádio. Zé Maria filho de Manoel Ferreira estudou no Salesiano ele fazia o científico eu o começando o ginasial

José Augusto dos Anjos Araujo / Aldo José Barroca - Gente finíssima bem como o irmão Mazinho que nos deixou muito cedo. Morava aqui na praia. Eu falava com ele: Mazinho vc é uma pessoa que pode aglutinar nossas tradições e resgatar o clube. Ele não negava que tinha essa vontade, mas alegava que era muito difícil dadas as circunstâncias. Infelizmente não deu tempo dele se organizar e se estruturar para tal tarefa. / Mazinho ajudou muito a Torcida Capa Preta quando deu um jeito da gente ir no RJ no Barracão da Império Serrano comprar uns instrumentos pela metade do preço. Pagou até a Kombi e a gasolina para a viagem.

Marcelo Madeira / Frequentei muito!!! Meu pai fazia parte do samba! Muitas saudades! Até da ranzinzice do Ceará pai! Kkkk..... Folclórico! A pescadinha e a sarda eram os principais do cardápio!

Para Lourival Nepomuceno, também conhecido como Ceará, dono do famoso Ceará Bar, o pastel é um dos carros chefes da sua casa, que tem mais de 60 anos, instalada em Jucutuquara. Ceará lembrou para a Coluna Hélio Dórea (em 1998) que o prato entrou em seu cardápio há mais de 20 anos. "Ainda éramos um bar pequeno e como enchia muito a minha cozinha não dava vazão ao volume de pedidos, daí eu comprei massa pronta e montei umas porções de pastel de siri para colocar nas mesas e aliviar a espera dos clientes, mas aí muitos voltaram querendo o pastel e eu acabei incluindo no cardápio. Até hoje é o nosso xodó".

Rosiane Soresini / Quem não? Fui criada e levada pelos meus pais desde bebê, cresci vendo **Lourival pai, Lourival filho**, Osmar e comendo muito peixinho. Oooo delicia!

JAAA –além do imbatível pastel de Siri, tinha o pastel de Camarão e o de Bacalhau, show

Damiana Valadares / Frequentei muito. / **José Augusto dos Anjos Araujo:** Tinha também a manjuba frita crocante, e a batidinha de Pitanga. Rsrs

Fábio Pirajá / Ainda frequentamos muito o Ceará, muito família, música ao vivo, aceitam pet, atendimento top!

Deonilia Gama Oliveira / Gostava também do Batidão / **EU TAMBÉM (JAAA).** –

Foto ao lado >>> ensaio recente da Unidos de Jucutuquara passando em frente ao antigo local do Bar do Ceará. Ao lado o muro do Estádio Governador Bley. O Ceará é localizado hoje no mesmo quarteirão, mas do lado oposto na Avenida Paulino Muller exatamente em frente a outro bar da lista, O Copa 70, do David

##

Caranguejo do David

o Bar do David tem uma pré-história. É que nem sempre ele esteve onde hoje está, mas era pertinho. Nos anos sessenta, o bar estava mais para uma mercearia, que propriamente para bar. E ficava na rua de trás, na antiga Rua Velha, atual Lisandro Nicoletti. Ali, David Carminatti tinha uma mercearia, onde eventualmente alguns pinguços se reuniam para jogar conversa fora e botar algumas para dentro. Como o número de pinguços (alguns nem tanto, é verdade) fosse aumentando com o tempo, quase sem sentir o estabelecimento foi se despersonalizando como mercearia e se afirmando como bar. Em 1970, já decidido a assumir a nova natureza do bar, David o transferiu para o ponto onde hoje resiste bravamente ao processo que avança na direção de Jardim da Penha.
Como em 70 sobreveio a conquista da copa, David não teve dúvidas e batizou o bar de Copa 70. Mas, por uma dessas coisas que não se explicam (Newton Braga costuma dizer: "sabe-se lá o porquê das coisas do coração"), o apelido permaneceu mais forte, como se fora o nome principal. Ao longo dos anos, o Bar do David foi se especializando em frutos do mar e peixe, com o melhor caranguejo e as melhores moquequinhas de siri desfiado e de cação de Vitória. É verdade que para aqueles que frequentam o bar e não gostam de frutos do mar ou de peixe (a grande pedida é o peixe espalmado), há o famoso queijinho: um queijo parmesão frito que só o Bar do David oferece e que. muitos já tentaram inutilmente imitar. Isso sem falar em duas outras grandes vantagens que o bar ostenta: a cerveja sempre gelada e a absoluta ausência de bêbados inconvenientes e serrotes (David não os admite). Texto de Miguel Depes Tallon

Marcelo Gino Vescovi Ramos / Eu frequentava o Copa 70, ali na Lizandro Nicoletti em Jucutuquara. Uma boa moqueca e beliscos top.

Alaézio Fracalossi Gorza Lala / Eu, tbm o bar do Davi copa 70 e o bar do Luiz.

José Américo Conde Santos / Toda sexta feira depois do serviço ia comer caranguejo.

Emilino Azevedo / Havia o encontro no bar bola 70.

Antonio Cesar de Andrade / Emilino Azevedo me permita corrigir. David, Copa 70, onde todas as segundas-feiras após a voz do BRASIL tinha a resenha esportiva da Radio Espírito Santo ZYO 1160. Salvo a memória, com Eleisson de Almeida, Duarte....

José Augusto Anjos Araujo / Antonio Cesar de Andrade 2o andar. A cervejinha só quando terminava o programa, rsrsrs – Fomos convidados algumas vezes para o programa que era feito lá em cima numa grande mesa central e equipamentos da rádio espalhados com um monte de fios, uma parafernália

Jose Carlos Borges Junior / Antonio Cesar de Andrade, na verdade era da Rádio Vitória. Abração.

Luiz Maciel Cavalcanti / Antonio Cesar de Andrade esqueceram o *caranguejo*... rsrs

José Augusto Anjos Araujo / É verdade, rsrsrsrs

Antônio Cesar de Andrade / Luiz Maciel Cavalcanti por sinal, muito bom. ps: Antônio César é filho do saudoso Kléber Andrade

VI RIO, mesmo nome do mais antigo clássico do futebol capixaba, este era um pouco mais sofisticado com várias mesas grandes de bilhar e público mais distinto pelo que eu me lembre. Entrei apenas umas duas vezes para olhar os escudos e times do Rio Branco e do Vitória nas paredes, mas nessas poucas vezes fui recebido com cara de poucos amigos pelos senhores. Um olhar que dizia: o que você está fazendo aqui garoto? Kkkk - Nos dias de jogos eu passava e o via sempre cheio. Nada existe na internet sobre o Bar do Sinucão que era como os colegas da Escola Técnica o chamavam.

O VI RIO funcionou entre meados das décadas de 60 e 70 e depois o prédio foi totalmente reformado como vemos nas fotos da página seguinte dos anos 70, ou 80 e atual.

Luiz Maciel Cavalcanti / Bar Vi Rio encontro das torcidas em rumo ao governador Bley tempos. Que dão saudades!
Nogueira Santos / Bar Vi Rio em Jucutuquara, onde a nação capa preta se encontrava pra fazer festas no Bley
Nogueira Santos / Uma muvuca onde não dava nem para sentar de tanta gente, rsrsrsrs E depois se atrasasse muito, em dias de clássico ou amistosos contra times de fora no estádio com as bilheterias já esgotadas tinha que subir o morro pra ver com o povão ..... ou voltar pro VI RIO e ouvir no rádio. Kkkkkk

Foto ilustrativa

João Elias / Eu como Riobranquense fanático tenho orgulho de jogar a mais de 15 anos no campo e a cada sábado que entro para jogar vem a lembrança do timaço que tínhamos e a torcida fantástica que lotavam as suas dependências, vou mostrando aos meus filhos o morro que não tinha praticamente casas e ficava lotado de fanáticos torcedores, por ser um estádio pequeno não comportava nem a metade dos seus torcedores.

Olney Braga / Quando eu era menino de 9, 10 anos de idade, passava as férias em Jucutuquara, na casa de um tio meu que era barbeiro lá. A quantos jogos do Estádio Gov. Bley eu assisti do alto do morro! Que época boa!

Evaldo Pavan / Via os jogos de cima do morro entre o Bairro De Lourdes e Jucutuquara. Kkk

O subir o morro que o amigo se refere é isso aí, quem não conseguia entrar subia e ia ver lá de cima. E não era pouca gente não. kkkkkkkk

Uma coisa interessante: o nome deste morro é Morro do Rio Branco mesmo (até na prefeitura) e lá em Campo Grande depois da inauguração do Estádio Kléber Andrade onde existia uma meia dúzia de casas antes foi se criando um bairro de nome ... Bairro Rio Branco. Como os capixabas tradicionalmente não sabem mesmo endereço nenhum, dá-se a identificação do local pelo ponto de referência

A mesma praça, o mesmo banco ... as mesmas flores e o mesmo jardim ... Nas imediações do antigo VI RIO, fora das fotos a Pracinha de Jucutuquara e o velho mercado São Sebastião. ... A Mesma Árvore; separada por décadas ... Por trás dessa rua do lado esquerdo a "Rua Velha", berço da Bola Branca e logo na frente a escadaria (também fora das fotos) que levava à casa da Tia Pepenha.

VI RIO

Antes e Depois

.

##

A quinta ponta do Pentágono é o Bar **Cavalo de Aço**, nome de uma novela exibida pela Globo exatamente no ano de sua inauguração (73) em Jucutuquara. O bar rendeu mesmo algumas filiais pela cidade como em Jardim da Penha e no Centro da capital na principal avenida da cidade, mas todos foram fechados restando apenas nos dias atuais a lanchonete localizada na Rodoviária na Ilha do Príncipe.

Embora parecesse pequeno na parte da lanchonete o bar possuía uma área interna nos fundos onde cabiam muitas mesas. Então nós que éramos estudantes íamos lá pra dentro para não sermos flagrados bebendo ou matando aula por algum inspetor da escola ou mesmo pelo diretor, que morava em frente do lado direito na foto. Fizemos também algumas reuniões do Grêmio Rui Barbosa, estudantil, que estava sem atividades (salas com portas fechadas) por "ordens de Brasília" ... Tempos difíceis!

Em uma página do Fábio Pirajá (Memória Capixaba) num post sobre o bar a partir de um comentário meu, conseguimos mais detalhes

O local antigo está totalmente descaracterizado nos dias atuais. Lá no fundo, à direita e fora da foto o Bley

José Augusto Anjos Araujo / O 1o foi em Jucutuquara ao lado do auditório da Escola Técnica.

Francisco Henrique Borges / José Augusto Anjos Araujo, em frente à ETFES, quase chegando à pracinha de Jucutuquara. Eu era amigo dos donos, José Carlos Puzziol e um primo dele, Nivaldo, falecido precocemente. Saía da redação de A Tribuna, tarde da noite, e sempre passava lá para molhar a palavra. Também não era raro, quando o bar fechava, irmos visitar "amigas" em São Sebastião, no Corcel amarelo do Zé Carlos. Tempos depois eles abriram uma filial na Jerônimo Monteiro, quase em frente à escadaria do Palácio Anchieta. Também tiveram um restaurante na praça de alimentação do shopping Vitória.

José Augusto Anjos Araujo / Francisco Henrique Borges - Eu estudava na escola técnica e lá era meu ponto. Em dias de prova eu ia mais cedo lá dentro para estudar na época da Skol em litro. Quando ela era cerveja e não o que virou depois - só manteve o nome. ***Foi no Cavalo, saindo de um jogo no Bley que fizemos a 1a reunião para criação da "Capa Preta" a pioneira torcida organizada independente do estado.*** Mais pra frente contarei melhor como foi. As outras lembranças não posso contar, kkkkkkkkk

Francisco Henrique Borges / - conta, conta, conta!!!!!! Rsrsrsrsrsrsrs!

José Augusto Anjos Araujo / - Rabos de saia tem ouvidos que abrangem um raio mínimo de 8.000 km, e décadas alhures ... rsrsrs

Aloisio Medeiros / Fiz muito lanche lá quando estava na ativa...

Fábio Pirajá / 1973 é a data da inauguração da lanchonete. Aberta em 3 de outubro
##

Outros bares existiram ao longo da história e alguns serão citados em crônicas posteriores ...

Ainda papos sobre o Governador Bley que por mais de 50 anos foi o principal estádio capixaba e onde aconteciam jogos de todas as equipes.

Epaminondas Amaral Filho / Deu saudade. Principalmente quando jogavam Vitória (meu time) contra o Rio Branco. Domingo, após o "jantarado" ± 15hs. (acabou isso, infelizmente), pegava o bonde no Parque Moscoso, e da Praça Costa Pereira ia ao Estádio Governador Bley, em Jucutuquara, lá estava a "Alma do Rio Branco") para ver e emocionar com um grande jogo. Grandes jogadores e uma torcida de dar "arrepios". Quem viveu esse tempo, tem lembranças ... E os bares, lotados. Era um feliz final de domingo. Nota: ainda bem que foi vendido para a Escola Técnica e não para uma Igreja Evangélica ou um Supermercado.

Rubens Ferreira da Silva / A Desportiva ganhou o Rio Branco aí com show de Bezerra é Silvinho comendo a bola.

José Augusto Anjos Araujo / As duas equipes se enfrentaram em finais do Capixabão 12 vezes, com sete títulos para o Rio Branco e cinco para a Desportiva. Essa rivalidade começou em 1963, quando no primeiro encontro entre esses dois gigantes capixabas, o Capa Preta venceu o Grená por 3 a 1, no antigo Governador Bley. -------A primeira grande decisão foi em 1965, na final do Campeonato Capixaba. Desta vez, foi a Desportiva que comemorou, ganhando por 3 a 2, no Governador Bley. No estádio foram 16 jogos em competições oficiais (segundo o site o gol) com 7 vitórias do RB, 3 da Desportiva e 6 empates. Na última decisão no Bley em 27/10/74 vitória e título grenás com um gol de Kosilek e dois de Zezinho Bugre 2 x 1.

Rubens Ferreira da Silva / para ser sincero não lembro com sua clareza pois faz muito tempo e eu estou entrando em uma fase de esquecimento. Mas foi muito bom ver aqueles craques No seu time tinha: João Francisco,(carne seca) dois goleiraços (Ireze o outro não lembro nome. E outros.

José Augusto Anjos Araujo / Rubens Ferreira da Silva Aquele time da Desportiva era muito bom mesmo e sua memória também. Em 4 de julho de 65 a Desportiva venceu por 3 x 2 com gols de Bezerra 2 e Cunha com João Francisco marcando os dois do Rio Branco. Essas páginas de memórias ajudam a reavivar a nossa mente e devemos procurar exercitá-la o máximo possível. Continue participando. Um Abraço!

Rubens Ferreira da Silva / José Augusto Anjos Araujo outro para você

José Augusto Anjos Araujo / Última partida disputada em 05/02/1975 com uma virada espetacular do Rio Branco por 2 x 1 pra cima do poderoso Cruzeiro vice campeão mundial, com gols de Beto Careca e Rogério.

Francisco Di Paulo / Esse foi o último jogo eu estava presente

José Augusto Anjos Araujo / Seria o RB 1 x 1 contra o Atlético Defensor do Uruguai em 22/01/75, mas o Rio Branco fechou o contrato com o Cruzeiro e a Desportiva negou na última hora o Engenheiro Araripe. O RB então negociou com a Escola Técnica (que já havia "comprado" o estádio) e fizeram uma correria de última hora, inclusive remontando os refletores de iluminação pois o jogo seria à noite e deu tudo certo no fim para desespero dos grenás, kkkkkkkkkk

1936, Flamengo 3 x 2 Rio Branco / foi a forra do 1 x 0 RB em 23 de junho de 1929. Na foto do jogo acima o árbitro foi a o Arthur ***Friedenreich.***

Eu disse (lá na primeira página) que ia falar dos botecos ao redor dos estádios ES afora em um livro separado, mas acho que já falei quase tudo. kkkk Perto dos estádios do Estrela, Vitória e da Desportiva, nada. Perto do campo do Tupy em Vila Velha na esquina anterior entre o bairro Toca e Itapoã tem um bar muito antigo, mas a cerveja gelada mesmo e churrasquinho é dentro do estadinho. Na porta do Robertão na Serra Sede um bar legal que servia um bolinho de carne especial; vivia lotado. Da última vez que fui lá estava tudo fechado o que achei incomum pois funcionava todos os dias. Outro estadinho na Grande Vitória teve (não existe mais nada lá) o melhor Bar de Estádio de todos os tempos do futebol capixaba nos raros anos em que funcionou, era o Estádio do Gel Laranjeiras na Serra. E por que o melhor? Simplesmente, porque dentro do estádio tinha uma Churrascaria que atendia do lado de fora, mas era aberta de lado em dias de jogos. Então era um verdadeiro banquete de opções e bebidas variadas, coisa rara e que só se encontra hoje nas grandes arenas nacionais e internacionais, kkkkkk - Os tais torcedores raiz chegavam duas horas antes e saiam duas horas depois dos jogos normalmente com meia garrafa de whiskie ou vodka para tomar na volta, rsr - Em 2005 o Rio Branco na segundinha capixaba mandou vários jogos lá e inclusive tomou um sapeca de 4 x 0 para o próprio Gel Laranjeiras. Até 2008 e 2009 ainda tinham jogos lá, um estádio pequeno com lances de arquibancada de um lado apenas, mas bem cuidado, amplos banheiros e o bar. No interior só lembro de 2 bares legais, um em Colatina, no Centro e outro em Ibiraçu, onde tinha um campo de Bocha. Lembrei do último, em São Mateus, subindo a ladeira da região do Porto em direção ao estádio Sernamby, mas não era um bar, era um Restaurante onde serve-se a melhor Lagosta do mundo. O nome? Esqueci, rsrsrs mas o Dono era gente fina e sempre mandava capturar as lagostas em maior número quando tinha jogo do Rio Branco na cidade sabendo que o pessoal chegava mais cedo com essa intenção, rsrs No Olímpio da Rocha em Água Branca tem um bar dentro do estádio e com vista panorâmica do campo de jogo. Já vi um jogo de lá, mas anos depois dizem que o pessoal ficou hostil, rsrsrsr

Juparanã – A maior lagoa de água doce do Brasil

Outros jogos que íamos bem cedo, mas bem cedo mesmo eram os contra o Industrial e o América de Linhares nos anos 70 e 80. A turma chegava de manhã e ia pra Lagoa Juparanã, distante da cidade. Uma maravilha para namorar, almoçar e ir pros estádios (eram dois, um perto do outro e que hoje viraram supermercados) já quase na hora do jogo. Lá na lagoa existem, ou existiam uns três bares e restaurantes muito bons. Depois quando os dois clubes se fundiram e criaram o Linhares tudo mudou (fim dos anos 90), tinha que chegar cedo, mas já direto no estádio que enchia muito ao contrário dos antigos rivais que raramente montavam boas equipes embora com alguns destaques individuais.

Anjinho

A delegação capa preta posa, no aeroporto Eurico Sales, antes do embarque para o exterior. No destaque, os torcedores Anjinho e Manoel Donêncio. Apaixonados, foram desejar boa sorte ao time.

O Anjinho já citado algumas vezes era muito conhecido nos estádios, mas não se sabe muito sobre ele nem mesmo o seu nome real. Era um negro alto e com os cabelos completamente brancos, daí o apelido. Creio que ele morava na Ilha de Santa Maria. Lembro dele desde criança nos jogos no Bley pois se destacava na multidão, seja pela altura e cor do cabelo contrastante com sua pele, seja pela sua voz rouca característica (sempre incentivando o time e influenciando os à sua volta), seja por estar sempre com a camisa do clube o que não era costume nos anos 60, ao contrário dos dias de hoje onde até virou moda, rsrsrs

Augusto Lamego / Grande Anjinho.

Wedson Carvalho / Anjinho, dava gosto vê-lo vibrar nas arquibancadas dos estádios incentivando seu Rio Branco Atlético Clube coração Capixaba, fazendo alegria dos torcedores com seu Bumbo altíssinante. Um negro valoroso e admirado pela torcida Riobranquense.

José Augusto dos Anjos Araujo / Anjinho - mestre de todas as batucadas que embalaram o Rio Branco. Faleceu em 1982 e todos comparecemos ao seu sepultamento no cemitério de Maruípe. Me ensinou a tocar outros instrumentos de samba. O surdos de 1a e 2a eu já sabia do Império mas ele mostrou que a batida de corte cansava menos pois dava para "passear" enquanto o ritmo estava pesado e sem perder o protagonismo. Alguns chamam de batida de terceira. Mas ele gostava mesmo de tocar o repenique e o tamborim. Não lembro de ter visto ele tocando Caixa mas entendo, é o mais cansativo dos instrumentos. kkkk

Um jogo inesquecível para mim foi um 2 x 1 para o RB exatamente em 27/05/1973. O Vitória fez um gol (Firmino - ladrão de vestiários, rsrsrs; mais não conto kkk) francamente irregular aos 41 min do 2o tempo; na reclamação o juiz expulsou Ely e Neguinho. O técnico colocou o garoto Baiano e o jogo pegou fogo. Lembro que o Anjinho ficou em pé na arquibancada e falou inflamadamente: **Ninguém vai embora até a gente ganhar essa mer.... da.** KKKKKKKKKK - O povo levantou em peso e começou o coro: Brancooo, Brancoooo / Baiano foi na linha de fundo e levantou para João Francisco empatar aos 44 e aos 45 o próprio Baiano soltou uma bomba de fora da área na saída de bola que o Vitória perdeu e foi uma festa inesquecível no Governador Bley. Naquela época não tinha jornal às segundas feiras e eu tive que esperar até na terça-feira para ler em A Gazeta se tinha sido verdade mesmo ou se eu tinha sonhado. Kkkk

Jogadores uniformizados prontos para subir a ladeira do Convento da Penha ... era o cumprimento de uma promessa feita antes do título estadual de 1973

Jair Samuel Pereira Pereira/ Anjinho, Quem não o conheceu, não sabe o quão capa preta ele foi, toda a nação de jucutuquara das antigas , sabe e é sabedor desse famoso Riobranquense, gratidão.

Outra do Anjinho, mas muitos anos antes no mesmo estádio: num VI RIO também ... um camarada senta no meio da arquibancada com a camisa do Vitória e começa a torcer espalhafatosamente bem no local destinado à torcida do Rio Branco ... tanto fez que várias pessoas se levantaram para expulsar o cara e para meu espanto surge o Anjinho apaziguador. Apareceu do nada e disse "*ninguém toca no cara*". Pegou o cidadão pelo colarinho e deu um sopapo tão espetacular que ele voou uns três degraus e se esborrachou todo. Levantou meio grogue e saiu em disparada lá pro outro lado. E Anjinho ficou de pé apontando para ele tipo, volta aqui rapaz! kkkkkkkk

Nenel

Imagine um líder em qualquer área do conhecimento humano! Eles que foram, são e serão, à luz da história, os grandes responsáveis para que "as coisas aconteçam" ... Os avanços do planeta foram gerados em sua maioria do encontro de pessoas e interesses para um bem maior e são exatamente esses líderes que tecem as teias e juntam as pontas soltas, por seu poder de influenciar, agregar e entusiasmar grupos para que trabalhem em uma direção empreendedora. Manoel Boamorte Rodrigues, conhecido até em marte como Nenel, foi um carismático líder por reunir fatores comuns aos grandes da história: -1) tinha uma **presença física** marcante em todas as idades já que eu o vejo pelos estádios desde os anos 60 sempre agitando os à sua volta - participava dos lances dos foguetes junto com amigos e sócios do clube, mas não acompanhava a "batucada". Nos anos 70 ficava com os amigos na arquibancada perto da "Capa Preta", mas só entrou pra valer no lance das organizadas quando foi convidado pelo César para ajudar na recém criada Torcida Bola Branca em 76. Logo assumiu a frente da torcida anos 80 à dentro e continuou pelas décadas seguintes com uma bandana ou boné na cabeça e uma camisa preta e branca. Uma pessoa realmente contagiante. / 2) Muito **hábil** e de comunicação fácil, tinha uma fluência verbal impressionante diante de câmeras e microfones e era muito inteligente se safando de situações difíceis com naturalidade; seu conhecimento sobre a história do clube era fantástica tendo recolhido ao longo de sua vida fotos e fatos históricos da vida do clube que se não preservadas ninguém saberia. 3) Sua **personalidade** era multifacetada em relação a outros líderes visto que inovador e ao mesmo tempo conservador, autoconfiante e dominante, mas também atencioso e bom ouvinte. Extrovertido ao extremo gostava de uma boa palhaçada e tinha um estilo democrático na condução dos grupos. Ou seja, tinha um jeito próprio o que não o enquadra em nenhum dos estilos clássicos conhecidos. Deixou o seu legado para uma legião de torcedores do Mais Querido! Nos deixou em 30 de junho de 2019.

Frames de imagens de um vídeo do jornalista e torcedor Fabiano Mazzini Bonisem....

Florienio Carlos Siqueira / Grande Nenel, descontava no contra-cheque pra rival, mas era capa preta roxo. / Aí sim...Grande Nenel, morou em Itaquarí, jogou no Itaquarí, trabalhava na vale e via sair do seu bolso contra sua vontade parcela de contribuição da vale para DF, torcedor fervoroso do Brancão, claro que reclamava, mas...

Fabrício Marques Concilher / Nenel Eterno

Magno Bob / Quem não se lembra do Nenel na torcida Bola Branca

Adalberto Lyrio Lopes / Marcante

Marcos Valerio Marques / Nenel realmente marcou época! Uma honra torcer pro Rio Branco e ter ele como símbolo do rio branco

Whenilton Nascimento / Grande Nenel o Maestro da torcida Do Rio Branco

João Elias / Nenel é uma lenda, orgulho de ser Rio branquense

Romero Mendonça / Estamos juntos Nação capa preta vamos Levantar a maior torcida organizada do Estado Bola Branca

Nenel com a perna engessada e família no Kléber Andrade em 1983. Atrás dele de camisa branca o Oscar Gomes Filho jornalista que assina o livro sobre a história do Clube.

Manoel Nunes /Há anos atrás peguei um táxi aqui em Vitória fui até Guarapari eu e meus filhos rio branco e espírito santo la estava ele estava lá com a bandeira amarrada no pescoço no alambrado pro lado e pro outro grintando vamos meu rio branco vamos pra cima deles só ele estar e a minha maior recordação do maior e do melhor torcedor apaixonado pelo nosso brancao

Wanderson Fagundes de Oliveira / Aprendi a amar o Rio branco vendo ele torcer á festa na entrada do clube ao campo e sua torcida fazendo a diferença na arquibancada.

Joao Benedito / Nenel nao tem nem palavras para falar desse tao especial torcedor. Hoje meu filho é lider da torcida por ver nenel agitando a torcida.Nao esqueço de frase de nenel ele falou bem assim pra mim esse seu garoto vai me subistituir no futuro e deu um abraço no meu filho hoje realmente ele esta sempre la nos jogos agitando a torcida que um dia esse tao especial torcerdor era nenel e vai continuar sendo.abraço ao meu amigo a onde vc estiver.

Antonio Cesar de Andrade · / **Este era Capa Preta de verdade! / Trabalhava na Vale e foi transferido para Minas para não poder ir aos jogos do Brancão...**

José Augusto Anjos Araujo / Antonio Cesar de Andrade- Uma tremenda sacanagem, ele me contou a história com detalhes: escalas de 6 horas para ter que trabalhar quase todo dia, praticamente sem folgas; funções abaixo de sua capacidade (ele era Mecânico), como cobrador de trens (sem escala em Vitória, tendo que retornar para Valadares), salário lá embaixo em comparação com pessoas com o mesmo tempo de casa, etc e tal. E isso numa época em que a CVRD já se desvinculava da Desportiva. Num período anterior a pressão também foi grande (os diretores do clube eram também diretores da empresa) mas ele segurou a barra com a altivez de sempre e um sorriso que deixava claro: não me toquem se não o bicho pega. Kkkkk

Ailson Moreira Dias / mas, ele sempre dava um jeitinho de vir ver o Brancão

José Augusto Anjos Araujo / Negativo amigo, ficou uns 6 anos no interior de MG e vinha muito esporádicamente ... e só voltou ao se aposentar.

José Augusto Anjos Araujo / Aguimar Poltronieri Foi muito difícil segurar a barra sem o Nenel. Se não fosse as Tias Célia e Pepenha a Bola Branca tinha acabado. Ainda bem que quando ele retornou tudo voltou ao normal. E foi como se tivesse ido dar apenas um passeio. kkk

Thiago Fagundes / Descanse em paz tio Manel ..

Nenel em casa com as suas relíquias

1º) Radialista Peçanha, com o microfone e Nenel entregando uma placa para o Baiano, Branca, com os óculos. Ao fundo Ferreira Neto, repórter

Fabiano Mazzini Bonisem - 1º de julho de 2019 /

A cada um é dado o direito de lembrar-se do nosso Nenel de um jeito. Eu vou me permitir ser influenciado pelas últimas poucas imagens que fiz dele antes da grave doença. Lembro que ri muito quando cheguei em casa e vi (e ouvi) o nosso torcedor símbolo no Salvador Costa, atrás do gol, esculhambando com um jogador do Jaguaré. Na certa, deve ter pego um dos nossos em cheio. Aquela voz rouca, indignada, na verdade, apaixonada por tudo que dissesse respeito ao Rio Branco. No curto vídeo ele aparece ainda falando que tentou entregar uma bandeira para o atacante Juca. Era assim mesmo: o jogo estava rolando e o Nenel querendo fazer alguma coisa para ajudar o time, demonstrar seu amor, inflamar, levar junto a torcida. Sim, levar junto a torcida. Eu acho que Nenel fez isso desde que eu me entendo por torcedor do Rio Branco, ainda garoto. Sua ausência física já era sentida faz tempo. Hoje ele foi para outro plano, mas o grito de "Vâmo, Rio Braancoo!" ainda se ouve com frequência. Descansa em paz, Nenel. E obrigado por tudo!

CHUVA DE BRAHMA O dia que tomamos um banho de cerveja em pleno estádio da Desportiva aos 44 min do 2o tempo da finalíssima do loooongo Campeonato Estadual.

27-11-1983. No terceiro e decisivo jogo com a Tiva (1 x 1 e 0 x 0), um zero a zero levava a decisão para a prorrogação com o Engenheiro Araripe Superlotado. Eu tinha uma namorada loirinha linda que nunca entendia a minha razão de ir aos jogos aqui e no interior chegando por vezes todo sujo de talco e me pediu para ir exatamente nesse jogo mesmo com meu argumento que estaria lotado e etc e tal. Pois bem, faltando uns dois minutos para a prorrogação certa descemos da arquibancada para comprar duas cervejas no lado direito da arquibancada (antes que lotasse) onde durante um período tinha um bar, lá embaixo e fiquei vendo os minutos finaisenquanto ela voltava com dois copos, daqueles de papel, que cabem 600 ml cada. Quando Valdecir (que entrou no lugar de Dé, machucado) soltou a bomba que estufou as redes depois de um córner ao nosso lado (recebendo de Daniel); eu fiquei sem saber o que fazer com os dois copos na mão, e quem eu vejo na minha frente? Nenel, que nervoso havia descido também (não para beber, pois nunca o vi bebendo) ele olha para mim e corre para o abraço e jogamos os copos cheios sobre nossas cabeças para espanto e arregalar de olhos azuis da namorada. kkkk Ela falou: vou comprar mais enquanto o Nenel e eu subíamos abraçando quem estava pela frente pra chegar na batucada e detonar. A namorada chegou depois atravessando a massa com dois copos pela metade. kkkkk. Quando eu e ele lembrávamos da cena caíamos na gargalhada. **Saudades do parceiro!**

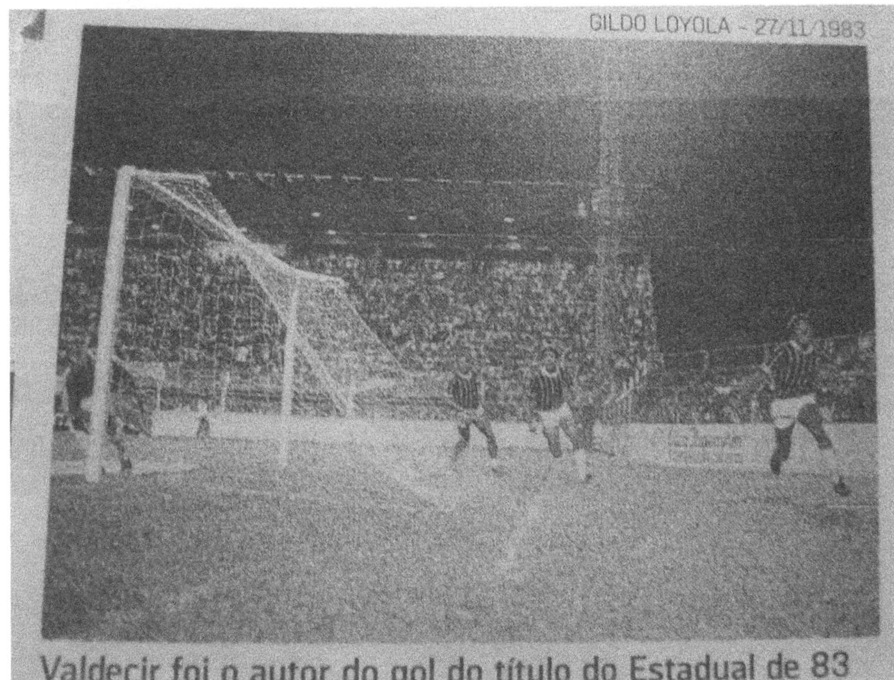

Valdecir foi o autor do gol do título do Estadual de 83

J.A.A.A *> > >Essa festa (1983) na Sede Social na Ilha de Santa Maria nos custou caro; não sei como pegaram (a porta da Sala de Troféus ficou aberta?), mas algumas pessoas ficaram desfilando pelo salão, com várias taças históricas do clube e pelo que me consta algumas foram surrupiadas e não apareceram mais. Um crime contra o patrimônio do Rio Branco e uma sina do futebol capixaba; as da Desportiva foram roubadas (durante a administração da Franel, guardadas em um barracão de madeira) e vendidas em um ferro velho e as antigas do Vitória na época da 2ª Guerra foram doadas para o esforço de guerra. Dizem que para construir canhões. ///*

O presidente Pacheco disse recentemente que só existem as Taças de 2010 e 2015, o que deixa a conclusão de que TODAS foram roubadas, ou na tal festa ou depois; pelos irresponsáveis que as levaram como lembrancinha do que não preservaram. FDP's

Vendo a foto de Nenel e Romero, e por ser tempo de decisão entre Rio Branco e Desportiva, de que depende o futebol capixaba, mostro a vocês a crônica que publiquei no dia 18/12/83, em " A Tribuna "

"Ópio preto e branco"

José César Fernandes

Segunda feira danada, esta. Cabeça inchada, voz rouca corpo doído. Tudo por sua culpa RIO BRANCO que amo. Você, meu ópio, afastou-me de tantos "grilos", de tantos decretos e me anestesiou por um dia inteiro. Ópio que busco e que me vicia. Ópio que faz de minha cabeça rebelde, de um ideal socialista, de meu ódio pela ditadura fingida e covarde, coisas simples e sem importância por um dia. Ópio que me fascina, que me faz rir e chorar. Ópio que me faz conviver com os extremos. Quando você se apossa de mim, ódio e amor estão lado a lado.

RIO BRANCO, meu ópio, ontem você me fez maluco. Você me deu um BICAMPEONATO. Covarde ópio, tão cruel, que fez questão de que fosse logo em cima do "frouxo" grená. Tão covarde e cínico, você escolheu o momento certo para "fazer minha cabeça": 44 minutos e 37 segundos do segundo tempo. E quando a bola estufou a rede e o seu povo deu o grito guardado, você viajou pelas minhas veias e me fez chorar Olhei para os inimigos do outro lado com os olhos de BICAMPEÃO, abracei os que me rodeavam.

TUM,TUM,TUM, BRANCOÔ, gritava a Bola Branca e gritávamos todos nós. Pedi mais um cigarro ao Sérgio, abracei Valussi, que tinha um sorriso de uns 55 dentes, mais ou menos e pulei em cima de Stein. E você ziguezagueava em minhas veias. A cada "grená" que ia embora, você tocava meu cérebro e me alucinava. "Um, dois, três, quatro cinco mil, queremos que a Desportiva vá pra puta que pariu". Ópio danado e demoníaco, até as crianças gritam agora.

Sangue quente e possuído por você, procuro Nenel, meu ídolo, maior chefe de torcida deste Estado, para abraça-lo. E o encontro chorando e "ligadão" por dose de ópio tão forte que você é. Droga forte, ópio infiltrante, por sua culpa fui dormir bêbado, torto na cama, com a boca aberta, rindo como campeão, aliás BI e acordei de ressaca. Minha filha e minha mulher riram de mim, mas elas também, tem você no sangue e acordaram BI. Terrível ópio preto e branco, que já se apoderou de minha filha de dez anos que chora por você. E minha mulher grávida do segundo filho, na arquibancada, nem ligava a olhar o campeão. Garoto de sorte, este.

Essa ressaca vai continuar por um tempo, mas a dependência do ópio, não. Ela já está me impulsionando para a caminhada do tri Eu quero o tri, e que seja em cima destes frouxos "grenás" (Como tremeram), com gol no último minuto, feito pelo reserva, como foi o BI. Desde já quero o TRI e se isso acontecer tomo outro porre e saio cantando e abraçando todo mundo.

Eu amo você meu ópio

Eu amo você, meu ópio preto e branco.

Ofereço esta crônica de um bêbado feita há 32 anos, ao meu eterno amigo e ídolo, Manoel Rodrigues, simplesmente NENEL. Ele deve, como todo antigo torcedor, lembrar-se deste jogo, com gol do reserva (Valdecir, se não estou enganado) no último minuto, jogo apitado por Ozires Pizzol.

Francisco Di Paulo / Um dia fui assistir no Kleber Andrade Desportiva X Londrina , jogo de fundo. RBAC x América RJ , acho que foi isso . Final do jogo da Tiva eu com meus 2 filhos ainda pequenos de calção.e camisa grená, resolvemos conversar com amigos Rio Branquenses no meio da torcida deles uns e outros no caminho resolveram se engraçar, Nenel então pediu que eles me respeitassem e respeitassem principalmente meus filhos intercedeu por mim e me parabenizou por eu estar formando torcedores de times capixabas.

LUTO - É com enorme pesar que o Rio Branco Atlético Clube informa a morte do torcedor Manoel Rodrigues, nosso eterno Nenel / 30 junho 2019 / Claudio Rogerio Souza / O Conheci pela Primeira Vez no Itaquari onde Jogamos Juntos, eu ainda um Moleque e Ele aquele Zagueiro que não Aliviava. Rs. Depois à Amizade cresceu mais por Conta do Rio Branco. Infelizmente à Última vez que Estivemos Juntos, foi na Reinauguração do Estádio Kleber de Andrade; Onde o Rio Branco Venceu o São Mateus por 3 x 1 e Nosso Saudoso Nenel estáva já na Cadeira de Rodas ,com os Olhos Cheios de Lágrimas, mas Feliz porque o Capa Preta Ganhou. Saudades Meu Querido Amigo!

Mariana Pirchiner / Terei sempre muito orgulho em dizer que tive o prazer de te conhecer. Vá em paz, Nenel

João Elias / Ele era fantástico, não esqueçam do Tatu também, duplinha danada kk

José Augusto Anjos Araujo / João Elias Tatú morava no "ninho" grená (São Torquato) e passou poucas e boas por torcer pelo alvinegro. Era nosso comparsa e espião! Rsrs

Andressa Zuiqui / Nossa Época muito boa de torcedores comprometidos.

Sandro Muniz / Eu falo acompanhei o Rio Branco com Meu Pai e ao Nenel pelo estado do ES , Salvador , Minas e SP na torcida Bola Branca estava sempre lá em, casa fazendo giranda para os jogos do Rio Branco com meu pai. A ultima vez que o vi foi Justamente no hospital no mesmo dia que papai ficou internado pela Ultima vez e a amizade é tanta que estarão juntos amizade sempre e um abraço a todos da familia que conheço desde criança muita força a todos nesse momento que não é fácil.

Mara Luís / Era sempre muito bom, a nossa torcida ouvir o grito e vê- lo dar papel picado para comemorar a entrada do Brancão com muitos .

Jociley Moreira / José Augusto Anjos Araujo grande Nenel

Alessandro Soares / Deixou um bom legado aqui na terra ! / E inspirou grande parte da familia a gostar do Rio Branco ....uma vez ele trouxe um netinho pra jogar contra a escolinha aqui do meu bairro , eu brinquei com o menininho perguntando se ele era torcedor da Desportiva , ele repondeu assim : "sai fora , eu sou homem rapaz" !kkk / Tudo isso influencia do avô Nenel .

Marcos Libardi / "Seu" Nenel era uma enciclopédia viva do futebol capixaba.... / Forte abraço aos familiares...

Genes Pereira / Trabalhamos juntos na oficina de locomotivas.Va em Paz Nenel. Que Deus conforta o coração de todos familiares e amigos.

Na foto acima Nenel com o plantel de 2015. O sorriso no rosto mostrando confiança no título que veio.

Elismar Sousa / Chefe da torcida do Rio Branco, oponente de Matheus, líder da torcida da Desportiva Ferroviária! Ambos da Oficina. Chegamos a trabalhar juntos no escritório também. Era a alegria em pessoa e excelente profissional.

Adentrando o gramado do Estádio de Todos os Clubes 60% Arquibancada / 40% Barranco em 1986 e em 1999 já com 42 mil de capacidade, ainda não nos surrupiado pelo governo estadual... e derrubado. Em vez de gastarem uns 50 milhões, no máximo para adequação ao padrão FIFA fizeram um novinho por mais de duzentos milhões para gáudio dos políticos e empreiteiras.

Sandro Marins Rauta / GRITO DE É CAMPEÃO ! / Essa foto foi logo após a conquista do capixabão de 2010 ! / Nenel está eternizado no coração de toda nação Capa-preta.

Nenel torcedor único e inconfundível... Raça Brancão ! Você é Tradição!

Bola Branca ○ ● ○ ● ○ ● ○ ●

Em ação na transmissão da TV Gazeta

Em casa, recebendo a TV e mostrando sua Galeria.

Lid Lhouk / Raça Brancão, você é tradição!!!! Nenel era um torcedor sem explicação, que honra ter conhecido e convivido com esse cara!!

Costeando o alambrado no Salvador Costa

Hércules e Gabriel, filho e neto de Nenel Rodrigues

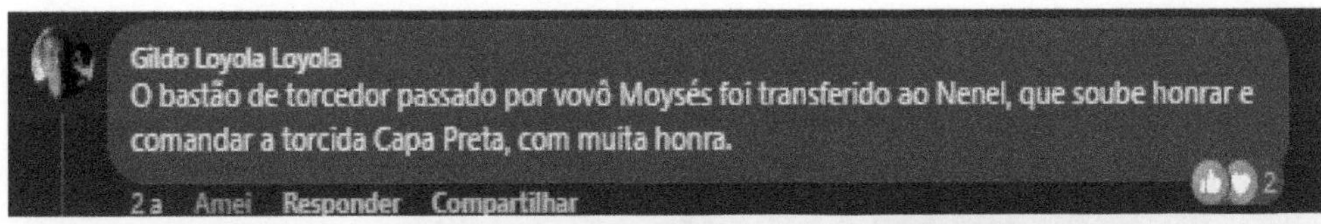

Ao lado Hércules, um dos filhos do Nenel; ele entrando com o pai em campo ainda criança, ao centro.

Meu Chapa.

Convivi com o Nenel por décadas e caberia um outro livro só sobre essa convivência, mas o que me vem agora são flashes como um dia no Engenheiro Araripe num jogo contra o Guarapari que veio com grande torcida para o estádio. Pois bem, nós do lado de cá na batucada antes do início do jogo e recebemos a notícia de que o Nenel estava correndo risco lá do outro lado com a torcida Maratimba. Corremos uns 5 pra lá e ao chegarmos encontramos o nosso camarada em baixo e de frente para a arquibancada, de dedo em riste e desafiando todo mundo pra descer e encarar ele. "*Seu bando de pamonhas e babacas!*" Foi a maior dificuldade para tirar ele de lá. Kkkkk / De outra feita voltando de um jogo no interior já saindo da cidade ele estava Pê da Vida, acho que com o resultado do jogo e pediu para descer do ônibus ... sentou no meio fio e falou: "*podem ir embora, me deixem aqui!*" E estava resolvido mesmo. Levamos até meia noite para convencê-lo a entrar no ônibus.

Ele era mestre em inventar corinhos novos que iam crescendo até todo mundo cantar ... uma vez, jogando a segundinha capixaba no campo do Sesi contra o Vilavelhense e o bandeirinha errando uma atrás de outra >>> "*ó bandeirinha, ó bandeirinha, seu pai é um Viad... e sua mãe uma Galinha.*" / Num amistoso contra o Fluminense, depois do 2° gol do Rio Branco, os papais tricolores do outro lado (no Kléber Andrade) foram pegando as mãos de seus filhotes com as camisas do time carioca e saindo de fininho depois que o coro inventado na hora cresceu >>> "*Capirioca - boboca - veio no Kléber pra chupar nossa piro....*" kkkk - Ele já estava puto desde bem antes do jogo quando a torcida do Flu ficou dando gritinhos durante o aquecimento dos gloriosos tricolores... kkkk

A capacidade dele para arrumar grana para pagar os ônibus nos jogos fora era impressionante. Ninguém deixava de ir com dinheiro ou sem dinheiro mesmo que a arrecadação não cobrisse os custos. Ele sempre dava um jeito na última hora e explicava com um sorriso maroto que tinha muitos amigos. Kkkk - O pessoal da bateria ele sempre poupava: "*guarda pra cervejinha*", rsrsrs - Eu mesmo posso contar no dedo os dias que paguei ingresso pois ele sempre recebia pelo menos uns 30 pros batuqueiros, pros montadores de faixas e bandeiras e pras meninas e senhoras. Fazia Rifa, inventava Bingo. Se faltasse grana ele arrecadava na hora com os torcedores que chegavam pro jogo. Ia cumprimentando as pessoas na fila e dizendo: hoje temos muitos foguetes, só não pagamos ainda ... rsrsrs - e ia recolhendo. Kkkkk (JAAA).

Fabiano Mazzini Bonisem em abril de 2024 com foto e texto do Estádio K. A. durante a semifinal onde o clube venceu se gabaritando para disputar as finais do Estadual. Uma festa com intensidade como não se via há anos. Afinal a última conquista foi em 2015. O segundo maior jejum na história de 111 anos do clube

Reencontro ainda com a história de um dos maiores torcedores que o Rio Branco já teve. Ao fotografar uma garotinha bem novinha, vestida com as cores do time, descubro que é Olívia, a bisneta do saudoso Nenel, um dos fundadores da torcida Bola Branca, que faleceu em 2019. Foi o primeiro jogo dela no Kleber Andrade. Tem um ano e quatro meses.

A família estava bem representada: filhas, filho, genro, netos, neta e a bisneta. Não poderia haver conexão melhor entre os torcedores que enfrentaram o mau tempo para estar ali e o grupo em campo, que precisava superar o mesmo desafio para chegar à final.

Porque o Nenel era sempre capaz de fazer alguma coisa inovadora do lado de fora para buscar influenciar o ânimo dos jogadores lá dentro.

Talvez por isso, ainda que não tenha sido gritada textualmente, sua filha me lembrou de uma frase dele que é a mais pura expressão do que testemunhamos no sábado de temporal.

"Raça, Brancão! Você é tradição". Foi mesmo na raça. Foi no jogo pesado, de gramado impraticável no segundo tempo. Foi no placar virado e, depois, na vitória cantada.

Nenel, como Lafayette Cardoso teve a satisfação de ver um filho jogar no clube.

Abaixo, vistoriando a obra do novo KA

Cheguei a conversar com ele sobre o novo estádio e com o entusiasmo de sempre ele disse: Guto, não esquenta, ninguém vai nem trocar o nome do estádio e nem nós deixaremos de ter o mando de campo aqui. Outros rio-branquenses também não gostaram das "modificações" propostas, como o Antônio César, mas foram convencidos pela lábia do governo de que ia dar tudo certo ...

Na chuva com a garotada

Com o Professor Barroca

Esse camarada de **camisa branca** trepado também é daqueles amigos que se veem nas arquibancadas desde sempre. Ele como outros, nunca foram membros "de carteirinha" de torcida embora sempre fossem, e são, mais fiéis ao clube do a maioria dos organizados. São pessoas queridas que se encontram há décadas nos estádios e nem se preocupam em saber os nomes dos amigos, no que eles trabalham, onde moram e etc. Rsrs / A gente, se cumprimenta, conversa, toma uma cervejinha e o bom é que depois de algum tempo eles aparecem com as crianças. Alguns nem vão nas excursões das torcidas. **Vão de carro no interior; com motorista, é claro pois a cervejinha é certa!**

Nenel, com a "listradinha" ***pendurado*** *na grade do Engenheiro Araripe com a tchurma.*

Ifiton de Souza / Lembrar de alguns membros da Bola Branca: Nenel,Tatu, Augusto,Tia Pepenha, Beto,..

Sebastião Alves de Oliveira / Raça brancão você é tradição essa voz da arquibancada Rio branquense nunca será esquecida.

Ronison Servare Ninil / Minha referência de arquibancada capa preta

Denilson Baptista / Saudoso , eterno em nossos corações!

Willian Santos Machado Santos Machado / Grande Nenel o maior Capa Preta do mundo

Uma boa parte da história do clube só não se perdeu pois o Nenel "recolhia" e catalogava tudo que via à frente. Pegava artigos de jornais antigos com torcedores e jogadores, depoimentos que escrevia, e fotos. Um pouco depois da época da fundação da Bola Branca a gente sempre se via no centro para conversar e tomar um café. O César gostava de um café e sempre convidava para um papo. Uma tarde dessas estávamos o César o Nenel, mais uns dois e eu e papo vai papo vem, eu comentei que tinha um bar (ainda existe, mas hoje é mais restaurante) bem próximo no qual que a filha do dono guardava no vidro do caixa uma foto antiga (era dos anos 60) do time posado em campo no Bley. Comentei que ela me disse que era relíquia e etc e tal; pois bem, depois de alguns meses fui lá tomar um chopinho e traçar um salgado e a foto não estava mais. O olhar enigmático do Nenel na hora da revelação me faz pensar que ele arrematou a peça.rsrsrs

Essa foto do Nenel e da Roberta Close retrata o dia do maior vexame da história do Rio Branco. Sim, temos que falar também dos espinhos: o time que pensava em disputar o Brasileiro com o elenco doméstico e mais alguns reforços como o Búfalo Gil (em má fase), tomou uma enfiada de 8 x 2 para o Vasco e ligou a luz vermelha que o obrigou a mudar tudo. E deu certo pois fez uma ótima campanha, até vencendo duas vezes o mesmo Vasco. Neném Goltara disse pra gente na página do Facebook que nunca correu tão errado como naquele dia. Disse também que o irmão Zoa ele até hoje. Kkk / Time bom bate num tapete daquele e deita e rola, rsrs

Deste time que perdeu a final do Estadual de 1986 para a Desportiva por 2 x 1 no dia 25 de março (gols de China para o RB e Edmilsom e Enéas para Desportiva) no KA com casa cheia, ficaram pra o brasileiro apenas os três em destaque: China, com a criança no colo, Mazolinha ao lado e Juarez agachado. Ao lado dele o Búfalo Gil e o último à direita é o Nenem Goltara.

Paulinho de Almeida disse que não dava e o clube fez um grande investimento para disputar o brasileiro.

Uma dos arquivos do Nenel. / Zé Carlos, o Zé Grandão que estava emprestado pelo Flamengo, se destacando no brasileiro e ficando até a metade do Estadual de 1984. Depois o clube o chamou de volta e então foi só história. Pelo rubro-negro, foi campeão do Campeonato Carioca em 1986, 1991 e 1996, do Campeonato Brasileiro de 1987 (Copa União) e da Copa do Brasil de 1990. Disputou a Copa de Mundo de 1990 pela seleção depois de ganhar a Copa América no ano anterior.

Nenel, o torcedor mais apaixonado

Nenel não deixou o seu amor de lado nem com o time na 2ª Divisão em 2005

«Não é exagero algum comparar a importância de um dos maiores (se não for o maior) torcedores do Rio Branco, Manoel Rodrigues - mais conhecido como Nenel - com um grande jogador ou ídolo que teve seu nome marcado na história centenária capa-preta.

Quem conhece Nenel ou já o viu no estádio certamente já deve ter escutado de outros torcedores da Nação Capa-preta as várias histórias que contam esse rio-branquense.

Como a vez que enfaixou os dois braços para ganhar um atestado médico, faltar o trabalho e assim assistir a um jogo do Rio Branco. Ou da vez, que transferido para Minas Gerais, pela empresa em que trabalhava, dobrava o tempo de serviço para ganhar folga e voltar ao Espírito Santo para assistir aos jogos do clube.

Ou das várias vezes que teve que inteirar do próprio bolso o valor do ônibus alugado para acompanhar o time dentro e fora do Estado, pois não conseguira encher de torcedores.

"Já briguei muitas vezes com ele por causa do Rio Branco. Quando não enchia o ônibus com torcedores ele inteirava com o dinheiro dele. Quanto dinheiro gasto também com bandeira. Eu brigava, mas não tinha jeito, ele era muito apaixonado", lembra com humor a esposa de Nenel, dona Maria da Penha Nunes Rodrigues, que também tem 65 anos e é casada com o torcedor há 37.

Nenel dedicou quase uma vida inteira ao Mais Querido do Estado, mas hoje é ele quem precisa de muita torcida para reverter um AVC (Acidente Vascular Cerebral). Ele quase não fala, não levanta da cama e não anda. "A vida dele era o Rio Branco. As portas de nossa casa estão abertas para visitas", disse dona Maria.

Em pé: **Técnico Luisinho Lemos, preparador físico Jucely Ribeiro (3º à direita), goleiro Geovane (6º à direita), Tililiu, Gustavo, Felipe, Gilmar, Fernando, Morelato, George, Márcio, Aldair, preparador de goleiros Sérgio Bertolaci e médico José Carlos Gomes** *Agachados:* **Rodrigo Cruz, Kill, Douglas, Samaroni, Gildiney, Pacholinha, Careca, Jhon Leno, Dinho, Marquinhos Capixaba, massagista Naná e mordomo Renato**

Na 1º foto (não é do arquivo do Nenel, achei no X) uma correção; realmente o time de 1973 foi campeão, mas a equipe da foto é a de 1975 e pela escalação mais exatamente o time que perdeu para a Desportiva (0 x 1) na 1º fase no dia 1º de junho. Na 2º foto os arquivos do Nenel que contam, entre outras coisas a história da Bola Branca quando ninguém pensava em preservar as memórias.

Oscar Gomes Filho

Rio Branco Atlético Clube
História e Conquistas
(1913 a 1987)
Vitória/ES
2002

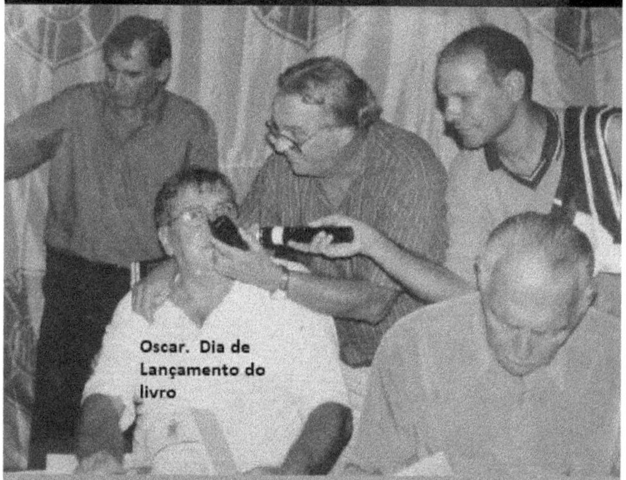

Oscar. Dia de Lançamento do livro

Oscar Gomes Filho de Camisa Branca ladeado pelos jogadores Marinho e Vicente com a arquibancada (e o barranco,rsrs) ao fundo. 1983

As crianças são seus filhos Heleno e Jorge Oscar

Jornalistas Torcedores

Jornalistas também torcem, o que é natural pois são seres humanos como todos. Desde que sua preferência não interfira em sua atividade profissional não vejo nenhum problema. No caso do Oscar Gomes Filho ele tinha outras atividades no jornal e chegou a ser setorista do clube quando trabalhava em A Tribuna. Trabalhou também em A Gazeta. O livro foi pensado por ele e o César em 1981 mas só foi publicado em 2002

Antonio Cesar de Andrade / Uma publicação que conta uma boa parte da nossa história!!!

José Carlos Frasson / Esse eu tenho!

Thalismar Goncalves / Onde consigo esse livro?

Ralph Demoner Carneiro / Onde acho esse livro pra comprar? Presentear marido minha tia, Joubert. Foi zagueiro do RB na década 70, muitas histórias!

José Augusto Anjos Araujo / Acho que não está mais disponível infelizmente. Acompanhei toda a carreira de Joubert, era o jogador que chamam hoje de polivalente pois jogava em VÁRIAS posições com o mesmo desempenho.

Walter Schmidtke / Ralph Demoner Carneiro Com certeza, o Jouber deve ter ganho o livro do Oscar. Eu fui jogador do Rio Branco na década de 60 e tenho o livro com uma dedicatória!

Ralph Demoner Carneiro / vou perguntar a ele, obg.

Jr Faria / Muito bom

*Já para esse camarada __abaixo__ é mais difícil pois ele é apresentador de programas esportivos mas principalmente é narrador. Kkkk – É o Ferreira Neto, para mim Nêgo, irmão do Indio do Beach Soccer e filhos do Craque **Zezinho** que brilhou no Botafogo, São Paulo, Corinthians e Seleção.*

Ele, ainda garoto era meu companheiro e testemunha de levar bandeiras a pé de Sto Antônio até o Jardim para incentivar.

Recentemente foi destaque nacional no SportTV ao se esgoelar com um gol do RB no último minuto contra o Sampaio Correia numa passagem de fase da Série "D"

Tia Pepenha

A pessoa que mais assistiu jogos do Capa Preta na História. Tia Pepenha acompanhou o clube por mais de sete décadas. Irmã do craque (ex lateral e ponta esquerda) Erli da Silva e tia do meia Beto Careca, ela ia com o time mesmo nos jogos distantes fora do estado. Sempre arrumava um jeito de embarcar com o time com o argumento irrefutável: "Tenho que ver os meninos jogar". Nos anos 70 já percorremos Brasil pra baixo e pra cima e quando não dava pra ir em algumas ocasiões ela ia de avião com o time. Então entra e sai diretoria, muda-se a equipe incontáveis vezes e lá estava ela acompanhando tudo de perto. Foi uma segunda mãe para mim e para minha filha e filhos que sempre se protegiam com as Tias nas arquibancadas barulhentas entre névoas de talco e papel picado. Toda a minha família a apreciava e sempre sentava a seu lado enquanto eu batucava nos jogos. Eu a conhecia desde os anos 60 e uma década depois quando criamos a Capa Preta ela e as amigas costuravam as bandeiras e começaram a ir aos jogos com a turma. Depois de casado mais uma década passada, virou parceira da minha esposa e "me vigiava" nas viagens. Kkkkkkkk

"Amo o Rio Branco, vibro nas suas vitórias, sofro com suas derrotas, sempre na mesma emoção quanto vivo minha vida em casa, rodeada por meus familiares" – *Já* fizemos festas memoráveis na casa dela tanto o pessoal da Capa Preta quanto o da Bola Branca. No livro do Oscar Gomes Filho há uma foto dela tomando conta do meu "surdão" ... e não deixava ninguém encostar. ***"Vai Guto, vai tomar uma cervejinha e leva a baqueta que eu olho o instrumento".*** **Rsrsrsr**

A Tia tomando conta do meu Surdo no intervalo de jogo no Jardim (Estádio Eng. Araripe).

Cadê esses batuqueiros? O time já está voltando ... rsrsrs - Vem Mazinho, vem Tulú!!!!

Foto na pg. 61 do livro Rio Branco Atlético Clube. Histórias e Conquistas. 236 pg. Oscar Gomes Filho, 2002

A mãezona da nossa torcida. Tia Pepenha brilha no céu junto com nossas mães que estão em outro plano.

Desanimei de ir aos estádios depois que ela se foi, mas tenho certeza que lá de cima, mesmo atarefada ela dá um jeito de ver os meninos jogarem. Confesso que depois de sua passagem (2016) raríssimas vezes fui ver os jogos do Rio Branco

Tia Pepenha. Nossa querida companheira de arquibancadas. Ela e mais dezenas de torcedoras como suas amigas Célia e Aparecida eram um dos motivos de eu sair de casa para ver os jogos mesmo nos maus momentos. Eu pensava: se a Tia vai eu tenho que ir também. Nos raros momentos em que a torcida Capa Preta não podia comparecer ela dava um jeito de entrar no ônibus do time e ir junto. REPRODUZO uma carta que pedi para publicar nos jornais em fevereiro de 2016 - época de seu falecimento: >>>>>>>>>>>>>> >>>>>>>>>> ________ Minhas condolências aos familiares e a toda a nação Capa Preta pela passagem de nossa querida Tia. São tantas recordações de viagens e partidas memoráveis na elite nacional, dezenas de Estaduais e mesmo nos percalços da segundinha capixaba e tantas emoções que vivemos juntos com nossas turmas (Charanga e Jovem nos anos do Bley - Capa Preta no início dos anos 70 - e Bola Branca de lá para cá) que não caberiam em um livro.
A lembrança será sempre de sua alegria e confiança no time ao qual nunca dirigiu uma vaia. Seu local predileto era no alambrado de onde incentivava de perto e vez por outra dirigia alguns impropérios ao adversário violento ou ao árbitro complacente. Vá em paz nossa guerreira, seu lugar estará sempre reservado em todos os estádios do Espírito Santo e nos corações dos que usufruíram de sua sabedoria!
Guto do surdo.
José Augusto dos Anjos Araujo, Praia de Carapebus.

A Gazeta e A Tribuna

João Elias / Adorava ela, um doce de pessoa.

Nogueira Santos / Tia penha eterna capa preta

Luiz Cláudio Bianchi / Desde que me entendo por gente, desde que fui ao estádio pela primeira vez, desde que escolhi torcer pelo Rio Branco. Lá estava ela, tia Penha. Ela incorporava a alma capa-preta, ela era um símbolo dessa torcida eterna.

Tamires Cristo / Olha vovó ai gente!!! Thallys Cristo Jéssica Thaís Santos Thiaries Cristo Maria Helena Cristo Dias e Gilmar Nascimento Dias

Jéssica Thaís Santos / uhuuulll Vovó lindona! 🩶

Jair Samuel Pereira Pereira / Será que iriam ver esse time ridículo que montaram? Tenho minhas dúvidas.

José Augusto Anjos Araujo – Moderador / Jair Samuel Pereira -Amigo, pode acreditar já tivemos times infinitamente piores e íamos a todos os jogos em casa e fora de casa Brasil e ES afora. O amor ao clube é incondicional como reza o nosso hino!

Ailson Moreira Dias / José Augusto Anjos Araujo eu já as presenciei em vários jogos com times 10 x piores que este

José Augusto Anjos Araujo / Ailson Moreira Dias Uma vez fomos em um jogo em Barra do Riacho (Riachuelo), todo mundo meio desanimado e a Tia Pepenha fala: Guto pega o surdão que se vc tocar os outros tocam também. kkkk dito e feito fizemos um sambão no estadiozinho na beira da praia... se a bola saísse alta na lateral caía na maré, se na linha de fundo caia dentro de um rio. rsrsrsrsrsrs. **E à direita tinha um puteirinho, kk**

Isoradia Correa / Minha tia amada.

14 de maio 2023 / José Augusto Anjos Araujo / Compartilhado com Público

Uma maravilha as postagens de hoje dos amigos e amigas sobre o Dia das Mães. Muita gente que estava meio sumida do facebook apareceu para postar suas homenagens. Escolhi essa foto da Tia Pepenha, uma das muitas mães que tive ao longo de minha trajetória de vida para as homenagear - Essa eu tive que dividir com milhares de torcedores do Rio Branco que sabiam sempre que o time poderia até não entrar em campo, mas ela estaria lá.

Ela nos deixou já há sete anos. A tia abraçou todas as organizadas do clube e com o ocaso da Bola Branca por volta de 2013, 2014 ela chegou a liderar uma torcida familiar chamada Tia Pepenha com a família e amigas mais próximas. Nunca gostou de confusão, rsrs

9 março 2015 Alessandro Brandão e Tia Pepenha na arquibancada do Salvador Costa torcendo pelo Mais Querido!

Sendo homenageada na Assembleia Legislativa em Vitória.

O pessoal que forma as organizadas atuais e seguem a tradição como a "Comando Alvinegro" e a Brancachaça a conheceu desde criança quando começaram a subir as arquibancadas. A Brancachaça a filmou em casa cantando uma das paródias de samba enredo, o que era muito comum nos anos 70. Pena que ainda não sei colocar som no livro .... rsrsrs - Aí transcrevi ... teve gente que chorou ouvindo ... eu também. Quando o samba estava bom na arquibancada ela levantava e dava seus passinhos toda alegre!

Rio Branco, os meus olhos estão brilhando / O meu coração palpitando de tanta felicidade

Tens na torcida uma força sem igual / Oh, meu querido Rio Branco / Cada jogo uma vitória, cada vitória um carnaval

Preto velho já dizia meninada / Existe um clube que sacode a arquibancada / Sua história é sua glória seu nome é tradição. / A minha maior alegria é ver o Rio Branco ser campeão.

Ser Capa Preta não faz mal / É o time mais querido, aquele que faz vibrar / Time consagrado pelo povo, e a charanga a tocar / Bola pra frente, na Alameda é assim / Na vitória ou na derrota sou Rio Branco até o fim, Aaaiiiii

Sou Rio Branco sim – por toda a vida / Zum zum zum, Zum zum zum. / A galera quer mais um !!!!!

O Hino mais conhecido do clube, composto pelo torcedor Kléber Corradi.

Meu Rio Branco, meu sonho, meu clube
Sempre que o vejo, sou todo emoção
Meu Rio Branco, sua raça, suas taças
Ficaram marcadas no meu coração

Para onde for, lá também estarei
De corpo e alma sempre tocarei
Meu Rio Branco, lancei-me em seus braços
Você é culpado do amor que lhe dei

Não posso evitar o pranto
Ao vê-lo brilhar em campo
Suas cores, sua bandeira
Traduzem luta e certeza
De que você é o maior
E pra mim não existe melhor

Meu Rio Branco, seus anos são glórias
São toda a prova do meu bem-querer
Meu Rio Branco, toda a sua história
Trago na memória com todo prazer

Se é na vitória ou mesmo na derrota
Vê-lo na luta e nunca vê-lo no chão
Meu Rio Branco, de mim dependendo
Para seguir em frente nunca direi não

Não posso evitar o pranto
Ao vê-lo brilhar em campo
Suas cores, sua bandeira
Traduzem luta e certeza
De que você é o maior
E pra mim não existe melhor

Muitas e muitas vezes subíamos e descíamos essas escadarias no Morro do Cruzamento em Jucutuquara para ir na casa dela que era o porto seguro da rapaziada e de toda a família Capa Preta.

Lembro de um preparativo para um jogo decisivo e ela me diz: Guto, o adversário está melhor, mas eu tenho fé, e rezei muito para vencermos. Disse com tanta convicção que me animei. E vencemos mesmo, rsrsrs

Amor ao Brancão continua com as novas gerações

Torcedora símbolo, Tia Penha leva genro, netos e bisnetos aos estádios para ver o Mais Querido

Com DNA capa-preta, Tia Penha, de 84 anos, ri à toa com a família alvinegra

A torcida do Rio Branco é mesmo o seu maior patrimônio. Maior também em quantidade de torcedores no Espírito Santo, reúne algumas características só vistas em outros clubes tradicionais e centenários do país, como ter torcedores com quase a idade do clube que ainda vão ao estádio incentivar o time.

Tia Penha é uma delas. Com 84 anos de idade, ela é moradora de Jucutuquara e tem *no sangue o DNA* capa-preta. Torcedora símbolo do Rio Branco, o amor ao clube começou por volta dos 15 anos de idade quando ia assistir aos treinos do time em Jucutuquara sob o comando de um *primo mais* velho, o técnico campioníssimo Jerônimo Rufinho, o Mossoró, que levou o Rio Branco ao tetra estadual de 46 a 51 e ao tri de 57 a 59, além do campeonato de 62.

Com uma marca impressionante de sete décadas acompanhando o Rio Branco nas arquibancadas, Tia Penha viu de perto inúmeros títulos e passou para seu casal de filhos, genro, netas e bisnetas toda sua paixão pelo Mais Querido do Estado.

Tia Penha é ainda irmã do ex-lateral e ponta esquerda Erly Silva e tia do meia-armador Beto Careca. "O Mossoró era técnico do Rio Branco e eu ia lá assistir. Mulher naquela época era censurada no futebol, mas ele deixava eu e umas amigas assistirmos um pouquinho", disse.

Apesar de quando começou a torcer para o Rio Branco as mulheres não tinham tanto espaço nas arquibancadas, na família de Tia Penha elas sempre estiveram presentes torcendo. E se depender das novas gerações as mulheres continuarão o legado das rio-branquenses na família.

"Tenho um casal de filhos rio-branquenses, mas só minha filha [illegible] comigo, [illegible] genro, netas e bisnetas", disse Tia Penha. "*Minha mãe já velhinha*, quando tinha 94 anos, torcia em casa com o radinho no ouvido", completa a Tia Penha, a torcedora símbolo do Brancão.

Abrindo um parêntese para o futebol capixaba da 1ª metade do século passado, mesmo que na época a cidade fosse minúscula existiam torcedores de vários clubes pequenos que foram extintos ao longo dos anos. Os dos demais municípios falaremos depois, mas entre os que disputaram o citadino da 1ª divisão poderíamos citar além dos já abordados, os seguintes: Moscoso, Barroso, Floriano (o misterioso campeão de 1926), Tiradentes, São Cristóvão, Uruguayano, Terezense, Aliança, Bangu, Botafogo, São João, Viminas, Centenário, Portugal, Vinte de Novembro, Santos, Recreio, Vilavelhense, Vasco Coutinho, Caxias (campeão em 44), Vale e o Americano, campeão em 1940. E isso até 1949. O time da Vila Rubim era o 2º clube dos torcedores da cidade. Tinha o apelido de "Periquito" pois alviverde.

No lugar onde encontre a foto ao lado está escrito que é a torcida do Americano agrupada com as outras torcidas. Era o chamado Torneio Início quando todos os times se apresentavam no mesmo dia e local. Uma grande festa e um entra e sai que eu cheguei a ver ainda menino. Esta foto é de um "Initium" no estádio do Santo Antônio e todos os pavilhões dos clubes estavam presentes. Eram jogos curtos num mata mata (decidido no campo pelo placar ou número de corners a favor e em último caso pênalti apenas entre um cobrador apenas e o goleiro) até sair um campeão. O campo de Paul e o do Recreio já abrigaram o torneio, mas o mais comum era o Bley e houve um apenas no Engenheiro Araripe

Mais Tias

Minhas queridas companheiras de arquibancada. Tia Pepenha dispensa comentários. **Aparecida** tem um desabafo clássico para o juiz ou adversário que comete falta violenta e faz todos à volta gargalharem: **FILHO DI PUUUTA**. KKKKKK --- A terceira é minha (e de meus filhos) doce **Tia Célia.** A pessoa que ficou mais tempo na direção da Bola Branca. Sim, pois o Nenel durante muitos anos teve que morar em MG a trabalho (forçado para manter ele longe) e a Tia que organizava tudo - arrumando ônibus (junto com Pepenha), ingressos para a bateria, comprando fogos, indo nas rádios e TV's com as amigas, etc. e tal. A última é a Isorádia sobrinha também da Tia Pepenha, como a Cida. O lugar predileto delas é no alambrado rezando alto quando a adversário pressionava e vaiando o juiz e pedindo faltas e cartão vermelho. Uma perturbada básica no bandeirinha é sempre de bom feitio! - Quando não tinha ninguém pra tocar na batucada eu descia comprava uma cerveja pra mim e água ou refrigerante para elas (tinha vez que levavam a parentada e as vizinhas) e vamos acompanhar de pertinho. rsrs. No alambrado também é bom pois dá pra dar pitaco para o Banco e a Comissão Técnica. Aconteceu muito no Robertão, na Serra, quando o Time mandava jogos lá depois de vender o estádio para o governador ph.

Uma foto relativamente recente dos três baluartes, que me desperta emoções indescritíveis.

Nogueira Santos / Cida. Eterna capa preta

José Augusto Anjos Araujo / Tia Cida (**Maria Aparecida**) aniversariou no dia 1o de junho. Parabéns!

Fiel escudeira da Tia Pepenha e religiosa fervorosa Tia Cida vai até hoje (2024 campeã nas arquibancadas) aos jogos. É minha amiga desde sempre e apesar da religiosidade nunca calou seu famoso grito >>> <u>Juiz Filho di Puta!!!!!</u> <u>Kkkkkkkkkkkkkkk</u>

No Convento da Penha

Aparecida, Pepenha e famílias sempre presentes tanto na Capa Preta quanto na Bola Branca. Essas fotos já são bem mais recentes. Em algum momento aproximadamente em 2015 a Tia Pepenha e a Aparecida fizeram uma torcida própria chamada Tia Pepenha, essa com as camisas brancas. Com essa torcida familiar apenas a Tia Célia permaneceu com a Bola Branca até o fim em 2017 mais ou menos. Foram os momentos finais da Bola Branca. /////Na última imagem da página anterior um resumo da ópera: Cida (com a camisa da “familiar”) olhando para a câmera, Pepenha com a listradinha olhando para um lado e Célia com a camisa da Bola Branca Olhando pro outro. ... Mas o amor prevalecia.

*Na foto acima **Célia**, Aparecida e Pepenha (sentada), chegando cedo para colocar a faixa. Essa foi a última camisa da Bola Branca; o patrocinador fez as bolas brancas diferentes de como elas pediram, não gostaram nadinha, mas nada mais podia ser feito.*

Acho que tem umas fotos entre o fim dos anos 90 ou da década seguinte, no **KA**. Uma pena que antes não tivéssemos os recursos de imagem e vídeo que temos hoje. As poucas imagens disponíveis nós vamos conseguindo aos poucos. Tarefa quase inglória, rsrs / Os jornais capixabas normalmente não dão acesso fácil a seus arquivos.

Aparecida sendo homenageada pela garotada no título do Capixabão 2024, com direito a Faixa.

Ao lado Aparecida recebe a faixa de Campeão Capixaba de 2024 no gramado do Kléber Andrade numa das disputas mais sofridas da história do clube na decisão nos pênaltis. O adversário chegou a abrir 2 x 0, mas aí o goleiro começou a pegar tudo e Edinho marcou o último tento "desenfartando" a multidão, kkkkk

Célia, Pepenha e Aparecida. Trinca de responsa. Nenel só felicidade!!! Lá atrás a imensa torcida do Vitória, rsrsrs

Josadaique Claro Pereira Pereira / Essa torcida edm, capa preta sempre

Roberto Bernardino / Me sentia mais à vontade nessa arquibancada assim, saudades

Nogueira Santos / Vdd tia Célia eterna capa preta

Jorge Bacalhauzinho / MUITAS SAUDADES

Luis Assis / Essa uma guerreira Riobranquense.

Luciano Graça / Tia Célia

Ronison Servare Ninil / Saudades

José Augusto Anjos Araujo / Célia, Aparecida e Pepenha. Nossas queridas irmãs!!!

Antonia Ferreira / Tempos que o futebol valia a pena

Ao lado Tia Célia, loirinha e Nenel escondido pelo braço no agradecimento e tietagem ao Dé.

Aqui cabe uma contextualização: ... Um clube que em sua centenária história nunca tinha ficado mais que cinco anos sem ser campeão capixaba, amargava um hiato de 24 anos. O último havia sido em 1985 e Dé foi o artilheiro da competição com 7 gols (já havia feito 2 gols no título de 83 mesmo estreando - pouca gente se liga nesse fato - exatamente na data da inauguração do Estádio de Todos os Clubes, em 7 de setembro). Pois bem, o Aranha voltou, agora como técnico para dar o título de 2010. Faltando alguns minutos, minutos para o término da final no Engenheiro Araripe o Dé chegou a passar mal e ouviu de dentro da ambulância o barulho de alegria da torcida ao fim de um 0 x 0 angustiante. Como a Tiva não estava bem ficou nítido que a maioria esmagadora dos 20.753 pagantes era Capa Preta.

Célia (de costas novamente, rsrs) e **Pepenha** recepcionando o time no aeroporto, depois de uma vitória em Floripa (1 x 0) pelo brasileiro em 21 de outubro de 1976.

Meus pitacos ... eu também estava lá com a camisa da Bola Branca do alto dos meus 17 anos. Na volta para o Centro (Vitória) vim de carona com o Kléber Andrade naquele mesmo veículo (um Dodge Dart ou um Galaxie) que vitimou a família menos de dois anos depois.

Pela única vez na minha vida – kkkkkkkk – fui capa de jornal. No caso "A Tribuna" do dia seguinte. Vejam na primeira imagem na página seguinte...

Pré explico a gargalhada >>> -Eu sorria ante ao desespero dos funcionários do Aeroporto pois o pessoal estava jogando talco no saguão, rsrsrs

Paulo Tomás brinda com champanha ao chegar a Vitória

Melhora a posição do Rio Branco

Mas o time capixaba só fica se o Avaí não derrotar a Desportiva, e se Figueirense e Caxias não fizerem três pontos. (P. 12)

Radiofoto UPI

Euzinho na Capa de AT com a camisa da Bola Branca. *Aqui cabe um comentário >>> No dia que o jornal saiu eu não tinha visto e acreditem se quiserem ... na hora do recreio na Escola Técnica, vejo umas pessoas olhando pra mim e rindo e fui tentar entender .... um colega sacana, esqueci o nome do peste, pegou a foto e fez um desenho por cima como se eu estivesse sendo preso por uma suposta Delegada da Polícia e ainda fez uma manchete à caneta com alguma coisa como >>> Delegada Mão de Vaca prende perigoso meliante Zézinho no Aeroporto de Vitória!*

E uma coisa que julgo interessante: na época os jornais eram formato Standard (75cm x 60cm) e não Tablóide (40cm x 30cm) como os raros que circulam hoje nas ruas. Tanto A Tribuna (onde temos colaborações DOS ANJOS), A Gazeta e o saudoso O Diário eram grandões como os do Rio e São Paulo. Pena que NADA mais exista do Diário.

Caxirica é um pássaro? Caxirica é uma palmeira? Sim, mas também era o apelido de Celeste Ribeiro frequentadora assídua dos jogos ainda no Estádio de Zinco (ela nasceu em 1917 em Maruípe) e depois no Governador Bley (inaugurado quando ela tinha 19 anos). Não escondia sua torcida pelo Rio Branco e pelo Fluminense (como minha amiga Zuleika Savignon) mas não foi nas arquibancadas que fez fama e sim com a bola nos pés mesmo.

Ela era craque de futebol e jogava de ponta de lança e goleadora em times de meninos. Por pressão social foi proibida pela avó de jogar. Refugiou-se tocando cavaquinho em grupos musicais/ Teve seu nome apagado da história num momento muito repressor para as mulheres, mas não era a única jogadora frustrada pois tinha muitas amigas que jogavam e sentiam o mesmo preconceito. Com 15 anos de idade participou - a craque do time - de uma equipe feminina da **Escola Normal** (na cidade alta) jogavam em Vitória, Serra, Vargem Alta, Itarana, Sta Leopoldina e Sta Teresa

Em 1917 nasce, em Vitória, Celeste Ribeiro, uma mulher que se pôs fora dos enquadramentos sociais que eram impostos a ela. Na sua infância, em uma fazenda em Maruípe, montava a cavalo, ajudava seus avós a cuidar do gado e em seu tempo livre soltava pipa, rodava pião e jogava bola de gude.

Porém a paixão verdadeira de Celeste era o futebol. Jogava no terreiro da fazenda com seus tios e garotos da vizinhança, e mesmo com a repressão de sua avó e todos vizinhos ela sempre dava um jeito de ter uma bola no pé. Logo ganhou um apelido muito peculiar, que não se sabe o significado, "Caxirica".

Sua reputação de boa jogadora se espalhou e não demorou a ser convidada para jogar no campinho que havia na região. Quando Celeste ainda era viva, contou ao José Carlos Mattedi - que escreveu um artigo sobre a Caxirica em seu livro "Anjos e Diabos do ES" que jogava em meio aos meninos sem problemas e se gabou por ter sido uma ponta de lança (posição na época parecida com a meia-atacante) goleadora. Chegou até ser chamada para um pequeno time masculino em

Jucutuquara

Numa entrevista ao José Carlos Mattedi ela já com 95 anos, disse: "Eu fazia uma média de 4 gols por partida e nosso time atraia uma multidão aos jogos pois o futebol feminino era uma raridade"

Caxirica relatou que a sua paixão pelo futebol era eterna, mas foi obrigada a largá-la aos 18 anos por uma pressão social, já que sua família sofria um enorme preconceito por ela ser uma moça 'diferente do comportamento aceito'. Caxirica perdeu seu apelido dos campos de várzea, mas a proibição a carregou para outro lado de sua personalidade.

Decepcionada, ela começou a tocar cavaquinho e participar de grupos amadores de chorinho para afogar as mágoas. Celeste era uma apreciadora da farra e amigos para festejar não lhe faltavam. Futebol para ela, a partir deste momento, somente como espectadora.

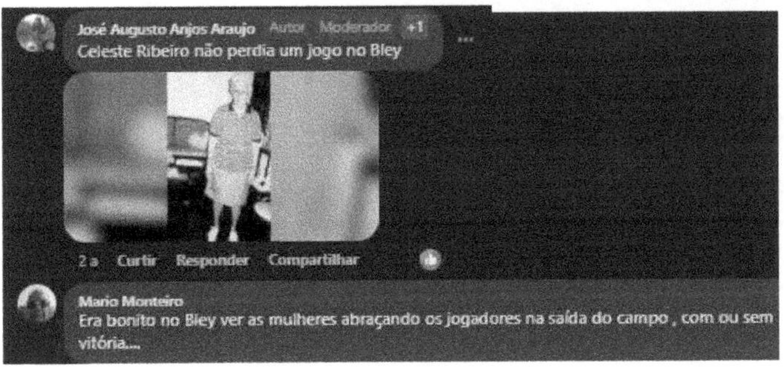

Foto do José Carlos Mattedi em Brasília/ março de 2013

Walter Schmidtke / A Dona Celeste, com certeza ficou dividida, no jogo amistoso entre o Rio Branco e Fluminense em janeiro de 1965, quando o alvinegro venceu por 1x0, com um gol de Gelsinho, após um cruzamento meu, depois de passar por Altair e ir a linha de fundo!

Aldo Barroca / minhas irmãs certamente a conheceram pois morávamos em frente ao estádio em Jucutuquara

O futebol feminino demorou para ter os olhos voltados no cenário mundial sem preconceito, não que isso não exista hoje em dia, mas com o passar dos tempos, o esporte ganhou cada vez mais credibilidade e competições organizadas pela Fifa e pela CBF. A primeira Copa do Mundo feminina, por exemplo, foi realizada em 1991, e a participação nos Jogos Olímpicos em 1996.

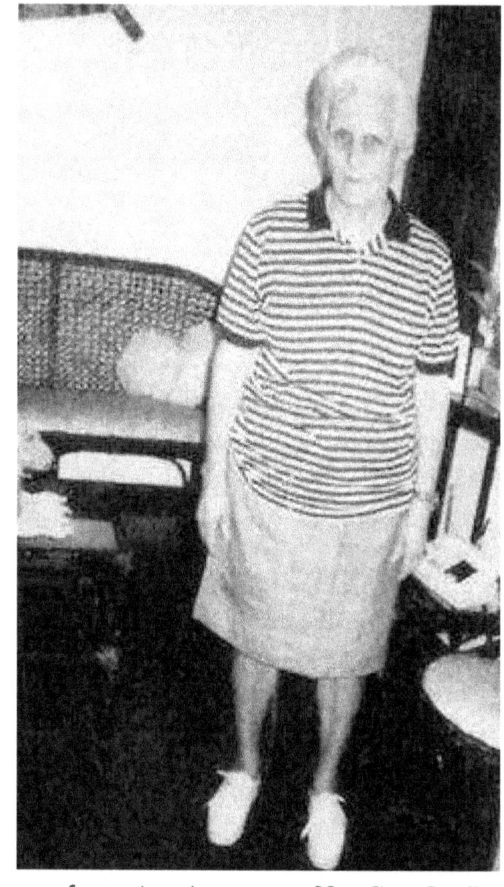

Porém, o esporte nasceu no país em 1913, entre jogos amistosos e beneficentes, as mulheres conseguiam jogar, e em 1940, o duelo feminino teve o palco o estádio do Pacaembu, em São Paulo. Só que o que era para ser uma conquista, causou uma polêmica e muitas pessoas foram contra a versão do esporte para mulheres.

A política e opinião pública da época não gostaram de ver as mulheres jogando futebol. Em 1941, veio o primeiro decreto lei, com a criação do CND (Conselho Nacional de Desportos), que ressaltava: "as mulheres não deveriam praticar esportes que não fossem adequados a sua natureza. Apesar de não ser citado nominalmente, o futebol se enquadrava." Chegou-se ao absurdo de mulheres simulando o futebol serem atração de circo conforme jornais nos anos 30 - Circo Irmãos Queirolo (Revista A Cigarra). Duas equipes aparentavam um jogo entre Brasil x Argentina.

Em 1965, com o governo militar, esse decreto é novamente publicado, mas agora com uma proibição mais detalhada no Art. 54: "Às mulheres não se permitirá a prática de desportos incompatíveis com as condições de sua natureza, devendo, para este efeito, o Conselho Nacional de Desportos baixar as necessárias instruções às entidades desportivas do país."

Foi apenas nos anos 70, que o fim da proibição de mulheres jogando futebol aconteceu. Porém, a categoria enfrentava certa resistência de clubes e federações, pois não tinha investimento.

Apesar de ser um esporte profissional oficializado, o futebol feminino no país demorou para ter uma grande visibilidade e grandes times apostando na modalidade. Em 1988 aparece o primeiro torneio de seleções da Fifa, de forma experimental. A competição foi disputada na China e foi chamada de Women's Invitational Tournament. Porém, os uniformes das mulheres eram sobras das roupas dos homens. / O futebol feminino no Brasil começou a ser mais falado a partir de 1999, com a seleção brasileira conseguindo feitos como 3 medalhas de prata (contando a de 2024) nos Jogos Olímpicos. Porém, de alguns anos pra cá, a modalidade começou a ter mais visibilidade, com transmissões de jogos na televisão, engajamento nas redes sociais e patrocinadores grandes nos principais times de futebol do país.

Guerreiras e guerreirinhos

Todas as gerações - Acima Tia **Célia** dando entrevista na arquibancada.

Ao lado agachada de cabelinho branco a **Aparecida** e acima dela de óculos **o Tatú,** figurinha carimbada nos jogos.

Brancachaça e Comando e suas Pelotonas.

Acima um descendente de 5ª geração de Riobranquenses desde a fundação do clube em uma foto de 2019 por incrível que pareça no Bley onde o time se preparou para o Capixabão. O avô do garoto é o saudoso Janilson Café um craque no jornalismo esportivo e pioneiro da TV Gazeta nas transmissões e programas da emissora e do Jornal. O trisavô foi um dos 1os sócios do Capa Preta / -Ao centro a novíssima geração acompanhando de perto. / À direita a Senhorita Lid Lhouk, legítima representante da torcida feminina atual. Já a vi na TV, sozinha em jogos em cidades Brasil afora nestes jogos de volta em vários estádios pela Série "D", copa do Brasil e Copa Verde, carregando a faixa da Comando no vazio das arquibancadas. Eu conheci o pai dela, já falecido

Lid ainda na 1ª Fase da Comando, de bolsa preta à esquerda

Crianças, hoje pais, entrando em campo nos anos 80 no KA

Entrevista no Facebook

Lidia Lhouk. / Cara, se eu for descrever tudo que eu já vivi na CAN nesses quase 9 anos que faço parte, vou escrever um enorme livro kkk mas tudo que eu vivi foi maravilhoso, foi intenso, foi incrível. De todos esses anos só sofri preconceito uma vez, não só eu, mas todas as meninas que foram na excursão eu acho que pra Jaguaré, ou São Mateus, não lembro, sei que chegamos lá sendo xingadas de vários nomes, uns diziam que não deveríamos estar ali, que não era coisa de mulher, foi tenso, não posso nem dizer que aqueles caras eram uns animais pq seria maldade com os pobrezinhos. Ahhh falar em excursão, tem uma que eu nunca vou esquecer e vou contar, pq eu nunca canso de falar dessa excursão kkk foi em 2010, semifinal do Capixabão, íamos pra Rio Bananal, a excursão mais barata da minha vida kk 5 reais (passagem + ingresso), saímos da pracinha de Jucutuquara em 5 ônibus, chegando na cidade, começamos a fazer uma festa incrível, várias bandeiras sendo bandeiradas, todo mundo cantando sem parar. Dentro do estádio a mesma coisa, nosso incrível Nenel esbanjando saúde a cada lance e gol ele me dava um murro de comemoração kkkk era tanta felicidade que ele nem se tocou e eu nem liguei, mas quase voltei pra casa sem braço kkkkk foi nessa viagem tbm que comprei a minha primeira farda, a qual uso ate hj, tava saindo do estádio e encontrei 30 reais no meio dos papeis kkkkkkkkkk primeira coisa que fiz quando entrei no ônibus foi comprar uma farda kkk, essa viagem foi tão especial, que os olhos brilham quando lembro dela, foi verdadeiramente a melhor excursão da minha vida!

Tradição é uma receita herdada, lateralizada e avizinhada, ora pois pois..

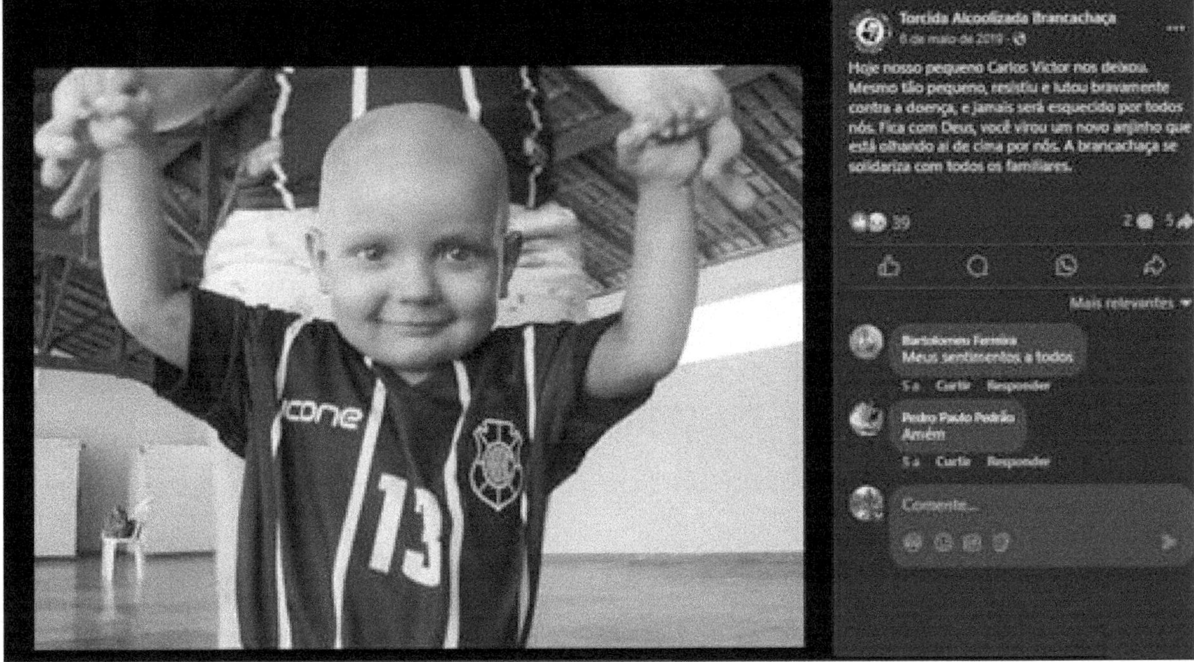
Torcida Alcoolizada Brancachaça
Hoje nosso pequeno Carlos Victor nos deixou. Mesmo tão pequeno, resistiu e lutou bravamente contra a doença, e jamais será esquecido por todos nós. Fica com Deus, você virou um novo anjinho que está olhando aí de cima por nós. A brancachaça se solidariza com todos os familiares.
Mais relevantes
Bartolomeu Ferreira
Meus sentimentos a todos
Curtir Responder
Pedro Paulo Pedrão
Amém
Curtir Responder
Comente...

Tios

Tatú tá em todas ... na Jovem, na Capa Preta, na Bola Branca e foi visto recentemente Brancachaciando rsrsrs

Esse Bourgignon é Grená

Bianchi, torcedor das antigas.

Figuras Carimbadas

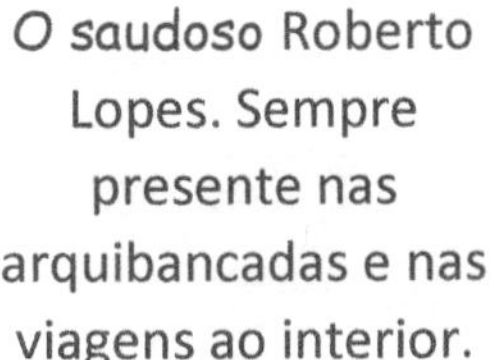
O saudoso Roberto Lopes. Sempre presente nas arquibancadas e nas viagens ao interior.

Nosso chapa Jolceny Silva Santos - o torcedor do circulo - lembram ?? - em 2014 no campo do Tupy. depoimento dele: / ***"Tive que ir lá e , desembolsar 40 reais um , absurdo . Mas valeu , o "Brancão" venceu . A paixão pelo meu RIO BRANCO é maior."***

Como em todas as últimas páginas sempre aparece a figura do Romero Mendonça (já atuou como Técnico na RTV-ES e é Fotógrafo renomado em vários veículos de informação como A Tribuna, tendo mesmo trabalhado na Superintendência Estadual de Comunicação Social como Fotógrafo Oficial); então é aquele negócio: as câmeras também o procuram e o encontram pois ele sempre dá um jeito de acompanhar o time. Eu o conheço desde sempre e também da noite capixaba quando ele era bem novo, cabeludo e com uma longa barba circulando sempre com umas roupas extravagantes; uma figura. Na última foto abaixo seu passatempo predileto, gozar a torcida da Desportiva bem no alambrado depois de uma vitória do Rio Branco por 3 x 1 no Capixabão de 2007 na casa do adversário. Duas páginas atrás é ele mesmo que pintou um pato de grená e entrou com ele em campo. Segundo meu amigo César o 1° Pato quem pintou, anos antes foi o Nenel.

Gildo Lyola e Romero

Aldair

As fotos são todas ou da imprensa ou dos amigos e membros das páginas citadas já nominados nos comentários e desde agradeço. Posso trocar algumas se necessário.

LEGIÃO
CAPA PRETA
Carlos Nunes
Gilmar Oliveira
Ex jogadores
e torcedores
Após vitória contra a Desportiva. A festa
do pato em Coqueiral na casa do policial
Zózimo outro Capa Preta "São" rsrs
09.02.2014
ESTÁDIO ESTADUAL
KLEBER ANDRADE
SOU
RIO
BRANCO
Ideraldo e
Zonciker
Gilmar Oliveira

Zé Carlos Rodrigues, amigo de escola desde 1970

Com a família no jogo decisivo em 2015

No Século atual tudo está documentado, filmado e descrito no dia a dia. Nosso propósito aqui é a história do Século anterior pois para saber, ver e ouvir os fatos recentes basta perguntar ao oráculo, rsrsrs - então, lembrando dos nem tão velhos tempos, e dando o desconto que explicarei adiante; calculo uns 500 Tios (eram jovens e crianças antigamente, rsrs) daqueles que como falei lá atrás eram e são amigos de arquibancada (Capa Preta), todos e todas na minha cabeça, muitos ex-alunos da Escola Técnica, pessoal de Jucutuquara, do Centro, da Vila Rubim e Santo Antônio, de Vila Velha e Cariacica e mais recentemente os Serráqueos (conterrâneos de todos os municípios que vieram morar na Serra); gente que sempre ia aos jogos, com sol ou chuva o que era compreensível pelo bom nível técnico do futebol capixaba no século passado. Pessoal que quando possível acompanhava as partidas fora de casa também. Infelizmente seus rostos (e nomes) não consegui resgatar - tem uma dupla, e às vezes um outro primo que sempre iam de carro em tudo que é jogo e eu tinha uma foto deles lá num barzinho em Aracruz, mas miseravelmente perdi, kkkk, - e o desconto? É povo pra caramba e digo um fato que talvez seja pouco conhecido: muita gente, com problemas pessoais busca um grupo para interagir ou fugir da realidade; finda essa fase voltam para suas vidas e "do nada" desaparecem dos jogos. Já vi acontecer muito, gente que gastava uma nota preta (de bolinhas brancas) pagando tudo, empresários que se apaixonaram pelas meninas da torcida; casamentos nos quais o cônjuge (ou a conja, rsrs) proibiram @ parceir@ de ir aos estádios; torcedores batuqueiros fantasmas, que sumiam por 3 ou 4 anos e apareciam com a mesma conversa de anteontem. Cadê MEU INSTRUMENTO? kkkKKKKKKKK

Muitos desses "amigos de sempre" mesmo aqueles com os quais trocamos simples sorrisos alegres ou tristes poderiam ser citados (alguns deles até tem os nomes nos comentários no Facebook - pra "trásmente" e pra "frentemente", como dizia o Odorico Paraguaçu, rsrs) mas escolhemos um apenas para encerrar esse tópico ... o **Davene** ... apareceu e não sumiu mais, lembro de um relato dele, perdi também, rsrs - que ficou fascinado no primeiro jogo que foi do RB quando Baiano (que é de Colatina) acabou com o jogo ... conheceu Nenel e até hoje está no meio da "muvuca" e como bom torcedor sempre levou @s filh@s junto ... uma figuraça também. Temos uma boa sorte de imagens dele. Um fiel escudeiro e amigo do mestre Nenel. Sempre levou as filhas desde pequenininhas aos jogos. -As tias cuidam, rsrsrs

No Facebook perguntamos: quem é esse camarada cavaleiro? (da foto anterior) ...

Baiano e Davene

Pensei que ia encerrar essa parte, mas encontrei uns faltantes, porém infaltáveis, indispensáveis, infalíveis e constantes nos estádios; a começar pelo Carlos Fazôlo, outro fiel escudeiro do Nenel. Garoto ainda fazia de tudo pela Bola Branca nos preparativos para os jogos. Nenel só confiava nele para guardar sua famosa Pasta de Couro que tinha mais coisas que bolsa de mulher, rsrs. Depois foi criador de uma escolinha no Bairro Barcelona na Serra e evidentemente com o nome do clube para formação de jogadores. Tiveram muito sucesso em algumas competições e como ele mesmo me disse foi bom enquanto durou ...

Na imagem da direita Fazôlo com a "Camisa da Lama" de 2016. Um protesto ambiental contra a tragédia de Mariana que impactou o Rio Doce

Batucadinha.
ps: lindas as camisas dos garotos do Rio Branco Barcelona

Alguém tem que tocar o barco na Serra. Do menos populoso lá nos anos 70 hoje a Serra passou todos os municípios da Região Metropolitana (até mesmo o PIB da capital) e desse povo todo que se mudou a maioria era dos outros municípios. Portanto, mantendo-se a proporcionalidade muitos são Capa Pretas ... Eu no meio. kkkk

Os quatro cavaleiros. Fazôlo à esquerda. Este último (listradinha) também ia/vai em todos os jogos com amigos, mas esses dois do centro são os tais primos que eu citei, da turma que ia de carro, com motorista (rsrs) em tudo quanto é lugar perto ou longe. Amigos de décadas. Aproveito e deixo a dica já me desculpando novamente por não guardar nomes: se alguém ler o livro e não constar seu nome me dê um toque no FB que eu incluo em uma edição posterior.

Agora em 2024 o Fazôlo conseguiu uns barris de chopp e convidou os Serranos para uma comemoração do título em um cerimonial próximo ao terminal de Jacaraípe pertinho de onde o clube ia fazer o seu CT mas que os dirigentes anteriores também deixaram abandonado e perderam a posse do amplo terreno. / O pessoal levou a carne e de lá, dava pra ver o local. Dizem que o Pacheco está tentando recuperar

Esse camarada de camisa preta ao lado do Nenel na foto à direita era outro fiel escudeiro.

À esquerda Nenel prestigiando a base ...

Ponto de vista grená / **Por que eu sou** Desportiva

Eu sou torcedor do Fluminense desde 1946 – quando eu ia completar 12 anos – e desde 1964 passei a ser, também, torcedor da Desportiva Ferroviária. O motivo que adotei o Fluminense como meu time deve ser porque ele foi campeão em 1946. Agora, o motivo porque passei a ser, também, torcedor de um outro time, vou contar agora.

Em 1956, quando completava 21 anos, sai de Águia Branca (onde morava com o meu pai Francisco e a minha mãe Aspasia) direto para o Rio de Janeiro, onde trabalhei na Rio Gráfica Editora, empresa do doutor Roberto Marinho e onde me tornei jornalista profissional.

Fiquei na Cidade Maravilhosa por seis anos, quando decidi regressar para o ES, agora para São Gabriel da Palha, onde então moravam os meus pais e onde conheci Maria de Lourdes com quem me casei.

Em 1964 mudei para Vitória e para trabalhar em A Gazeta, cuja sede era na General Osório, bem em frente da "120", então famosa casa de prostituição de Vitória... .

Já radicado em Vitória, onde tinha um futebol de boa qualidade, decidi que deveria dividir o meu amor futebolístico entre o meu Fluminense e um clube capixaba. Mas, qual?

Bom, me lembro que os jornalistas que ocupavam a velha redação da General Osório eram todos torcedores do Rio Branco. Era uma redação alvinegra...

A Desportiva estava surgindo. Aí teve um concurso de Miss ES e a Desportiva concorria com uma bela morena chamada Aurora Romano e o Rio Branco com uma branquinha, a Solange Leão.

O concurso acontece na antiga sede social do Álvares Cabral, localizado na Costa Pereira. Apesar de toda a beleza da morenaça Aurora, o júri (creio que todo Capa Preta...) escolheu a candidata do Rio Branco.

Achei aquilo uma enorme injustiça – para não dizer sacanagem – e a única maneira que encontrei pra protestar foi a de dizer:

-Bom, daqui pra frente, além do Fluminense, tenho outro time pra torcer: Desportiva Ferroviária!

Desde de então, o time grená ganhou este torcedor fiel que, num encontro Desportiva x Fluminense, teve a coragem de cometer uma terrível traição: torcer para uma vitória do adversário da equipe tricolor...

José Antônio N. do Couto (JANC) / Jornalista

Crônica Azul. / Crônica do torcedor alvianil Arnon Manhães ao acompanhar uma partida decisiva do Vitória Futebol Clube pela série D do brasileirão no Estádio Salvador Venâncio da Costa

"Francos eram os temas dos burburinhos prévios do alambrado: as inconstâncias do lateral direito, a dependência química do ponta esquerda, a confusão tática do treinador, a consideração estratégica pela disputa de pênaltis... A partida começou com o adversário ditando o ritmo e nos controlando por completo. Nada podia fazer a harmonia dos nossos surdos e metais, que atravessava despercebida na atmosfera dominante das expectativas decrescentes.

A tensão e a desconfiança, enquanto condições precedentes à possibilidade de ação, converteram-se em inércia perante tal estado de coisas. Não há consequência mais racional do que a mais aguda paralisia por não ter a bola nos pés em uma partida como essa. A propriedade sobre a bola significa, dentre tantas outras coisas, a possibilidade iminente do chute rasteiro, a pior das artimanhas dos futebóis que ocupam o nosso grau de desenvolvimento material. E o seu contraditório, a não-propriedade, significa justamente a sujeição alienada a tal dispositivo de horror. Com as condições infraestruturais de que dispomos, um chute rasteiro incapacita qualquer lenda europeia de se impor à frente do jovem carpinteiro que faz as vezes de camisa 9. Pouco importam as virtudes técnicas e estéticas da boa batida na bola e de sua consequente trajetória, desde que ela alcance o declive correto. A partida seguiu com nós amarrados e, entre um e outro sonoro alívio de espanto da arquibancada, eis que um camarada da torcida, desses que ditavam o fracassado ritmo dos surdos e metais, deu de costas para o campo e com os dedos em riste esbravejou contra nós: canta, caralho, esquece o jogo! " (MANHÃES, 2021)

" (...) são dois modos ou momentos distinguíveis que suportam a sensibilidade em relação à fruição do futebol do ponto de vista do torcedor.

Enxergar exige um certo adestramento, uma afinação com a prática do futebol, cuja sensibilidade, muitas vezes, é treinada no contexto da sociabilidade, na vivência como "boleiro" em times de várzea, no acompanhamento dos campeonatos amadores ou profissionais, no espaço da vizinhança, nos jogos escolares, no consumo do saber imposto pelos *especialistas* a partir dos vários meios de comunicação disponíveis, enfim, faculdade que envolve todo um aprendizado contínuo inscrito na biografia de milhões de indivíduos que experimentaram o futebol de variadas maneiras. (...)

Já *torcer* não necessariamente requer uma organização mais acurada dessa sensibilidade no sentido da decodificação das jogadas, dos esquemas táticos ou das *formas* padronizadas do jogar. Pois na verdade, uma outra organização, que transborda a dimensão mensurável do jogo como uma sucessão de técnicas individuais e coletivas em movimento, já está dada de antemão por representações consolidadas em estruturas simbólicas mais estáveis que as contingencias táticas apresentadas em uma partida. Um modelo preponderantemente mais mecânico, de afinidade e fidelidade, de esquiva e indiferença, em relação aos times assegura ao torcedor o exercício de uma outra lógica, a de *torcer*. " (TOLEDO, 2022, p.482-485)

Por Leonardo Vinicius Rodrigues de Mendonça - UFES/ES / O alambrado do Salvador Costa é o local do estádio que mais nos convida a navegar por essas lógicas distintas. Podemos enxergar os detalhes da partida de um ponto de vista privilegiado, ouvir a comunicação dos jogadores, acompanhar o desenrolar das jogadas, mas também é possível torcer, acompanhar o canto da torcida, incentivar os atletas e participar da festa em momentos pontuais, dada a facilidade de se subir e descer das arquibancadas. É interessante ainda notar como ali facilmente esbarramos com torcedores-boleiros e torcedores-especialistas, categorias definidas respectivamente por Toledo como aqueles tipos que comentam o jogo em tempo real, baseando-se em suas experiências de peladeiro para criticar os jogadores, e em seus conhecimentos táticos para "cornetar" as ações do treinador à beira do campo.

Torcida Jovem //// Brancoooooo Brancooooo

Vortando lá intrás, rsrs - já tinha dado uma pincelada sobre os grupos que frequentavam os estádios, a charanga, as camisas ou fitas na cabeça que os identificavam e pessoas que faziam a diferença no apoio aos times fora de campo; mas poderíamos dizer pelas nossas pesquisas e por acompanhar de perto que a primeira Torcida Organizada da "época muderna", rsrs no Espirito Santo foi a Torcida Jovem do Rio Branco que apareceu nos fins da década de 60. Não tão moderno assim, embora tenham a mesma configuração há 70 anos, a contemporaneidade resume-se em uma junção de tudo que era feito 60 anos antes, mas por um grupo uníssono que aglutinava a parafernália toda, ou seja, uniformes, os instrumentos e os batuqueiros, os meios de transporte, as bandeiras, faixas, foguetes, cânticos combinados, papel picado, talco (no caso riobranquense), membros conhecidos e com atividades específicas, pontos de encontro para jogos na cidade ou excursões para os jogos fora de casa e tudo o mais, como é até hoje. Eu costumo dizer que o lugar mais seguro em um estádio é perto de uma organizada >>> ninguém é besta de fazer uma" Mérida" por perto pois corre o risco de apanhar. Kk

Eu, menino pequeno lembro da rapaziada da Jovem no Governador Bley; iam principalmente nos jogos decisivos contando com o apoio do pessoal da Charanga de Jucutuquara, principalmente com o Anjinho. Levavam bandeiras grandes pois pano não era problema visto que alguns pais dos garotos eram comerciantes (até de tecidos) na cidade. Lembro que num jogo no Jardim, Rio Branco x Santo Antônio na preliminar de um Desportiva x Fluminense, abrigamos a torcida tricolor e os bandeirões eram do mesmo tamanho, apenas as bandeiras deles mais leves. Aprenderam naquele dia a usar panos mais finos. Os garotos do time juvenil (braços fortes), eram convocados para manuseá-las ... Kkk

Depois compraram mais instrumentos e foram um pouco mais constantes em 1969 e 1970. Fizeram algumas excursões ao interior na fase final do recorde do goleiro Jorge Reis - fui acompanhado pelo meu tio num jogo noturno em Cachoeiro contra o Estela - e 1971 (fui num jogo com eles em João Neiva e outro em Cachoeiro, mas contra o Cachoeiro) e rarearam outra vez (nem foram no jogo do título de 1973 (2 x 0 contra a Desportiva, no Bley) até que voltaram no início do ano seguinte na seletiva do Brasileiro em 3 jogos contra a Desportiva em fevereiro. Depois sumiram, mas no mesmo ano, depois da excursão do time ao exterior, no mês de agosto já havia uma substituta nas arquibancadas, mas isso é outra história...

A Jovem tinha também um viés político pois como os líderes eram filhos de dirigentes do clube havia algumas manifestações vocalizadas que ora demonstravam rebeldia, ora apoio a ações da diretoria, mas não refletiam nenhuma disputa interna no clube pois sabemos que tudo no Rio Branco era resolvido no diálogo. Coisa que se perdeu na década seguinte quando houve um afastamento de Beneméritos e Conselheiros históricos da instituição por conta de escolhas equivocadas de representantes do clube na eleição catastrófica de pessoas para dirigir a Federação de Futebol, ... mas isso é outra história, também ...

Lembro que um dia no Bley o Técnico era o Paulo Pimenta e a Jovem puxou o coro: "Fora Pimenta, Fora Pimenta!". Claro que o saudoso Pimenta, um desportista histórico do estado, multiatleta e campeão era mais conhecido como preparador físico, mas dirigiu tecnicamente tanto o Rio Branco, como a Desportiva e o Vitória algumas vezes e o "Careca" não merecia aquela manifestação. De qualquer maneira no dia seguinte os jornais informavam sua demissão.

Os líderes da Jovem eram o ***Zé Maria Ferreira*** (e o irmão mais velho, Mazinho), o ***Antônio César de Andrade*** e seus amigos (muita gente de Vila Velha) e outros filhos de rio-branquenses tradicionais com os Bachour e os Abaurre que alargaram a tradição da Charanga que já era presença constante nos jogos no Governador Bley na década de 1960. A Charanga deu a base instrumental com os veteranos torcedores engrossando a coisa. Foram eles que criaram o grito, Braancôôô, Braancôôô pois antes era só na palminha e começaram a aparecer as bandeiras grandes. Eu era moleque, mas aquilo me fascinava!!! Em tempos sem câmeras apenas ficaram gravadas na retina as imagens dessa turma nos jogos. Tinha um batuqueiro que morava perto de mim em Santo Antônio, bom sujeito. Tocava Surdo. Canhoto, meio índio, meio negro, já nos anos 70 mandava eu moleque pegar o instrumento, quando alguém cansava para dar o toque de 2ª: ***"o que eu fizer aqui não interessa, continue na resposta mesmo nas viradas"***. Rsrsrsrs. Acho que ele tocava na Escola do Forte São João.

Voltemos ao Facebook

Ao longo dos anos, depois de buscas incansáveis a gente acaba encontrando algumas fotos que nem sabíamos que existiam (há, há há) e eu até mesmo cito um bordão que é o "Quem Procura Acha" com fotos inéditas do futebol Capixaba (algumas encontradas por puro acaso). Já postei todas por aqui, mas agora .... acho que essa aqui é a mais inesperada de todas. A primeira torcida organizada (nos moldes atuais com bateria, grandes bandeiras, talco, papel picado, faixas, foguetes e etc e tal) do Espirito Santo: a "Torcida Jovem" (fundada em 1968 e que inventou o Braaancôô - antigamente era só no "plá, plá, plá) em 1973 saindo de Vila Velha em direção ao Jardim. / Os instrumentos ficavam guardados na casa do Manoel Ferreira, na Praia da Costa, em Vila Velha. / Depois os meninos cresceram e foram trabalhar.

Acima a família Ferreira; Mazinho e Zé Maria - Entre Dona Iza e Seu Manoel a filha Vânia que nos cedeu a foto.

Se não me engano o nome da filha mais velha é Tania Maria.

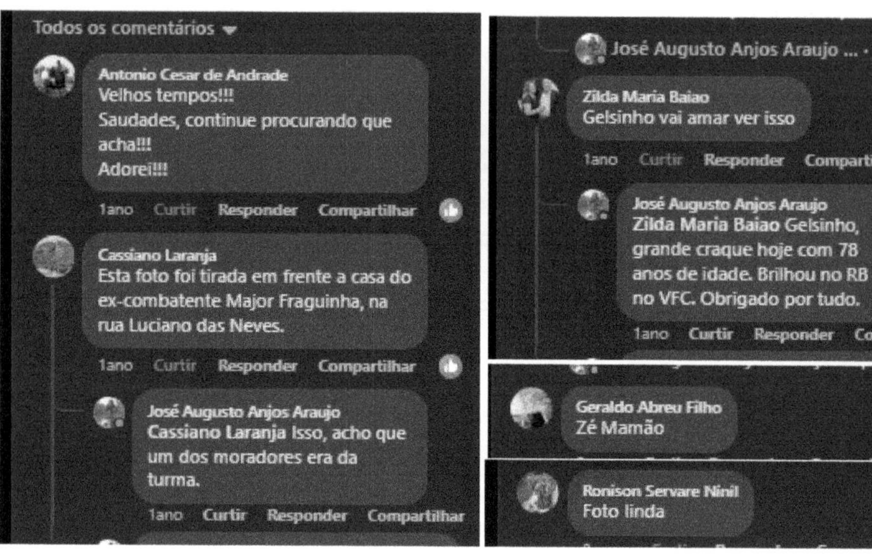

Coroinha – GA / Era Babão

Vania Ferreira / Eu sou a caçulinha sempre de mãos dadas com meus pais!!

José Augusto dos Anjos Araujo / Vania Ferreira - Lindinha sempre; seus irmãos saudosos, foram meus companheiros de arquibancada. Mazinho morou perto de minha casa tempos depois em Carapebus. Já contei por aqui que nesse interim ele ajudou e muito à Torcida Capa Preta que nós meninos/adolescentes criamos no centro de Vitória em 1974, dois anos antes da Bola Branca estrear. Quando morava em meu bairro já recentemente eu insistia com ele para assumir responsabilidades no clube e ele gostava da ideia. Teria grandes chances de remontar o caco político que se tornou a instituição ao qual tanto o pai se dedicou. Infelizmente faleceu novo ainda. Empresário de sucesso sabia exatamente o que fazer para sanear as combalidas finanças do clube. Mas, vida que segue ...

Ivan Valladão II / Saudade é pouco, tenho orgulho de ter vivido essa fase em que o futebol capixaba ainda existia a nível nacional! Hoje esquecidos lutamos na série D do Brasileiro e não acendemos por culpa da falta de investimentos e patrocinadores privados e do Estado que sempre vê o futebol como gancho político! Os olheiros levam nossos talentos pra centros maiores e aqui ficam os que sobram, sem valorização do contexto, a torcida do Rio Branco é saudosismo e esperança, um fenômeno?

Uma coisa puxa a outra ... vem de lá também <<< Torcida Bola Branca Memorial >>>

... e para não dizer que não falei das flores ... a Desportiva, quando viu que as musiquinhas nos altos falantes do Jardim não davam certo e eram abafados pelos cânticos e samba vindos do outro lado da arquibancada, chamou os torcedores "na chincha" e estes criaram a Grenamor nos anos 70 cuja batucada é oriunda do antigo "Bloco da Caveira" de São Torquato e ..... os estádios ficaram mais bonitos.

Hoje os dois clubes estão mal, mas são os únicos capixabas que ainda (não sei até quando) causam o "frisson" de uma partida de futebol no ES principalmente quando disputam uma final que aconteceu pela última vez em 2015. Infelizmente, motivos políticos levaram a essa triste realidade atual de estádios vazios ... mas isso é outra história, rsrsrsrs

Antonio Cesar de Andrade / Realmente, era uma turma muito boa

José Augusto dos Anjos Araujo / Meu caro, vc e sua turma me viciaram em Torcida Organizada e explico: qdo criança levava meu bandeirão e ficava com a Torcida Jovem, que vcs fundaram e foi a primeira do ES – época de muitos títulos; tinha que ter cuidado na hora do fim do jogo para ela (a minha bandeira) não ser levada junto com o material para a Praia da Costa. Rsrs Nos intervalos fui aprendendo a dar meus pitacos no surdo com o Anginho e o Joel (não me lembro dos outros nomes). Daquela turma só mantive contato (fora os encontros nos jogos) com o Mazinho Ferreira, que veio morar em meu bairro (Praia de Carapebus) e faleceu recentemente, como o sabes. Bons tempos (num jogo em João Neiva, que fui de carona com uma jornalista amiga de meu pai, onde as bandeiras gigantes quase furaram o teto do estádio; deu confusão com os locais, kkk) com períodos difíceis como quando perdemos a seletiva pra Desportiva, creio que em 73. Como vcs não foram mais, tratamos (Tião, Ronaldo, Rogério, Tatú, Anjinho, eu e alguns remanescentes) em 74 de criar, no Centro, a Torcida Capa Preta que durou um bom tempo (Seu Amaro fazia o transporte na Kombi da Sta Terezinha) mas os caras foram crescendo, casando e mudando e a torcida definhando num momento em que a Bola Branca também não ia bem das pernas. Enfim, juntamos as tralhas, levamos a Tia Pepenha junto e tocamos o barco com a Bola Branca e a turma de Jucutuquara. Atualmente por falta de estrutura e pela idade das tias remanescentes uma vez ou outra levamos apenas uma faixa. O ultimo jogo em que a bateria atuou foi naqueles jogos finais contra o São Mateus, que terminou em confusão. Eu particularmente vou uma ou duas vezes só aos jogos porque não gosto do estádio novo (isso é outra história) mas meus filhos vão. Na realidade, não fazemos tanta falta pois a garotada (Força 12, Comando e Brancachaça) dão conta do recado e honram nossas tradições. Tradição que começou com vcs que inventaram o grito BRANNCOOOO, lá nos anos 60, no Bley, fato que muitos não sabem. Abraço do Guto!

Antonio Cesar de Andrade / Seu Amaro gostava muito de Vcs e fazia questão de ir dirigindo a Kombi; às vezes em jogos decisivos pedia duas, a polícia não deixava mais o pessoal ir na carroceria como nas Kombis da Comauto. rsrsrs

José Augusto dos Anjos Araujo / Gente finíssima e muito paciente com os garotos barulhentos ... rsrs

Antonio Cesar de Andrade / Isto mesmo, depois veio a BOLA BRANCA, e por aí em diante... Foram várias, até nisso, número de torcidas, nós ganhávamos dos outros clubes...

José Augusto dos Anjos Araujo / - Duas praticamente desconhecidas foram **a Dragões da Vila** do Morro do Quadro cujo fundador faleceu dias antes de estrearem (brasileiro de 1978), mas assim mesmo foram a alguns jogos (um entusiasta era o Jornalista Janilson Café) e a **RIOBRANQUENTE** de Campo Grande que também foi a poucos jogos entre os 70's e início dos anos 80. Nos doaram alguns instrumentos que deram sobrevida à Capa Preta.

Esse texto abaixo elaboramos (a pedidos) para ser publicado no "Midiateca em Campo" do Governo do Estado do ES.

O recorde mundial de Jorge Reis entre julho de 1970 e fevereiro de 1971.

Tive a felicidade de acompanhar praticamente todo os jogos no período, inclusive uma partida no Sumaré (Cachoeiro) à noite e debaixo de muita chuva. Num ataque estrelense o Kiko, ídolo maior da história do Estrela do Norte tirou dois zagueiros do Rio Branca da jogada e chutou ... a bola passou e parou numa enorme poça d'água e Jorge Reis e o estrelense partiram para a bola. Foram segundos que duraram uma eternidade, Kiko de carrinho e Jorge Reis mergulhando como se fosse em uma piscina. Então o goleiro sai da nuvem de água e lama levantando a bola com as mãos para decepção da torcida local e júbilo dos quase 50 torcedores que se deslocaram de Vitória junto com a Torcida Jovem, para acompanhar a peleja.

05/07/1970 - 1X0 INDUSTRIAL
12/07/1970 - 0X0 FERROVIÁRIA
19/07/1970 - 2X0 AMÉRICA
29/07/1970 - 4X0 FERROVIÁRIA
02/08/1970 - 1X0 CAXIAS
09/08/1970 - 3X0 SANTOS
16/08/1970 - 2X0 ESTRELA
23/08/1970 - 1X0 INDUSTRIAL
30/08/1970 - 2X0 VITÓRIA
06/09/1970 - 1X0 DESPORTIVA
27/09/1970 - 0X0 CAXIAS
04/10/1970 - 5X0 SANTOS
18/10/1970 - 4X0 INDUSTRIAL
25/10/1970 - 2X0 VITÓRIA (RECORDE COM 1205 MINUTOS)
01/11/1970 - 2X0 DESPORTIVA
08/11/1970 - 0X0 ESTRELA
06/12/1970 - 0X0 U.BARBARENSE
13/12/1970 - 2X0 CORINTHIANS
03/02/1971 - 1X4 FLAMENGO (RECORDE COM 1605 MINUTOS)

Casa cheia no Jardim. Arquibancada do Sol, ainda descoberta. 24mil pagantes contra o Mosqueteiro Paulista que tentou inutilmente acabar com a festa.

Esse jogo contra o Corinthians já foi acompanhado com boa parte da imprensa nacional que vinha mandando repórteres ou correspondentes após o recorde batido contra o Vitória. O Timão, com alguns campeões mundiais pela seleção até tentou. Rivelino (bateu 4 faltas) e Ivair quase marcaram e o Garoto do Parque soltou uma bomba que balançou o travessão e saiu lá na lateral. Mas o time, em sua característica de jogar fechado e partir no contra-ataque marcou 2 gols (Édson Flexa Negra) ambos no 2º tempo. Aos 40 do 2º tempo entrou o goleiro Pereira.

Só sabe quem acompanhou: em outros 2 ou 3 jogos quando a coisa apertava (todo mundo querendo se consagrar), no fim do jogo entrava o Pereirão, que também era um excelente goleiro, e o time também não tomava gols já que o grande segredo das performances era nossa defesa que era praticamente intransponível no alto (Edilson) e na velocidade (Adilson) com Wilson Pereira de líbero e demais coadjuvantes. Para confirmar a veracidade da informação basta somar os tempos de todos os jogos no período para constatar que ele foi substituído algumas vezes.

A quebra da invencibilidade foi num jogo contra o Flamengo marcado pelo Milton, num amistoso no dia 3 de fevereiro de 1971. Até aí foram 1.605 minutos sem apanhar a bola nas redes. / Em nenhum lugar está escrito como foi o gol, MAS EU VÍ - KKKK ... falta na meia lua (na trave da estação no Jardim) cobrada por cobertura por Nei Oliveira- Jorge Reis foi na bola e ela bateu no travessão e caiu pingando na pequena área, não deu nem pro goleiro levantar do chão direito (ele tinha caído no salto), e nem para Adilson ou Edilson chegarem ... o jogador do Fla apenas escorou de chapa. Repórteres de todo o Brasil e correspondentes internacionais acompanharam e noticiaram a quebra do Recorde Mundial.

Depois do gol Milton correu ao centro de campo e foi rodeado pelos jogadores cariocas que comemoravam o feito. Jorge Reis Correu até lá, como um Cavalheiro que era e cumprimentou o atacante. / O gol desnorteou o Rio Branco e acabou acontecendo o inimaginável, Adilson e Edilson fizeram dois gols contra (inéditos na carreira) e o Fla marcou mais um com Caio enquanto Zezé marcou o gol de honra do Capa Preta / Uma ironia do futebol, os dois maiores responsáveis pelo recorde (além do próprio Jorge Reis, é claro) fizeram 2 gols contra. kkkkk

Três meses depois, para provar o time era bom mesmo o Rio Branco enfiou 3 x 1 (gols de Ely, Édson e Wilson Pereira) em novo amistoso, no rubro negro que inclusive jogou com um time até melhor do que aquele.

A bem da dúvida, rsrsrs – entre os jogos contra o América e a Ferroviária houve um amistoso no qual o Rio Branco venceu o Sauassu (que depois virou Aracruz) por 5 x 1, mas nas estatísticas do clube não há a informação da escalação do time. Tem um camarada da cidade que jura de pé junto que o goleiro era o Jorge Reis e até deu o nome do atacante aracruzense que fez o gol, mas por mais que tenha procurado não encontrei mais aqui nos meus alfarrábios.

Tal fato não é incomum já que o 2º recordista (o riobranquense ainda hoje é o 3º), o Neneca quando jogava no Náutico ficou 1.636 minutos sem tomar gols, mas tomou um em um amistoso no interior de PE também. Rsrs – O líder da estatística é o Mazaropi com 1.816 minutos pelo Vasco.

E para completar o RB tem mais dois goleiros na lista dos 50 da FIFA. Carlos Afonso na 31ª posição em 1975 (900 minutos) – tomou um gol em uma vitória do RB por 2 x 1 contra o Industrial lá em Linhares (estávamos lá no Guilhermão); depois desse jogo ele ficou mais 7 jogos sem tomar gol com a bola rolando -apenas gols de pênaltis numa decisão de um torneio contra o SAFC - e recentemente Diogo Luiz, na 41ª posição em 2022 (758 minutos). Tomou um gol espírita com 1 minuto de jogo na decisão da Copa ES contra o VFC

Ainda o jogo contra o Corinthians ... Como o clube sabia que o Bley já era pequeno até para os clássicos regionais, já se cogitava em ter que se desfazer (ainda mais com a ETFES pressionando para aumentar a área da Escola), nascia ideia de se construir um novo. Então foi feito um teste onde provavelmente pela 1ª vez na história do ES- foi feita uma rigorosa apuração nos ingressos o que resultou em 24.000 pagantes e quase 3.000 gratuidades (a maioria policiais e autoridades). Esse exame foi feito pelo presidente Kléber Andrade e pela diretoria e nos foi testemunhado pelo filho dele, o Antônio César. Ele também disse que a ideia de um novo estádio foi depois da vitória do Brasil 3 x 1 Uruguai na Copa

Por incrível que pareça não existem fotos (pelo menos eu não encontrei; talvez tenha algo em A Gazeta, mas tem que procurar lá, e pagar, rsrs) de jogos importantes na campanha como os contra o União Barbarense, o Estrela (citado por mim pois de "corpo presente"), a Desportiva e principalmente o da quebra do recorde contra o Vitória. O recorde anterior era do goleiro Gainete do Internacional que suplantara Raul do Cruzeiro. Mas temos uma foto do jogo anterior ao recorde, pelo Estadual contra o Industrial de Linhares.

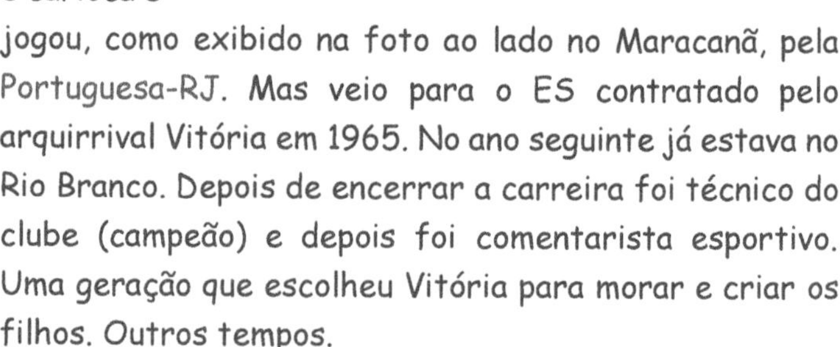

O saudoso Jorge Reis é carioca e jogou, como exibido na foto ao lado no Maracanã, pela Portuguesa-RJ. Mas veio para o ES contratado pelo arquirrival Vitória em 1965. No ano seguinte já estava no Rio Branco. Depois de encerrar a carreira foi técnico do clube (campeão) e depois foi comentarista esportivo. Uma geração que escolheu Vitória para morar e criar os filhos. Outros tempos.

Na 1ª foto, ao lado do goleiro, de bigode, Amélio José Pupa, o Seu Amaro citado por aí. Na 2ª aquela bandeira maior lá atrás era minha. Eu a levava a pé da minha casa na Vila Rubim até o estádio em Jardim América. Nos jogos no Bley só pegando carona.

DESPEDIDA de Jorge Reis do Rio Branco

Nesse dia a Jovem não foi

Torcida Organizada Capa Preta

Numa bela noite da quarta-feira em primeiro de agosto de 1973, no Bley, o Rio Branco ganha o título estadual jogando fechadinho contra o forte time Grená e vence no contra ataque com dois golaços em jogadas rápidas (o forte da equipe) marcados por Neguinho e Rogério. Não foi filmado pois na época a TV não fazia jogos em Vitória ... apenas a tal retina gravou ... conclusões com a bola em curva e o goleirão Edalmo voando e "quase" tirando. Festa total e silêncio no lado da Torcida da Desportiva que compareceu em grande número, mas saiu de fininho com o segundo gol.

Nessa noite Tião, torcedor raiz, fez um brinde no Bar Cavalo de Aço antes da Meia Noite, rsrsrs ... ... Como já dissemos, nessa época a Jovem não estava indo e a galera que se conhecia de arquibancada e de vez em quando tocava com a turma da Jovem parou para tomar cerveja e comemorar no tal bar perto do Bley depois do jogo- Foi o último título nosso no estádio e a rapaziada FEZ UMA PROMESSA: - vamos dar um jeito de comprar uns instrumentos para que NUNCA MAIS O TIME GANHE UMA CAMPEONATO SEM BATUCADA, rsrsrsrs e assim aconteceu.

Esse prédio hoje é residencial, mas nos anos 70 era comercial. Seu Tião pai era o zelador do prédio e morava na cobertura do mesmo com a família por incrível que pareça num barracão de madeira. Tiãozinho trabalhava num escritório de contabilidade no 1º andar, onde fazíamos as reuniões da torcida. Nos vãos do prédio ficavam guardados os bambus das bandeiras.

... feito o planejamento nos jogos restantes no ano (o time jogou 3 torneios e outros amistosos, mas quase sempre fora de casa) nas arquibancadas (do Jardim) ou reuniões na casa do Tião no Edifício Luiza Helena em Vitória, em poucos meses fomos comprando instrumentos, convocamos a Tia Pepenha e as amigas para fazer as bandeiras e 1 ano depois a promessa estava cumprida. Os batuqueiros apareceram, o Anjinho, aquele outro Sr. que citei lá atrás, gente de Jucutuquara e da Gurigica, da Via Rubim (como eu), o Elcinho, o Tatú ... O Tião já era batuqueiro e ensinou os irmão Ronaldo e Rogério a tocar samba. E a coisa foi tomando forma.

Nesse interim no começo do ano (1974) a Jovem apareceu na fatídica melhor de 3 contra a Desportiva (0 x 1; 3 x 1 e 1 x 2) e sumiram, mas uma surpresa estava sendo preparada para o 2° semestre; mesmo com o parco dinheiro de vaquinhas e colaborações pois era todo mundo estudante. Depois da tal seletiva o RB jogou alguns amistosos fora e depois ficou meses na Europa, Asia e África. Voltou a jogar em agosto. Já estava tudo pronto pra "botar o bloco na rua" mesmo que de forma precária. Só dava pra ensaiar aos domingos para não atrapalhar os escritórios do prédio.

Outro dia histórico que eu tinha esquecido, mas achei nos meus alfarrábios (escrito à mão mesmo num papel véio, rsrs - foi um "ajuntamento" das pessoas que gostaram da ideia de uma nova torcida acontecido no Jardim, mas ainda sem nada, só a vontade. Foi em 17 de fevereiro num amistoso do RB (0 x 0) contra a Seleção de Uganda. Então, com todo mundo comprometido seguimos em frente ...

No dia 11 de agosto de 1974 saímos do Luiza Helena em direção ao Bley para assistirmos o jogo no qual o Rio Branco venceu o CEUB de Brasília por 1 x 0 (gol de Rogério "Sugismundo" - eu sei o motivo do apelido, mas não conto. kkk) e também no jogo seguinte contra o próprio CEUB (o jogo ficou 0 x 0) no dia 13 ainda no velho estádio. Batizados !!!

Depois veio o estadual, mas nossa turma tinha muitas dificuldades para levar a tralha toda e pessoas principalmente em jogos fora da capital como na reinauguração do Estádio do Santo Antônio (Rubens Gomes) na abertura do Estadual em Santa Inês no dia 25 de agosto, onde alugamos 3 ônibus. E enchemos os três rapidamente. Então não fomos em alguns jogos, só os em Jucutuquara, ia todo mundo de carona quando dava. No Engenheiro Araripe comparecemos pela 1ª vez no dia 22 de setembro num 0 x 0 contra a Desportiva. Ocupamos o espaço tradicional onde ficava a Jovem, lado esquerdo de quem chega. //////////Aliás, digo de fonte segura (César Fernandes) que um dos motivos para a criação da Bola Branca foi ocupar o lado direito de forma a preencher a arquibancada do estádio carinhosamente apelidado de Ferro Velho pelos alvinegros.

Lembro (péssimas recordações) quando estávamos presentes pela 3a vez (a segunda foi de forma precária num 0 x 0, contra o SAFC) no Jardim no dia 24 de novembro e perdemos a final contra a Desportiva com um gol contra do nosso lateral. No interior não deu pra ir nos jogos em João Neiva e Linhares. E houve pedras no caminho, rsrsrs - a derrota em casa no Bley nas finais (1 x 2) dois gols do Zezinho Bugre contra um gol do Kosilek e outro jogo em que por algum motivo a torcida não foi (uma vitória por 3 x 1 contra o VFC). Nessa derrota no Bley a torcida grená voltou a pé na procissão como a de NSP de Jucutuquara até São Torquato, lá ficavam os instrumentos do Bloco do Caveira, um bloco de carnaval ajustado pela Vale com alguns torcedores no meio. Mas depois teve a procissão de volta no título do Rio Branco no ano seguinte de Jardim América, parando no centro e concluindo no Bar do Ceará. Kkkkk

Lembro bem pois participei da gestão e da gestação da Torcida, rsrs, por dois motivos: por gostar e por ser estudante; só fui trabalhar pra valer quase 10 anos depois, então não faltava tempo embora faltasse dinheiro. rsrsrs

Esse problema do transporte foi resolvido em fins de 1974 e em diante com a Kombi da Sta Terezinha que começou a levar os instrumentos e as varas de bambu para todos os jogos. As varas eram coletadas num bambuzal na matinha no morro atrás do Bley. Nos jogos fora era a correria de sempre para alugar pelo menos um ônibus, arrecadar um pouco com as passagens para torcedores comuns e comprar alguns ingressos para o pessoal da bateria.

Seu Kléber era fantástico, comprávamos panos e camisas a preço até abaixo do de custo e nos jogos fora a gente tinha um caderno de capa dura, esses de atas de reunião; levávamos no escritório dele na Loja e ele tirava uma nota de 200 mais ou menos no valor de hoje, entregava e assinava e colocava no papel os nomes do seu Lauro Maranhão, Álvaro Abaurre, Silvino Faria, Lenildo Lucas, Edinho Bourguignon e o irmão, Carlos Calmon, Dr. Valussi e muitos outros principalmente comerciante e dizia assim, vão lá neles, diz que eu já colaborei. Kkk. Os endereços a gente já sabia.

Sobre as tais Procissões, ou melhor, Romarias citadas, meus alfarrábios dizem que ocorreram outras: a 1ª foi Riobranquense (RB 1 x 0 ADF) do Jardim para Jucutuquara no dia 22 de novembro de 1972 com troco grená no dia 10 de dezembro (1 x 0 no Bley) e "retroco" alvinegro no dia 14 do mesmo ano, 1 x 0 no Jardim. Haja perna, pois, são quase dez quilômetros de distância entre os estádios. Kkk

O clássico pelo Brasileiro de 1976

Então de 1975 em diante, incluindo os 2 últimos jogos no Bley - sem os instrumentos (1 x 1 contra o Defensor do Uruguai em 22 de janeiro e o inesquecível 2 x 1 contra o Cruzeiro, em 5 de fevereiro), por anos e anos a torcida esteve em tudo quanto é jogo no ES e em outros estados. Dois anos depois ganhamos o reforço da Bola Branca.

O bom do estadual de 75 foi que só tinha um clube do interior, o São Silvano de Colatina. Foram as primeiras viagens (duas) para um pouco mais distante. A 1ª foi na estreia lá na Princesa do Norte no dia 3 de maio - 2 x 0 gols de Carlinhos e Kosilek. Depois de vencermos no Jardim por 5 x 2 voltamos lá em uma vitória por 4 x 0 em julho.

1975 foi um ano pra lá de especial; além do Estadual o RB conquistou OITO torneios, alguns internos no ES e outros contra o Atletico, Goiânia e Vila Nova-GO (fevereiro com todos os jogos lá no planalto) e outro em dezembro em Vix com a participação do Americano, Atlético Paranaense, América-MG, Desportiva e CEUB. A final foi vencida nos pênaltis contra o clube Candango. Presente de Natal! rsrsrs

Direito e Esquerdo ocupados pela massa

Ainda antes do Estadual de 75 ligamos o desconfiômetro durante um torneio com SAFC, VFC e ADF (vencemos todos) que não estavam bem configurados os instrumentos da batucada: só tinha um repenique, QUATRO caixas (rsrs, imaginem), 3 tamborins e dois surdos daqueles de banda de desfile pois os maiores eram muito caros. Kkkkkk

Então voltamos a arrecadar uns trocados com os torcedores pois sabíamos que teríamos casa cheia nos amistosos já marcados contra o Botafogo e o Flamengo, ambos no mês de março. Melhorou, mas só ficou bom mesmo em outro amistoso contra outro time carioca, o Vasco já em novembro. O Mazinho Ferreira apareceu antes na arquibancada e pediu para irmos no escritório dele em Bento Ferreira (uma imobiliária) pois um amigo do RJ disse que na fábrica do Império Serrano os instrumentos custavam 1/3 do preço que pagávamos nas lojas. Até chegarmos lá não sabíamos de nada. Fomos eu e o Tião. Papo vai, papo vem e equalizamos tudo. Ele telefonou, pagou os instrumentos ou melhor assinou 2 cheques e marcou o dia em que uma kombi de um cliente dele já ia mesmo ao RJ. Só pediu para que fossem dois dos nossos para conferir e entregar os cheques em Madureira. Tudo certo. Ele viu o que já tínhamos visto, mas não dava para resolver de imediato - muita caixa no samba, rsrsrs uma verdadeira metralhadora - então poderíamos afirmar que deu-se uma nova simbiose que demonstraremos depois/ Tiãozinho falou que o Barracão da Império era um negócio de doido e tinham centenas e centenas de instrumentos em grandes prateleiras de madeira. Ele acostumado apenas com a estrutura da Piedade ficou umas duas semanas contando o que viu por lá. Rsrsrs.

Voltemos ao Facebook

Antonio Cesar de Andrade / Vocês lotavam a kombi da Casas Santa Terezinha e da Comaupa.

J. A. / Realmente, em algumas ocasiões eram duas kombis e tinha também uma época que tinha um caminhão que percorria os bairros com uma carreata com torcedores e a turma lá em cima fazendo uma batucada; O bom é que era mais fácil para levar os bambus das bandeiras, rsrsrs

Carlos Rogerio Gomes / Adiverci sou grená, mas posso afirmar esse time era enjoado para vencer...pude lembrar na foto: Joubert, Dirman, Baiano Neguimho, Wilson Pereira e outros

José Augusto Anjos Araujo / Em pé :Carlos Afonso, Joubert, Adalberto, Daniel, Wilson Pereira e Dirman; Agachados: Baiano, Rogério, Kosilek, Paulo Tomás e Neguinho. 30 de julho de 1975. / Jogo anterior ao do título estadual. 1 x 0 contra o Vitória, gol de Kosilek. Só faltava a Desportiva pela frente, mas a confiança estava em alta. E as previsões de que o time precisava mesmo de um apoio constante se confirmaram. Casa cheia sempre.

O último em pé á direita é o – Massagista Tarzan, simplesmente o cara que mais campeonatos venceu no estado e o que mais tempo atuou no Brasil. Trabalhou em vários clubes (sendo mesmo campeão no SAFC, VFC e Santos, mas sempre voltava ao Rio Branco. Saí na porrada se precisasse. kkkkk

Gilson Reis / Como era bom ver o Rio Branco jogar nesta época, sempre com estádio cheio

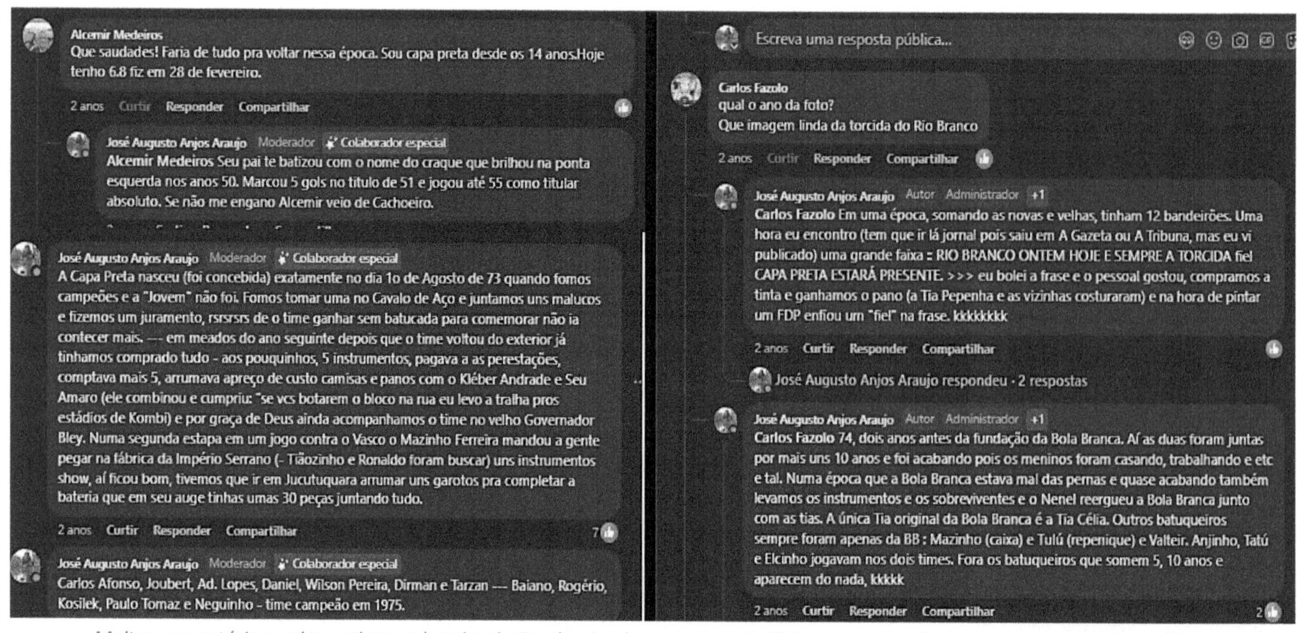

Alcemir Medeiros
Que saudades! Faria de tudo pra voltar nessa época. Sou capa preta desde os 14 anos.Hoje tenho 6.8 fiz em 28 de fevereiro.

2 anos Curtir Responder Compartilhar

José Augusto Anjos Araujo Moderador Colaborador especial
Alcemir Medeiros Seu pai te batizou com o nome do craque que brilhou na ponta esquerda nos anos 50. Marcou 5 gols no título de 51 e jogou até 55 como titular absoluto. Se não me engano Alcemir veio de Cachoeiro.

José Augusto Anjos Araujo Moderador Colaborador especial
A Capa Preta nasceu (foi concebida) exatamente no dia 1o de Agosto de 73 quando fomos campeões e a "Jovem" não foi. Fomos tomar uma no Cavalo de Aço e juntamos uns malucos e fizemos um juramento, rsrsrsrs de o time ganhar sem batucada para comemorar não ia contecer mais. --- em meados do ano seguinte depois que o time voltou do exterior já tinhamos comprado tudo - aos pouquinhos, 5 instrumentos, pagava a as perestações, comptava mais 5, arrumava apreço de custo camisas e panos com o Kléber Andrade e Seu Amaro (ele combinou e cumpriu: "se vcs botarem o bloco na rua eu levo a tralha pros estádios de Kombi) e por graça de Deus ainda acompanhamos o time no velho Governador Bley. Numa segunda estapa em um jogo contra o Vasco o Mazinho Ferreira mandou a gente pegar na fábrica da Império Serrano (- Tiãozinho e Ronaldo foram buscar) uns instrumentos show, aí ficou bom, tivemos que ir em Jucutuquara arrumar uns garotos pra completar a bateria que em seu auge tinhas umas 30 peças juntando tudo.

2 anos Curtir Responder Compartilhar 7

José Augusto Anjos Araujo Moderador Colaborador especial
Carlos Afonso, Joubert, Ad. Lopes, Daniel, Wilson Pereira, Dirman e Tarzan --- Baiano, Rogério, Kosilek, Paulo Tomaz e Neguinho - time campeão em 1975.

Escreva uma resposta pública...

Carlos Fazolo
qual o ano da foto?
Que imagem linda da torcida do Rio Branco

2 anos Curtir Responder Compartilhar

José Augusto Anjos Araujo Autor Administrador +1
Carlos Fazolo Em uma época, somando as novas e velhas, tinham 12 bandeirões. Uma hora eu encontro (tem que ir lá jornal pois saiu em A Gazeta ou A Tribuna, mas eu vi publicado) uma grande faixa = RIO BRANCO ONTEM HOJE E SEMPRE A TORCIDA fiel CAPA PRETA ESTARÁ PRESENTE. >>> eu bolei a frase e o pessoal gostou, compramos a tinta e ganhamos o pano (a Tia Pepenha e as vizinhas costuraram) e na hora de pintar um FDP enfiou um "fiel" na frase. kkkkkkkk

2 anos Curtir Responder Compartilhar

José Augusto Anjos Araujo respondeu · 2 respostas

José Augusto Anjos Araujo Autor Administrador +1
Carlos Fazolo 74, dois anos antes da fundação da Bola Branca. Aí as duas foram juntas por mais uns 10 anos e foi acabando pois os meninos foram casando, trabalhando e etc e tal. Numa época que a Bola Branca estava mal das pernas e quase acabando também levamos os instrumentos e os sobreviventes e o Nenel reergueu a Bola Branca junto com as tias. A única Tia original da Bola Branca é a Tia Célia. Outros batuqueiros sempre foram apenas da BB : Mazinho (caixa) e Tulú (repenique) e Valteir. Anjinho, Tatú e Elcinho jogavam nos dois times. Fora os batuqueiros que somem 5, 10 anos e aparecem do nada, kkkkk

2 anos Curtir Responder Compartilhar 2

Muitos comentários esclarecedores coletados do Facebook sobre essa torcida "feita na raça" pela garotada herdeira das tradições.

Torcida Organizada Grenamor.
Fundação em 12/06/1976

Quem leu até aqui deve estar pensando ... POW, só vai falar de Rio Branco ? kkkkk. Mais ou menos ... lá pra frente falo mais dos coirmãos, mas como sabemos existe pouco material antigo para ilustrar e raros textos também. Sobre o Vitória não existe quase nada pois a Sangue Azul já é do século atual. Do Santo Antônio uma única foto (péssima) na inauguração do Rubens Gomes em 1958. As do Serra também são muito recentes e está tudo na internet ...

A Torcida mais tradicional da Desportiva é a Grenamor que foi fundada um mês depois da Bola Branca e já estreou perdendo para o RB no dia seguinte (1 x 0 gol de Carlinhos "Furacão de Meaípe") rsrs / Foi uma iniciativa dos torcedores grenás ao ver, e ouvir o furdúncio do outro lado, na chamada "Arquibancada do Sol (pois antes não tinha cobertura), resolveram tomar providências, rsrsrs

As outras, que me perdoem, sempre foram um bando de encrenqueiros, mas mesmo assim, depois, abordaremos. Kkk -Sem nos esquecermos que não são todos os que buscam confusão mas nestes casos não sei se são minoria / Em 74, por exemplo, na tal seletiva foi constrangedor. O clube colocou nos alto-falantes do estádio um corinho assim: Desportiva, Desportiva, Desportiva. O retorno do outro lado e também do lado direito das cabines de rádio foi estrondoso: Brancoooo, Brancooo, bem alto até abafar o som. Paravam, esperavam uns 10 minutos e voltavam. O coro retrucava cobrindo ... desistiram. Rsrsrsrs

Com as devidas vênias a torcida da Desportiva é muito grande, mas só aparece pra valer em finais. E sim, fazem a festa desde os anos 60 na comemoração dessas vitórias (64, 65, 67, 72, 74) e a tradicional Buzina do ex-líder da torcida do Santo Antônio, Izaías onde despontavam os primeiros torcedores raiz que eram adeptos do Ferroviário e do Vale que disputavam o Citadino em anos anteriores à fusão dos dois e mais 3 que fundaram a Asociação Desportiva Ferroviária em 1963. Então para não dizer que não falei das flores vai uma raríssima foto desses primeiros torcedores com uma batucada. Essa foto e outras no livro são de publicações dos irmãos grenás. Desculpem as brincadeiras! 私たちは同じ船に乗っています *

Em um blog grená, onde encontrei a foto não diz a data e nem mais detalhes mas creio que ela foi tirada no Estádio da Ferroviária de João Neiva. O livro é em preto e branco e talvez não fique claro, mas o camarada segura uma bandeira alvinegra, as cores do time da cidade no interior do estado. Lá a vale tinha uma grande oficina de Locomotivas mas a Ferroviária não participou da fusão. Era o tradicional Sul América profissionalizado e que com o apoio da Vale formou boas equipes não sendo campeão em determinado ano pois um acidente de onibus com vítimas o impediu de vencer o estadual. Mas isso é outra história ...

*Tradução dos caracteres japoneses >>> Estamos Todos no Mesmo Barco !

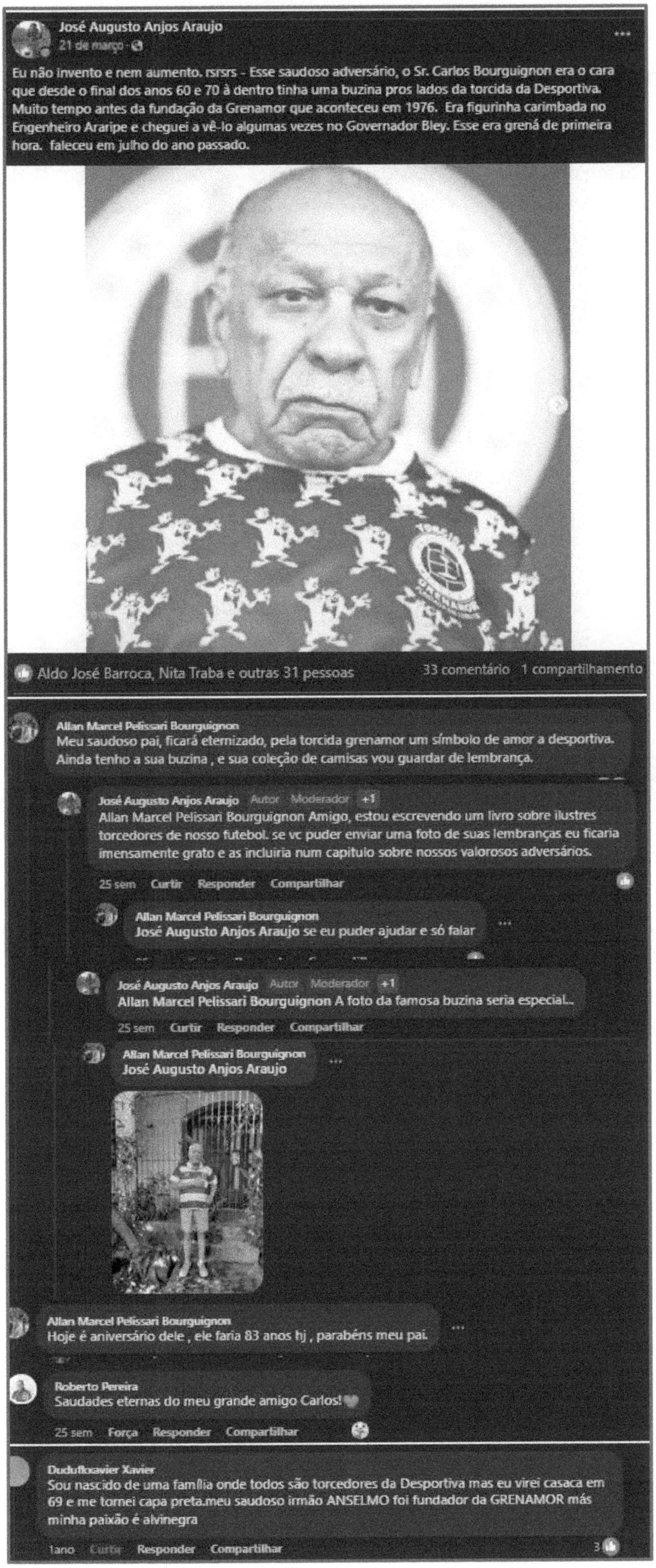

José Augusto Anjos Araujo
21 de março

Eu não invento e nem aumento. rsrsrs - Esse saudoso adversário, o Sr. Carlos Bourguignon era o cara que desde o final dos anos 60 e 70 à dentro tinha uma buzina pros lados da torcida da Desportiva. Muito tempo antes da fundação da Grenamor que aconteceu em 1976. Era figurinha carimbada no Engenheiro Araripe e cheguei a vê-lo algumas vezes no Governador Bley. Esse era grená de primeira hora. faleceu em julho do ano passado.

Aldo José Barroca, Nita Traba e outras 31 pessoas — 33 comentário 1 compartilhamento

Allan Marcel Pelissari Bourguignon
Meu saudoso pai, ficará eternizado, pela torcida grenamor um símbolo de amor a desportiva. Ainda tenho a sua buzina , e sua coleção de camisas vou guardar de lembrança.

José Augusto Anjos Araujo Autor Moderador +1
Allan Marcel Pelissari Bourguignon Amigo, estou escrevendo um livro sobre ilustres torcedores de nosso futebol. se vc puder enviar uma foto de suas lembranças eu ficaria imensamente grato e as incluiria num capitulo sobre nossos valorosos adversários.
25 sem Curtir Responder Compartilhar

Allan Marcel Pelissari Bourguignon
José Augusto Anjos Araujo se eu puder ajudar e só falar

José Augusto Anjos Araujo Autor Moderador +1
Allan Marcel Pelissari Bourguignon A foto da famosa buzina seria especial...
25 sem Curtir Responder Compartilhar

Allan Marcel Pelissari Bourguignon
José Augusto Anjos Araujo

Allan Marcel Pelissari Bourguignon
Hoje é aniversário dele , ele faria 83 anos hj , parabéns meu pai.

Roberto Pereira
Saudades eternas do meu grande amigo Carlos!
25 sem Força Responder Compartilhar

Duduflaxavier Xavier
Sou nascido de uma família onde todos são torcedores da Desportiva mas eu virei casaca em 69 e me tornei capa preta.meu saudoso irmão ANSELMO foi fundador da GRENAMOR más minha paixão é alvinegra
1ano Curtir Responder Compartilhar 3

Francisco Di Paulo / Carlinhos eterno

Fabio Conceição / Conheci esse senhor

Gilson Reis / Não conhecia pessoalmente mais lembro do barulho da buzina quando a desportiva entrava em campo ou fazia o gol.

Genaro Gonçalves De Oliveira / O Izaías da buzina, foi o seu sucessor?

Aldo José Barroca / O Isaías que conheci foi Chefe da torcida do Santo Antônio década de 1950 até sua extinção. / SEU SAUDOSO PAI

Genaro Gonçalves De Oliveira / Aldo José Barroca Sim! Em 1973, ano em que a Desportiva Ferroviária, participou do campeonato brasileiro, ele comandava a torcida grená com a sua famosa buzina. Era presença constante nos Estados onde o clube se apresentava. Daí a minha dúvida.

Aldo José Barroca / Com a extinção do Santo Antônio, a maioria dos antoninos passaram a torcer pela Desportiva. Como sou botafoguense, passei a torcer pelo Rio Branco também alvinegro. O Ângelo Ghil meu irmão Alfredo e os irmãos Rabelo não torcem pra nenhum outro time capixaba.

Genaro Gonçalves De Oliveira / Eu nutria uma simpatia pela Desportiva. Com o passar do tempo, o meu entusiasmo cessou, e não vou mais a estádio.

José Augusto Anjos Araujo / Quanto à dúvida dos amigos ... pelos meus ouvidos. ... houve outros buzineiros, do lado de lá. kkk - pelo menos uns três - nos anos 70 tinha uma buzina que tinha um compressor e o som imitava uma locomotiva ... isso por informações de outros pois eu mesmo nunca cheguei perto. Kkkk

Ou seja, o Izaías importou a buzina da torcida antonina e o Carlinhos amplificou o negócio, rsrs

Genaro Gonçalves De Oliveira /

José Augusto Anjos Araujo Inclusive, a sua buzina, era disputada por vários patrocinadores que queriam ver o nome da sua empresa estampada naquele instrumento.

O também saudoso Anselmo Luiz Xavier, fundador da Grenamor. A Grenamor nos anos 80 chegou a levar 4 ônibus para jogos em Campinas e em BH e a do RB levou no máximo 2 no RJ. São os que chamo de jogos internacionais, rsrs

Chega de Desportiva ... kkkk

Voltemos ao ano mágico de 1975. A Capa Preta, depois dos percalços do ano anterior meteu o "Pé Quente" na porta e participou de 9 festas com taça para beber, kkkkkk Tudo no Araripe pois o Bley já estava vendido. Abaixo, e com a Capa Preta chegando ao fundo, o plantel campeão estadual e que conquistou as seguintes taças: Torneio de Verão, Hexagonal da CBF, Torneio da ACEC, Taça da Amizade, Taça 31 de Março, Taça Clóvis Mendonça, Taça Élcio Álvares e Taça Caixa Econômica Federal. Isso é o que consta nas estatísticas do clube, mas encontrei outra (pode ser que no livro do Oscar esteja grafada com outro nome): o Torneio "Roquette Reis", aquele já citado há duas páginas na decisão contra o CEUB. Teve um espinhozinho ... rsrs – a derrota no Torneio Incentivo nos pênaltis para o Santo Antônio, última conquista dos alvirrubros. Faltam alguns nessa foto: Ely, Coradine, Hudson, Pedro Paulo, Paulo Paixão, Milton e Nena.

Da esquerda para a direita- em pé: Pereira, Getúlio, Daniel, W. Pereira, Jouber, Ad. Lopes, Cristiano, Carlos Afonso e Jorge Reis; agachados: Dirman, Carlinhos, Joadir, Baiano, Kosilek, Rogério, Paulo Thomaz, Beto Careca e Tarzan

A Capa Preta chegando lá atrás. Um grupo ia na frente para guardar espaço enquanto outro ia promover o jogo rodando vários bairros com uma parte da batucada na carroceria de um caminhão e uns carros buzinando. O comboio ia crescendo e se bobeasse chegava todo mundo com o jogo já iniciando. O samba bem baixinho com os iniciantes ... a galera ansiosa e chegavam os "titulares" aí era só chamar no repenique e detonar. A massa explodia.

"Quem nunca viu vai ver agora, Jucutuquara vai mostrar a sua história. Escola Técnica onde aprendi uma profissão e agora sou feliz. O Rio branco tricampeão. São essas coisas que trago guardadas no coração." Samba enredo da Unidos de Jucutuquara quando ainda era um bloco de Carnaval nos anos 70 ... Um dia o Mestre Ditão, velho conhecido, apareceu na arquibancada e disse: pessoal, precisamos de uns instrumentos pois vamos desfilar (com esse enredo aí de cima) na cidade. Antes o bloco só brincava no bairro mesmo. Pedido feito, pedido atendido ... / Fizemos uma paródia >>> Quem nunca viu, vai ver agora, o Rio Branco mais querido de Vitória ... Nosso grupo costumava ensaiar também, no centro, perto do Britz Bar com a turma do Bloco do Bayer cuja batucada tinha gente da Piedade, a Escola de Samba mais antiga de Vitória. Eu, de minha parte, rsrsrs já dava minhas cacetadas na Novo Império que ficou parada um bom tempo (antes se chamava Império da Vila) mas os instrumentos ficavam guardados na casa do folclórico Bigode que tinha um bar no Mercado da Vila Rubim. Pois bem, quando a escola voltou, ainda não tinha barracão e a casa do Bigode era exatamente acima da minha, mas no morro ... tem duas escadarias pra chegar lá e aquele entra sai, sobe e desce das pessoas e amigos resultou no seguinte: se você não pode com o barulho, junte-se a ele. Kkkk

Futebol é Samba ou Samba é Futebol?

Depois do título estadual (e a certeza da participação inédita no Campeonato Nacional no ano seguinte) e com dinheiro em caixa varremos o interior em vários amistosos. Viramos turistas, rsrs / Em Ibiraçu, onde havia o tal bar que tinha uma quadra de bocha que eu citei lá atrás e um "causo": >> um cara que foi no ônibus, deu vontade da Gagar, rsrs e a galera estava no bar. Acontece que o banheiro era de madeira com um buraco no chão ... o pessoal ia chegando e dizia que da rua dava pra ver o Coco caindo dentro do rio que passa ao lado. O cara se trancou todo, tomou uma pinga e foi procurar outro lugar para se aliviar. Kkkkkk / Depois fomos em Domingos Martins, nas montanhas pra dar uma goleada lá no Campinho - a alemãozada não gostou nada da bagunça e xingavam a gente nos dialetos deles, mas fora isso não teve problema nenhum, rsrs/ Depois Guarapari (praia antes); São Mateus onde conhecemos a tal Moqueca de Lagosta e Linhares, contra o Industrial. Aí era pra chegar bem cedo e se esbaldar na Lagoa Juparanã.

Creio que esse folguedo todo suscitou a vontade de outros torcedores de fazer algo parecido para 1976 como veremos. No começo do ano a Capa Preta fez sua primeira "viagem internacional" rsrs - fomos em Campos do Goitacazes, para um amistoso (vencemos 2 x 1) contra o Americano e começamos o campeonato ainda sem a Bola Branca e entramos pela primeira vez no Estádio do Vitória no dia 29 de março (1 x 2). O último jogo da Capa Preta sozinha foi em uma vitória sobre o Caxias no dia 2 de maio.

Passadas 8 rodadas do início do campeonato - estreia fora contra o Industrial (e outro piquenique na lagoa), mas agora valendo pontos no dia 28 de março - a Bola Branca apareceu (9 de maio de 76) em um empate em 1 x 1 contra a Desportiva, no Jardim. Foi uma surpresa pois fizeram tudo em segredo.

Nesse Estadual não deu Rio Branco e nem Desportiva, deu Vitória e aconteceu algo interessante. Era o quadrangular final entre os três e mais o Santo Antônio. O RB se ferrou de cara perdendo para o VFC no Jardim, depois venceu o SAFC, venceu a ADF e ficou aguardando o jogo de fundo. Sim, pela primeira vez na história o clássico foi na preliminar e o jogo principal foi VFC x SAFC por pressão da diretoria alvianil. Com a vitória no clássico (gol de Joadir), as duas torcidas juntas desligaram a bateria ligaram o secador, mas não adiantou. O Vitória venceu. Aí aconteceu o seguinte - muita gente desceu principalmente os da Bola Branca e foram se encaminhando por trás da trave da estação, naquela geralzinha e indo na direção da arquibancada onde fica a torcida da Desportiva. Vamos Guto? - Vou nada, rsrs. / Eu sabia que ia dar um porradeiro e deu com direito a portão fechado pela PM. Quem ficou do lado de lá apanhou muito pois em minoria, o restante ficou do lado de fora. Depois a PM abriu o portão. E eu ia entrar numa fria dessas?

Gangorrando

Não tem jeito de evitar o que eu chamo de gangorra narrativa que é o retorno nas datas e acontecimentos pois algumas coisas ficam de fora ou por falta de espaço antes ou por puro esquecimento e bem sabemos que nada é absolutamente linear na história, portanto as aventuras e causos acontecidos com as duas torcidas presentes serão contadas mais adiante.

A Capa Preta acabou em algum momento pelos mesmos motivos dos da Jovem. Os meninos cresceram, se casaram, arrumaram outros empregos ou voltaram para as suas cidades como um camarada que eu tinha esquecido, o Japonês (nunca soube o nome dele) que era primo dos irmãos do Luiza Helena, e morava lá em cima no prédio. Era nosso tocador de caixa de guerra (popularmente conhecido como Tarol) que voltou para Nova Venécia. Era um cara bom de papo e arrumava na lábia umas meninas para acompanhar a torcida. Kkkk

A torcida durou pouco mais que 9 anos e parou na metade do estadual de 1983 na campanha do bicampeonato num jogo no Salvador Costa (2 x 1 no VFC) no dia 27 de agosto. Quis o destino que a torcida que tanto ajudou o clube na longa construção (e arrecadação de fundos) do novo estádio (KA) estivesse em vias de extinção e não pôde estar presente na inauguração no mês seguinte (7 de setembro); e pro lado da Bola Branca as coisas também não estavam indo bem. César que tinha uma liderança impressionante com a garotada, estava cuidando de outros afazeres (chegou mesmo pelo seu prestígio a ser diretor de futebol do clube), Nenel estava tendo problemas na empresa onde trabalhava, Anjinho tinha falecido ... Os meninos fundadores (garotada de Jucutuquara) também cresceram e foram ganhar a vida. Só quem não desanimou foi a Tia Célia que continuou a tocar o barco. Mas uma torcida não acaba enquanto tiver uma bateria (*) e os meninos do morro continuaram, principalmente o Núcleo Duro: Valteir (surdo), Mazinho (caixa) e Tulú (repenique).

* Não acaba pois onde tem um sambinha as pessoas vão se aglomerando e as coisas começam a acontecer – Onde é o próximo jogo? Vamos? – Acho que não vai dar ... – A gente dá um jeito, rsrs ... e por aí vai ... Se uma torcida, por algum motivo não levasse os instrumentos uns chamavam os outros pra tocar pois todo mundo se conhecia.

Aí o anjo da Tia Pepenha (e sua fiel escudeira Aparecida) deu a solução simples e óbvia em um dia (raro) em que não foi ninguém em um jogo em Cachoeiro. No quintal da casa dela no Morro do Cruzamento, a gente ouvindo o jogo pelo rádio, ela olha pros remanescentes das duas torcidas e diz: “Meninos, não vamos deixar a peteca cair. Vamos fazer como nos jogos no interior. Vamos juntar tudo e seguir em frente pois daqui a pouco as coisas melhoram e com o novo estádio poderemos crescer”. Alguém fez a proposta do nome continuar a ser Bola Branca e concordamos plenamente pois ela ainda respirava e o nome era muito bom. E assim aconteceu, recolhemos as peças da bateria sobreviventes que estavam guardadas com o Elcinho e levamos tudo para a Sede Social na Ilha de Santa Maria onde se guardavam os da Bola Branca. A tralha ficava guardada em um sótão sob o palco do salão principal. Se esse sótão falasse .... rsrsrs

Carnaval na Ilha de Santa Maria, Sede Social do Clube, vendida em um leilão muito mal explicado por dirigentes que destruíram tudo em suas péssimas administrações já neste século. Na mesma época perdemos o Estádio. Os caras não pagavam ninguém, nem os jogadores e nem os funcionários. Se alguém botava na justiça ganhava pois o clube não mandava advogados às audiências. Devia na esfera municipal, estadual e federal. Foi um mau período (intromissões políticas) e todo o patrimônio foi vendido a preço de banana podre. Muita gente se deu bem ...

Ao lado do salão existia uma quadra multiesportiva e o clube até montou uma equipe de futebol de salão e planejava times de basquete e vôlei, mas tudo se perdeu inclusive o plano de adquirir uma área ao lado para fazer uma piscina.

Eu achava que o negócio de quem procura acha não funcionava mais; até que achei no Twiter uma coisa que eu procuro há 500 anos, mas como nada é perfeito e como sabemos as fotos privilegiam os times e não ao que está ao redor, achei só um pedaço. Antes um naco do que a fome, rsrs - Era uma faixa da Capa Preta. Eu dei a ideia dos dizeres e algumas pessoas até questionaram se a concordância estava correta >>> **Rio Branco, Ontem, Hoje e Sempre a Torcida Organizada Capa Preta estará presente!** - claro que estava certa a frase.

Mas um imbecil (e desse faço questão de nem lembrar o nome), como colocou o nome na "promissória" (sim, existia esse documento antigamente, era um tipo de avalização) da enorme faixa, fez questão de enfiar um "fiel" entre organizada e capa preta. Isso lembrava o Corinthians e eu que nunca permiti nem que ninguém com camisa de time de fora tocasse na batucada (vai que a TV filma, pega mal pra cachorro) não ia concordar com esse tal fiel que não fazia parte do nome da torcida. O cara era um desses despeitados e por conta dele (não só por isso, mas por outras) me afastei da torcida por um tempo. Teve um dia que eu estava em casa e antes do jogo o pessoal passou com a Kombi para me pegar. Vem Zé, vamos no jogo! - Tive que ir. Ainda bem que o babaca sumiu depois do mesmo jeito que apareceu ... do nada. Kkkk

Já essa ao lado <u>quase</u> é o da última vez que a Capa Preta foi aos estádios embora 3 meses antes, mas no mesmo estádio e com o mesmo Vitória, nosso adversário mais tradicional. Mas vale para o "Quem procura"

Escrevendo esse texto agora, dia 30 de setembro recebo a triste notícia do falecimento da Tia Célia, Deus a tenha!!!! Foi uma grande companheira!!!!

Nota Oficial do clube na data.

LUTO - TIA CÉLIA

É com muita tristeza que o Rio Branco recebe a informação do falecimento da nossa querida Tia Célia, torcedora símbolo do Brancão.

Tia Célia é uma das fundadoras da histórica torcida Bola Branca, fundada em 1976.

Com uma vida dedicada ao Rio Branco, Tia Célia foi exemplo de amor ao clube, sempre presente nas arquibancadas.

O Rio Branco se solidariza com os familiares e amigos.

Ronison Servare Ninil / Ilustre e apaixonada pelo R.B. Descanse em paz.

João Luiz Simões Araujo / Meus Sentimentos!

Romero Mendonça / Sentimentos descanse em paz

Luciano Graça / Descanse em paz tia Célia

Maria Madalena Caus / Meus sentimentos à toda família

João Elias / Ser humano fantástico, adorava conversar com ela, tia Pepenha

José Augusto Anjos Araujo / Romero Mendonça - Pois é né meu amigo? Quantas aventuras vivemos ... Eu estava meio preocupado um dia desses, mas não tinha mais o telefone da casa dela. Mandei um recado pra Aparecida via Facebook, mas ela não leu ... Ela foi a mais fiel integrante da Bola Branca e nunca deixou a peteca cair. Triste 😞

Sérgio Côgo / Meus sentimentos!

Fabrício Marques / Tia Célia, simpatia em pessoa... Uma vida pelo Rio Branco!!!

Georgineth Costa / Sentimentos a família nesta hora de dor.

Luciana Aquino / Que pena todo jogo ela tava lá meus sentimentos 💔

Denilson Baptista / Sinto muito 🙏🙏🙏 💔

Marcos Arbitro Fifa / uma pessoa maravilhosa descansa em paz

Edson Martinelli / Meus pêsames a todos os membros da família e aos amigos

Roberto Oliveira / - Ela já foi a muitos jogos comigo. Há dias (meses...) venho 'falando' que preciso ir na casa dela, ver como ela está... Demorei né! Tô muito chateado...

José Augusto Anjos Araujo / Roberto Oliveira Parece que alguma coisa nos avisa, não é? Meus filhos também ficaram muito sentidos. A conhecem desde pequenos.

Gilza Eleuterio / Nossos sentimentos 😢 😞

Severos Vevé Silva / Meus sinceros sentimentos

Bem, já tínhamos falado de nossa heroína e um pouco está guardado para o capítulo seguinte, específico da Bola Branca. Me telefonava e passava uns pitos. *Tem dois jogos que você não vai Guto. – Tia, eu estava trabalhando. / Mas de noite? -É Tia, são os tais turnos de revezamento, se eu pedir para trocar de horário para ir em um jogo de futebol, principalmente sábado ou domingo, os caras me fritam! / Tá bom, mas no próximo você vai! Vou avisar aos meninos!/* - *Estou fechando o ônibus* (pelo telefone) *e as passagens dos batuqueiros já está garantida. Temos 25 ingressos da federação. Dá pra ir todo mundo e ainda sobrar pro lanche*. Rsrsrsr / Ela era Cuidadora e em numa época sem celulares, dava o número da casa onde estava trabalhando para comunicação. Nas épocas de vacas magras ela sabia que eu tinha que ir pois sem o surdo de marcação as coisas não andavam. Rsrsrs – *O Tulú, o Mazinho e o Cabelo (tamborim da MUG) já confirmaram. Rsrsrs* *Convocado estava convocado ia.*

O barquinho vai, o barquinho vem ...

As baterias tinham suas características próprias. Enquanto a Bola Branca tocava mais as marchinhas rápidas de carnaval de forma animada, a Capa Preta tocava mais no estilo samba enredo muito embora o contrário também acontecesse, mas em menor escala. Quando as partidas eram no interior as duas se juntavam e ficava uma maravilha. Havia boa vontade com ambas as maneiras ficando a festa nas entradas em campo da equipe e nos gols. Durante o jogo era mais o samba, coisa que os jogadores gostavam e diziam que ajudava no ritmo da equipe. Hoje devem gostar de funk ou breganejo. kkkkk

31 de agosto de 1980, Estádio Davino Matos em Guarapari. As duas torcidas juntas como sempre nos jogos fora de casa que era o Araripe. Como sabemos as fotos sempre privilegiam os times, mas nessa aparecemos. Quem me deu a foto foi o jogador Marinho lateral esquerdo. Na foto o cara grifado como Alcy é o Alcy Simões, o maior craque capixaba de todos os tempos. Um exemplo de ex-jogadores que torciam para o clube. Ele ia com a gente em todos os jogos no interior. Discreto e humilde a ponto de quase ninguém saber quem era. Trabalhou e foi amigo do meu pai na antiga Escola Técnica de Vitória. Aparecem também legendados Tião e Rogério e eu com outro surdo prestando atenção no ritmo do restante do povo fora da foto. Com umas 12 pessoas já dá pra fazer um barulho danado, rsrsrsrs

No caso da Bola Branca o MAZINHO era a caixa forte e o cara não parava de tocar nem quando o time tomava um gol. rsrs - Resultado a bateria não parava NUNCA. Com Mazinho olhando fixamente para o campo, tocando sozinho, rsrs o TULÚ (repenique mór, o 1° violino, que bebia como um Gambá Apaixonado, rsrs) olhava pra mim e fazia o sinal que ia entrar e Eu olhava o tempo para na hora exata embarcar com o ritmo, de acordo com a chamada ... ele tinha duas coreografias sonoras para entrar, uma para um samba mais lento e outra para "vir rasgando" ... a partir daí com 3 ou 4 malucos com os tamborins e ganzás tocando vinha o resto da bateria até o volume máximo. Acho que em 1983 quando o pessoal e instrumentos da Capa Preta se juntaram à Bola Branca, nossa bateria chegou a ter uns 50 componentes. Entre idas e vindas tínhamos sempre uns 35 instrumentos nossos e sobrava batuqueiro. Nos bons tempos todo mundo aparece. Todos eram bem vindos desde que não usassem camisas de times de fora. Aí tinha que tirar. kkkk

Nas vacas magras algumas vezes só eu e o Nenel começávamos a bagunça (Guto pega o surdo aí que eu pego o tamborim) até aparecer mais 1 ou 2. kkkkkkkk Outras vezes eu falava: toca o surdo do seu jeito que eu pego a caixa (tarol) e dava pra incentivar o time numa Boa. Quantas vezes eu fui no estádio só por saber que não ia aparecer ninguém pra tocar ... Quantas vezes para as Tias não ficarem sem proteção?

Do jeito que eu estou falando (escrevendo) fica parecendo que eu era uma sumidade do samba ou algo parecido. Nada disso; por conta de outros compromissos, mormente na época das tais gordas, eu sabia que não precisariam de mim e ia tocar a vida (estudando, trabalhando ou sassaricando) apesar de minha especialidade no surdo de resposta (2ª), eu já tinha treinado 2 garotos para executá-la – pegando na mão e mostrando até o cara não errar mais, rsrs. O problema da batida de 2ª ou de resposta é nas viradas, quem não entende sempre erra, e quando volta entra com a 1ª. A instrução é dizer alto no meio da bateria: Atenção, tá certo, mas tá todo mundo na 1ª. Rsrs – Tá errado! – pega o surdo (o instrutor) e começa a tocar a 2ª – os caras ficam sem graça e acertam, até a próxima virada. Kkkkkkk Lembrando que a Mangueira é a única escola de samba que não tem batida de surdo de resposta. *Oba bá ola o ba bá. A mãe do Ouro. Se não coloquei antes, colocarei depois uma paródia desse samba com as cores alvinegras.*

Nas duas torcidas nos períodos plenos tinha muita gente boa que tocava, e dava conta plenamente do recado. Minhas frequências eram mais no sentido de utilidade. Tia Pepenha ligava num sábado à noite e dizia: Guto, só vão 3 batuqueiros amanhã em Colatina ... saímos às 10 horas lá da pracinha, rsrs / Como eu trabalhava de turno algumas vezes eu saia lá para as 12 horas e pegava um ônibus de carreira com destino ao interior e encontrava a turma lá / Nas magérrimas eu tocava o surdo de terceira, ou seja, duas batidas na 1ª, como Anjinho me ensinou. Nessas épocas esqueléticas meu pai ao entrar no estádio já sabia que eu estava na Bola Branca só de ouvir de longe a "batida de corte". Se tiver alguém para tocar a 2ª (com outra afinação sempre) fica ótimo, mas não é imprescindível. Existe também o "modo sincopado" com duas batidas (abafando a pele com a mão nas respostas) com duas em cada uma, mas só possível no samba lento.

Torcedores do Rio Branco invadem o gramado do Jardim no dia 4 de março de 1979. Um título referente a 1978 em homenagem ao presidente Kléber Andrade falecido em julho. A competição tinha sido interrompida, como sempre pelo Vitória. O campeonato se encerrou apenas em 79 e o RB jogava por um empate e o mesmo aconteceu 1 x 1.

Quando a Bola Branca começou, o Tatú (que gostava de puxar o coro, mesmo desafinado) o Élcio e os que eram de Jucutuquara como o Anjinho (que bebia como um leão e ria gostosamente) debandaram para ela, mas a amizade continuou a mesma. Lembrei da risada rouca do Anjinho. *Vamos bateria .... atenção ....* No auge da Capa Preta ela chegou a superar a Bola Branca em organização. Chagaram a comprar até uniformes de viagem caracterizados em calças compridas e agasalhos. Existia muita confiança entre atletas e torcedores. O time podia perder, mas havia raça dentro e fora de campo. Hoje a torcida vaia, mas na época não permitíamos; sem agressões nem nada, apenas elevávamos o volume e o time entendia.

Para completar a letra do samba três considerações: não é fácil como parece tocar os ganzás, conhecidos como chocalhos, as viradas são difíceis; tem gente que toca tamborim, mas não sabe fazer a "carambola" e finalmente Eu nunca vi um cara branco, ou amarelo que toque bem o Repenique. Só os negros como Tulú, Anjinho e o Élcinho.

Capa Preta e Bola Branca novamente comemorando no gramado do Jardim em 1982

Ronison Servare Ninil / Eta saudade desta época

Cassiano Laranja / Pulei o alambrado e participei desta festa.

Nogueira Santos / Nós éramos felizes e sabíamos na gestão de Edson. Bourgnion eterno campeão como Kleber Andrade e Manoel Ferreira

Aldemario Ribeiro Pereira / Eu estava lá. O Rio Branco fez o gol pelo lado tobogã.

Bola Branca aqui e Capa Preta lá, na entrada em campo do RB em setembro de 1976 na 1ª participação no Campeonato Nacional

Nos dias atuais a Brancachaça, como samba, segue a tradição das antigas e até faz um barulhinho razoável.

Já a Comando tem um estilo Tum Tum Tum, tipo torcidas argentinas do qual eu particularmente não gosto. Cansam rápido e perdem o foco.

Pronto, Falei!

Já que já falamos dos grenás e dos azuis vamos mostrar um adversário extinto (também alvirrubro e também detentor de 6 títulos no estado como o América de Vitória que ganhou o 1° campeonato em 1917), o **Santo Antônio Futebol Clube**, pois no caso temos duas fotos do time antonino e lááá no fundo a nossa torcida. Não existem fotos da torcida antonina em nenhum lugar que se procure, a não ser a lá de baixo

Olha a Bola Branca lá atrás, no Jardim.

Não dá pra confiar na internet kkk / Achei por aí, mas não foi bem assim. Dia 15 foi uma 2ª feira e no dia 14 o resultado foi RB 2 x 1 SAFC; gols de Acelino e Baiano para o Rio Branco e Dito para o Santo Antônio. / Antes, no dia 4 houve um empate em 1 x 1 (gols de Carone e Déo) e sim o SAFC venceu uma por 2 x 0 no dia 11 do mês seguinte com gols de Walmir e Déo. Portanto nem o o SAFC venceu nessa data da foto e nem o Brasília marcou

Na foto aparece o Gaúcho que foi campeão no RB como técnico em 82 e o folclórico Déo, ex ponta esquerda grená. Vivia alegre pelos botecos de São Torquato, mas em campo era um terror na ponta esquerda, que o diga a defesa do Flamengo em 1973 pelo campeonato nacional na vitória da Desportiva por 1 x 0 que ferrou o rubro negro na disputa - o gol foi do famigerado Zezinho Bugre depois que Déo fez um salseiro na defesa do Fla. Outro folclórico na foto é o Morango ex Vitória que já fez gol decisivo contra nós. ---- Corró também jogou no Vitória e o Coradine (jogou no RB) era bom atacante também, morador de Santo Antônio e gente finíssima.

Olha a Capa Preta lá atrás, no Jardim. Abaixo talvez o melhor Santo Antônio que eu vi jogar; - Eufrazio, Claudio Machado. Arnaldo Traspadini, Itamar, Betto e Britto. // Chiquinho, Ditto, Brazilia, Rafael e Saldanha. /// Em 1961 no último titulo do grande time que foi no passado eu tinha 2 anos de idade.

Josemar Rocon Rocon / Quantas saudades de meu STO ANTONIO SOU MORADOR DE SOTECO PERTO DO ANTIGO RUBENS GOMES

Aldo José Barroca / Torcedores notáveis do Santo Antônio Futebol Clube: Dominguinhos Rizzo, Lélio Pineal, Cheira Vara, Aníbal Capeleti, Casimiro Fonseca com sua corneta de mamona, Aciolino e seu filho Silvinho, Gilberto Rodrigues, Carmélio Rodrigues, Ernandes Conceição, Jarbas Cara de Jaca, Wilson Cachacinha, Ângelo Sérgio Ghil, Isaias de Oliveira e seu filho Genaro Gonçalves de Oliveira, Rubens Gomes, Antônio Cruz, Pedro Bonacossa, Joel Serrano, Tião Gáudio, Jaci "Nariz 7" e família, Pedro Garcia e família, a família Bassini (Aristides, Pedrinho, Tunico, Zezé, Quarentinha e Totô), os irmãos Sebastião Rabello e Kikito Rabelo, os irmãos Barroca (Alexandre, Alfredo e Aldo), etc.

1958. Inauguração do Rubens Gomes SAFC x Botafogo. Não existe outra foto dos antoninos.

Como dissemos, se tiver uma caixa, um surdinho e um repenique já dá fazer um furdúncio.

Rivelino, Wendel e Mirandinha na roda.

Flashes

VI RIO / O mais antigo clássico do futebol capixaba, disputado oficialmente desde o 1º Campeonato em 1917, sempre com casa cheia pelo menos até os anos 70 / Na 1ª foto o último em pé de camisa branca é o saudoso Kléber Andrade. A maior goleada foi um acachapante 10 x 0 ainda no antigo Estádio do Zinco em 1934 / Na 3ª foto meu "ÍDALO" da infância, Alcenir, sapeca uma bicicleta para a meta alvianil em fins dos anos 60. Este lado do estádio não tinha arquibancada. Era o muro da Escola Técnica ... Eu sempre tenho uma história pra contar, rsrs – por cima de murão havia várias placas de publicidade metálicas semelhantes às que se vê NA 3ª foto acima, ao lado das cabines de rádio

*Eu fazia aulas de laboratório (Eletrotécnica) e a oficina era o 1º pavilhão atrás do muro. Então a gente estava lá concentrado e fazendo experiências pela manhã e durante o treino do time do outro lado e ouvia um barulhão **blápoooool** da bola batendo nas placas. Os colegas e até os professores diziam em tom de galhofa >>> O Rogério está treinando. Kkkk – Fama injustificada pois ele no jogo botava pra dentro. kkk*

Na 1ª foto nos anos 60 a área atrás do muro quando ainda não tinham sidos construídas as novas oficinas de eletrotécnica e mecânica. Na 2ª já em meados da década de 70 abriram um portãozinho entre o muro e o estádio e aí .... ficou sopa no mel para matar uma aulinha. Rsrsrs / Na foto os rapazes de jaleco mais escuros eram os alunos da mecânica e os mais claros da eletro. Com o estádio já vendido abriram um portãozinho de ferro alambrado para o acesso ao campo e às aulas de Educação Física que antes eram internos. Tinha um campo oficial lá dentro, até com pista e equipamentos, mas era de terra. Então como aluno/torcedor tive a graça de poder jogar interclasses e alguns amistosos no gramado do Bley e lembrei de um lance que eu preferia ter esquecido. Rsrs – Vencemos o turno com as classes do Ginásio e nas finais batemos com uma classe do Técnico. Jogo duro e empate em 2 x 2. Nos pênaltis ninguém perdia (eu fiz o meu batendo como sempre – rasteiro no canto direito - rsrs ... em 5 x 4 pra eles nosso melhor jogador, que tinha treinado até no Vitória, pega a bola com confiança e bate .... a bola saiu tão longe que só não passou pelo tal portão porque estava fechado. Detalhe: Esse portão estava localizado entre a direção da trave e a bandeirinha do corner, ou seja: o pênalti mais mal batido da história do futebol. ***E quem está na foto cabeludão, de camisa branca? - O Rogério. Kkk – Na baliza um jogador torcedor, Jorge Reis, recordista.***

O Padre e o Vingador

Acredito que essa foto ao lado seja a única de um jogo entre Rio Branco e Desportiva no Bley. Existem registros, mas só dos times posados. Vemos o Padre Carlos (que ficou famoso, atraia o público e jogava muito) se arriscando severamente ao dividir uma bola com o Xerife Dirman, uma gentileza de pessoa "fora do campo" kkk / Já conversamos muito depois que ele encerrou a carreira e viramos amigos de bater papo nas arquibancadas e tomar uma cervejinha no Bar do Ceará. Fez advocacia e depois virou professor, admirado pelos alunos. Exemplo de jogadores que vieram de fora, viram e gostaram. Depois viraram torcedores. Dirman veio do Botafogo pouco depois de se profissionalizar. Foi várias vezes campeão carioca juvenil e treinou chegando a jogar no time de cima algumas vezes com simplesmente >>> Garrincha, Gérson, Zagallo, Didi, Amarildo, Nílton Santos, Manga e Jairzinho (está tudo registrado, todos eles). Muitos ex colegas juvenis do Flu vieram jogar em Vitória e ele veio conhecer ... veio, viu, venceu e vai vivendo de bem com a vida.

● Derby

Disputado desde 63, ano da fundação da Desportiva (a Vale fundiu 2 clubes que disputavam há um bom tempo o Citadino e o Estadual, com mais 4 clubes amadores de funcionários da empresa), logo de saída tornou-se o maior clássico do futebol capixaba pelo tamanho das torcidas e a divisão de títulos ano após ano. E a rivalidade permanece independentemente da fase dos rivais.

Desportiva x Rio Branco no Jardim nos anos 70. Sempre lotado. Na decisão de 1985 onde mal cabem 22 mil pessoas, deu 27.010 no total.

Torcida do Rio Branco estupefacta, rsrs no dia 5 de outubro de 1977. O time era campeão até os 45 do 2° tempo quando um Zumbí, ou melhor, o jogador Zambi entrou e marcou o gol do título grená. E coisa bem parecida aconteceu na 1ª decisão entre os dois em 1965. O time seria campeão, mas ao reter uma bola em um lateral, os jogadores grenás empurraram todo mundo no alambrado e no chão (no Bley) bateram rapidamente, alguém deu um chutão pra cima e a bola acabou dentro do gol; kkkkkk

No Jardim. Um fato interessante é que embora desde 83 já existisse o KA, um título neste, numa decisão entre os rivais só aconteceu em 2015. Os Estaduais de 75, 78, 82, 83, 85 e 2010 (antes tinha o Bley) foram todos carimbados no Engenheiro Araripe. Em decisões. Os dois decidiram o título Estadual diretamente (contando apenas o jogo final) 13 vezes; o RB levou 7 a e Desportiva 6. Já entre o Citadino e outros torneios de maior expressão foram 4 do Rio Branco e 6 da Desportiva. A maior vitória do RB foi agora em 2024. 4 x 0 no KA e ainda em 2024 o exemplo do descaso com nosso futebol. A PM não garantiu a segurança de apenas 250 rio-branquenses e outro jogo foi disputado com torcida única pela 1º vez no ES. Depois o Vitória fez o mesmo na Copa ES. Uma vergonha!!! /// lembrando que a Tiva deu 3 goleadas maiores antes

O Maior Clássico do futebol capixaba. À direita Dé o Aranha em ação contra a Desportiva no Jardim. Aquela área atrás do gol chamada de Tobogã, quando enchia era sinal que o estádio estava superlotado. Neste dia (decisão de 1985 e Taça do RB) foram 27 mil torcedores o que é um espanto em se tratando do nosso modesto futebol e logo antes foram 20.753 pagantes entre Rio Branco e Estrela do Norte (que é no Sul, rsrs) com muita gente vindo de Cachoeiro. Aliás Rio Branco e Estrela pode ser considerado o único clássico mesmo entre o Rio Branco e um clube do interior do estado. Rivalidade Centenária pois o alvinegro da "capital secreta" é de 1916 assim como seu rival local, o alvirrubro Cachoeiro F.C.

O Mais Tradicional / VI RIO - azul branco preto

Vitória e Rio Branco traduzem 107 anos da história do Futebol Capixaba pois fundados em 1912 e 1913 respectivamente. Somente de um jogo (em 1915) há registros na imprensa (um amistoso vencido pelo alvinegro por 3 x 0) encontros ou "jogos training" e apenas em 1917 a primeira partida oficial. Em *27 de abril de 1917* pelo "Initium (2 tempos de 15 minutos) deu VFC, 2 x 0. E no dia 8 de julho o primeiro jogo normal e uma vitória por 3 x 1 do Rio Branco pelo Citadino. Nos anos 20 jogou nos dois clubes o atacante Agrícola Siqueira, o 1º jogador da cidade, mas não do estado, a ser convocado pela Seleção, em 1932 quando defendia o São Cristóvão

VFC. Os Campeões Estaduais em 1976 numa vitória (SAFC) por 2 tentos a zero na última rodada / Lá no fundo na arquibancada as torcidas do RB ainda presentes para o jogo de fundo. O RB havia vencido a Desportiva na preliminar eliminando as chances grenás. / Aí teve a briga que já narramos por aí. rsrsrsrsrs

\Contando apenas jogos oficiais de competições diversas as equipes já duelaram 361 vezes com 167 vitórias do Capa Preta, 85 do Alvianil de Bento Ferreira e 109 Empates.o Rio Branco tem 500 gols marcados no clássico. Já o Vitória, balançou as redes 344 vezes. O Vi-Rio tem média de 2,33 gols por jogo.

Estão vendo aquela bandeira atrás do time posado na foto? Era de um camarada anônimo (por não se saber o seu nome pois conhecido e visto por todos que assistiam os jogos do Vitória). Luiz Carlos Sá, craque de bola e amigo da página, lembrou claramente dele e ficou de ver com o pessoal das antigas o seu nome. Seria uma grande lacuna para o livro não conseguir o nome do herói. E por que herói? Simplesmente era o ÚNICO torcedor do clube nas arquibancadas. Quando o time entrava em campo ou marcava gols apenas uns diretores e simpatizantes se manifestavam, nas cadeiras sociais. No povão era só ele e uma vez ou outra apareciam outros. Mas com a camisa do clube e com sua inseparável bandeira não aparecia ninguém. Era um Negão alto e forte e de certa idade. Muito simpático e querido por torcedores de todos os clubes. Ele morava próximo à Fábrica da Pepsi no bairro Cobi e levava a bandeira a pé de casa para o Engenheiro Araripe e vice versa e eu a pé do Jardim atravessando a 5 pontes no sentido contrário para casa na Vila Rubim/Sto Antônio

Uma macaquice capixaba foi a proibição do uso das bandeiras por caso dos mastros que poderiam se transformar em armas. Isso acabou em todo o Brasil, mas aqui ainda está no caderninho da PM. Se fosse nos dias de hoje o nosso amigo alvianil aí de cima seria barrado na entrada. Ou dá ou desce

Na foto ao lado o título anterior no longínquo 1956. Atrás do time uma grande torcida do Vitória onde ficava o local dos visitantes no Bley. Na foto acima em 1979 já aparecem torcedores recepcionando a equipe no aeroporto voltando com a Taça Korea Cup, a única vencida por um clube capixaba no exterior. Vitórias geram Torcida. O VFC hoje tem algumas organizadas como a Sangue Azul (mais recente) a Trovão Azul e a Peroá Azul, ao que se saiba.

Vitória x Estrela em 2006 Estádio do VFC com 3 lances de arquibancadas instaladas apenas para a final. Oito mil pagantes, muita gente de Cachoeiro e o título depois de 30 anos. Depois venceu também em 2019 o que fez sua torcida crescer substancialmente

Santo Antônio. Também teve uma grande torcida nos anos 50 e início dos 60's. Essa foto acima é num amistoso contra o Botafogo recheado de campeões mundiais em 1958 no Estádio Rubens Gomes em Vila Velha.

Acima, o Ninho da Águia lotado numa partida do Vitória pela Serie D contra o Ituano. O capixaba apoia os times locais em competições nacionais engrossando a torcida pelos clubes do ES (se bem que em número muito inferior aos do passado) em Vix, como o próprio Vitória, o Serra, o Linhares que tiveram grande destaque em anos passados pela Copa do Brasil e até o Atlético Itapemirim pela Copa Verde. Ou seja; na medida do possível o torcedor responde aos bons resultados comparecendo.

Serra e Linhares em casa nas fotos, mas como os estádios são pequenos (Robertão e Guilhermão) e por conta de regulamentos jogaram muitas partidas em competições nacionais em Vitória tanto no Jardim como no Kléber Andrade e sempre com o apoio dos torcedores que prestigiam nosso futebol. Sim ... eles existem!

Resumão do trio Manda Chuva. // participação em competições locais e nacionais.

Rio Branco Atlético Clube, fundado em 1913.

Nacionais

"A" 13

"B" 4

"C" 5

"D" 4

ESTADUAIS			
	Competição	Titulos	Temporadas
	Campeonato Capixaba	38	1918, 1919, 1921, 1924, 1929, 1930, 1934, 1935, 1936, 1937, 1938, 1939, 1941, 1942, 1945, 1946, 1947, 1949, 1951, 1957, 1958, 1959, 1962, 1963, 1966, 1968, 1969, 1970, 1971, 1973, 1975, 1978, 1982, 1983, 1985, 2010, 2015 e 2024.
	Copa Espirito Santo	1	2016.
	Campeonato Capixaba - Série B	2	2005 e 2018
	Torneio Inicio do Espirito Santo	24	1918, 1920, 1921, 1924, 1925, 1928, 1929, 1930, 1931, 1932, 1934, 1935, 1936, 1940, 1942, 1947, 1956, 1957, 1959, 1962, 1964, 1968, 1969 e 1970.
MUNICIPAIS			
	Competição	Titulos	Temporadas
	Taça Cidade de Vitória	27	1918, 1919, 1921, 1924, 1929, 1930, 1934, 1935, 1936, 1937, 1938, 1939, 1941, 1942, 1945, 1946, 1947, 1949, 1951, 1957, 1958, 1959, 1964, 1965, 1967, 1969 e 1971.

Copa Verde	3
Copa do Brasil	6

Associação Desportiva Ferroviária, fundada em 1963

"A" 15

"B" 15

"C" 2

"D" 2

ESTADUAIS			
	Competição	Titulos	Temporadas
	Campeonato Capixaba	18	1964, 1965, 1967, 1972, 1974, 1977, 1979, 1980, 1981, 1984, 1986, 1989, 1992, 1994, 1996, 2000*, 2013 e 2016
	Copa Espirito Santo	2	2008* e 2012
	Copa dos Campeões	1	2014
	Campeonato Capixaba - Série B	2	2007* e 2012
	Torneio Inicio do Espirito Santo	1	1967
MUNICIPAIS			
	Competição	Titulos	Temporadas
	Taça Cidade de Vitória	2	1966 e 1968

Copa Verde	1
Copa do Brasil	9

Vitória Futebol Clube, fundado em 1912

"A" 1

"B" 3

"C" 4

"D" 3

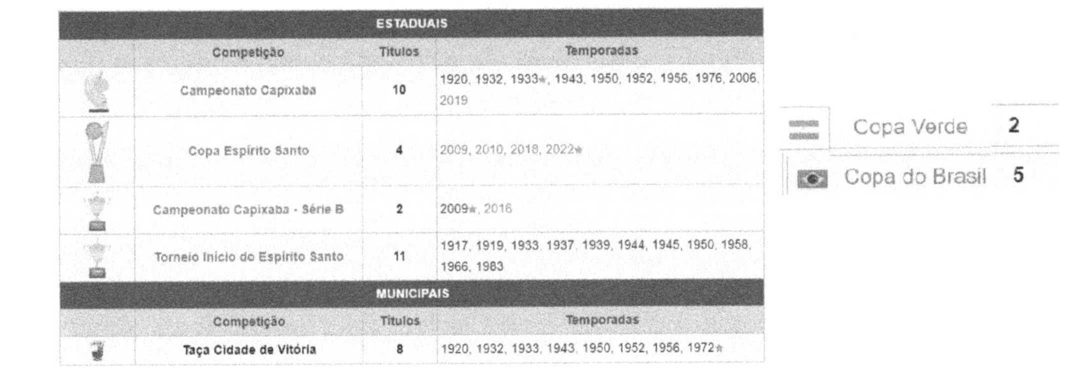

ESTADUAIS			
	Competição	Titulos	Temporadas
	Campeonato Capixaba	10	1920, 1932, 1933★, 1943, 1950, 1952, 1956, 1976, 2006, 2019
	Copa Espirito Santo	4	2009, 2010, 2018, 2022★
	Campeonato Capixaba - Série B	2	2009★, 2016
	Torneio Inicio do Espirito Santo	11	1917, 1919, 1933, 1937, 1939, 1944, 1945, 1950, 1958, 1966, 1983
MUNICIPAIS			
	Competição	Titulos	Temporadas
	Taça Cidade de Vitória	8	1920, 1932, 1933, 1943, 1950, 1952, 1956, 1972★

Copa Verde	2
Copa do Brasil	5

Então vamos colocar os outros também >>> na "A", Santo Antônio (2x, 1961 e 1962), Colatina (1x na "A" 2x na "B" e 1x na "C"); Guarapari "B" (1x); Estela na "B" (1x) e na "C" (4x); Linhares na "C" (3x); Serra "C" (3x). Ainda na "C" disputaram uma vez o São Mateus, o Cachoeiro e o Jaguaré. Aí em 2009 fizeram a Série "D" e lá patinam até hoje os capixabas na seguinte sequência >>> Rio Branco, Rio Branco, São Mateus, Estrela, Rio Branco, Desportiva e Espírito Santo (2016 e 2017), Atlético Itapemirim e Espírito Santo; Serra e Vitória, Real Noroeste e Vitória, Rio Branco, e Rio Branco de Venda Nova, Nova Venécia e Real, Real e Vitória, Real e Nova Venécia... e para 2025 Rio Branco e Porto Vitória.

Torcida Bola Branca

A Bola Branca amor, está demais, pelo Rio Branco qualquer coisa ela faz, se o Branco está vencendo grita, se o Branco está perdendo agita. Vem meu amor a Bola Branca já chegou! Papá parará parará ...

Sobre as origens da Bola Branca algumas coisas já contei antes e sim, também foi sonhada na comemoração de um título estadual, mas dessa vez no Estádio Engenheiro Araripe contra a mesma Desportiva, em 1975. O Rio Branco tinha perdido sua casa em Jucutuquara e agora jogava apenas em Jardim América. Nas chamadas Arquibancadas do Sol, que na época já estavam cobertas, rsrs, alguns amigos inseparáveis (Oscar, 2007) imaginaram uma nova torcida. A iniciativa veio do César Fernandes, Rosalvo Trazzi e um cara chamado Astrogildo que depois de um tempo não se mostrou tão inseparável assim ... Uma coisa meio deprimente ($$$$) que não vale a pena comentar ...

Então, esse triunvirato foi preparando a coisa toda (por 10 meses) e faziam reuniões no consultório dentário do Dr. Valussi Antonio Malini, no Centro de Vitória. Como já eram profissionais e adultos, tiveram mais facilidades para planejar e executar tal tarefa e o fizeram em grande estilo como já comentamos: de uma hora para a outra apareceu uma multidão de gente de camisas pretas de bolinhas brancas num jogo contra a Desportiva em 9 de maio de 1976. Tiãozinho comentou no dia: - Parecem uns Piratas! kkkkkkk

A origem do nome, original e criativo da que seria a maior, mais emblemática e conhecida torcida do Estado (embora a Grenamor reivindique o título para si, não sem bons argumentos) foi sugerida numa cadeira de tortura. Kkkkk. Explico: conversa vai, conversa vem, o Rosalvo Marcos Trazzi sentado na cadeira de dentista do consultório, em um dos encontros etílicos preparatórios, tem uma "iluminação" sobre a denominação >>> Que tal Bola Branca? - Lembrou de certo modo a sugestão dos meninos fundadores do clube 63 anos antes, "*que tal Juventude e Vigor*"? Este não se sabe quem foi, mas Bola Branca foi o meu amigo pessoal e de trabalho numa Siderúrgica capixaba. Essa história ele detalhou agora em agosto numa visita que me fez aqui em casa na Praia de Carapebus onde lembramos de fatos memoráveis de nossas andanças. Vou contar apenas uma >>> quase meia noite, ele me dando uma carona de volta de um jogo no Robertão na Serra, chovendo uma barbaridade e ele sem conhecer direito o caminho, o carro (sempre fusca) roda na pista molhada numa rotatória e para. E agora Guto? - Vai em frente que ele parou na direção certa! Kkkk - Já tentamos recentemente tomar uma cerveja com o César, até sabemos o barzinho que o abriga lá no Centro, perto do Colégio Americano, mas o cara é "arredio". kkkk

Ao lado o Professor César em seu habitat natural: no meio da alunada. Ele morava na Rua Velha em Jucutuquara e nos fundos da casa tinha uma parte elevada onde ele e os meninos pintavam, à mão mesmo as camisas do Bola Branca e lembro da esposa dele dizendo: César você vai ter que arrumar essa bagunça depois, rsrs -Gente finíssima ela, de vez em quando ia nos jogos para "observar" rsrsrs

No livro do Oscar e certamente ditado pelo César estão muitos nomes dos "convocados" para as primeiras incursões nos estádios da Bola branca. Pessoas que aderiram à torcida devido ao entusiasmo, carisma e liderança do próprio César; quase todos garotos de Jucutuquara >>> Simeão, Zezé, Lauro, Batata, Tuba, Manteiga, Jiló, Paulo, Bigú, Mazinho e tantos outros como o Anjinho, o Élcio, a Tia Célia, o Tatú e evidentemente o Nenel que convidado inicialmente tentou se esquivar, mas quando viu o negócio era pra valer aderiu e logo se tornou o ícone da turma.

Todo mundo conhecido, mas só lembrei de alguns onde coloquei os nomes na ilustração. Pela parceria, uma falha perdoável não saber os nomes, não pela memória, no caso; é que eu sou ruim de nomes mesmo; mas num grupo social como esses o mais importante é o olhar mesmo! – FILOSOFEI, RSRS / *Olhando agora realmente parecem uns piratas no tombadilho, rs*

Ailson Moreira Dias / Eu era moleque e fui ver um jogo do Rio Branco, me apaixonei mais pelo Clube, por causa da Bola Branca, eu chegava cedo pra ver o show da torcida.

José Augusto dos Anjos Araujo / Ailson Moreira Dias Lembro bem de você nas arquibancadas. Saudações pretas de bolinhas brancas!

Romero Mendonça / Estamos juntos Nação capa preta vamos levantar a maior torcida organizada do Estado Bola Branca

* **JA** / esse chamado já foi feito aqui e acolá e eu respondo que podem contar comigo e tenho uma informação bombástica: o que restou dos instrumentos está aqui em casa. Depois Mostro.

Roberto de Assis /- eu meu primo Erasmo Freire. Compramos camisas pretas e pintamos as bolas brancas em casa.

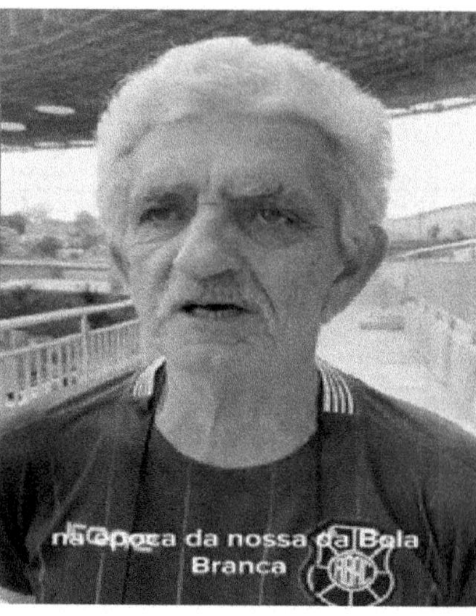

César Fernandes ainda bem novo, pinta de galã, rsrs / Rosalvo e Zonaiker, ex membro da torcida que chegou a ser presidente do clube depois da debandada dos corruptos. Segurou a barra num momento difícil, mas foi defenestrado com palavrões e xingamentos por vocês sabem quem ... procurando culpados ... ***O Mauricio Duque e o Luciano Mendonça*** *também foram injustamente criticados, mas nada tiveram com a zona anterior; muito pelo contrário.*

Bendito Facebook / Encontramos o César que pensávamos ter se mudado para o Himalaia, rsrs

Rosalvo Marcos Trazzi / Guto, a pasta que eu tinha com um pouco da história da BOLA BRANCA (correspondências, reportagens etc) entreguei na secretaria do clube. Espero que esteja lá ainda.

Cesão Fernandes / Eu sou um dos fundadores da Bola Branca. A "BOLA BRANCA" só surgiu em Maio de 1976, no "Engenheiro Araripe". Pelo que tenho visto aqui na Bola Branca memorial sua memória está ótima!

José Augusto Anjos Araujo / César, - é vc seu bandido? kkkkkkkk é o Guto do surdo, seja muitíiissssssimo bem vindo - quem sempre passa por aqui é o Rosalvo Trazzi, outro bandido de mão cheia. kkkkk

José Augusto Anjos Araujo / Cesão Fernandes Já fui atrás de vc nos botecos do Parque Moscoso onde disseram que vc se escondia e sei até qual a cerveja que vc prefere. Antigamente, rsrs, só vc, Anjinho e eu gostávamos da Brahma e o restante de Antarctica. kk

Cesão Fernandes / José Augusto Anjos Araujo, Guto, que prazer! Saudade daquela arquibancada do sol, onde brilhávamos. Quanta raiva fizemos aos grenás. / E quantas histórias não contadas!!!! kkkkkkkkkkk.

José Augusto dos Anjos Araujo / Vamos tentar preencher essa lacuna...

Cesão Fernandes / Rosalvo é que sugeriu o nome Bola Branca. Eu sugeri a camisa preta com bolas brancas espalhadas.

Rosalvo Marcos Trazzi / José Augusto Anjos Araujo, Guto, reencontro dos jovens, vc e César. Eu ainda estou no sub-15. Velhas e boas lembranças.

Cesão Fernandes / Rosalvo Marcos Trazzi , "Rosálvaro", eu me lembro até do dia em que estávamos, dentro do seu fusca (9740), na ladeira do Palácio, e vc me obrigou a sair com ele, o fusca. Kkkkkkkkkkk.

José Augusto dos Anjos Araujo / Se esse fusca falasse ... rsrsrs

José Augusto dos Anjos Araujo / Aos poucos vou contando como a do dia do título em Guarapari que só comemorei duas horas depois pois estava preso na delegacia por uma briga entrando no Davino Matos, kkkkkkk - das confusões do Nenel - das longas viagens - das meninas, rsrsrs tudo está sendo debulhado, kkkk

Cesão Fernandes / nem tudo, Guto, nem tudo. O nosso saudoso Nenel aprontou demais.

José Augusto Anjos Araujo / Cesão Fernandes Só os publicáveis, rsrsrsrs - teve um dia que tivemos que correr pois ele estava no outro lado no Jardim de frente da arquibancada lotada da torcida do Guarapari desafiando com o dedo apontando pra cima - desce se for homem! desce aqui seu bando de corno! kkkkk tiramos ele com dificuldade na hora que uns grandões estavam descendo - e ele: me deixa, me deixa .... kkkkkkk - Como nós estávamos em cinco, conseguimos escoltar o homem de volta.

Cesão Fernandes / Havia muitas "figuraças" como "Anjinho", "Tatu" e tantos outros. Tenho muita saudade de "Nenel", com quem tinha muitos encontros para conversar e para reuniões da "Bola Branca".

Walmecyr José Margon, o Baiano (de Colatina, rsrs) sendo homenageado pelo Nenel no Jardim. Ele estava no Flu.

Paulo Miranda Sobrinho / Cesar morava na mesma rua que eu. Ajudei com vários amigos a pintar as bolas brancas nas primeiras camisas desta maravilhosa torcida

Jorge Braga / - esta pessoa na foto entre Nenel e Baiano se não me engano é uma amiga que mora em Barcelona (Serra) Sandra Lira, fazia parte da torcida Bola Branca.

José Augusto dos Anjos Araujo / É ELA MESMA. Ia em todos os jogos; veja que na foto ela está sorrindo com a festa da Bola Branca na arquibancada. A foto foi tirada do lado errado e não pegou a galera alvinegra. As duas meninas atrás são a Marlene a Cirlene da 2ª geração do Bola Branca. Tinham umas mocinhas que moravam no Morro da Consolação. Tinha que ter cuidado, não com elas, mas com os irmãos delas. kkk

Em 1979 pelo Brasileiro a turma da Bola Branca e da Capa Preta, umas 30 pessoas, arrumou um ônibus e se mandou para o Recife (essa eu não fui pois tinha que trabalhar 2ª feira cedo – hora que o pessoal ainda estava na estrada voltando) e viu o Baiano fazer chover no Arruda marcando dois gols contra o Santa Cruz. Bem, ele foi contratado e depois de passar um tempo no Fluminense (que estava mal) – fez 5 gols; voltou a PE e jogou nos grandes de lá sendo até hoje o seu maior artilheiro. Em 81 (no Santinha) foi o 3º goleador do país e em 82 e 83 (no Náutico) foi "chuteira de Ouro" como o maior do Brasil. Exemplo de jogador e torcedor Walmecyr teve uma média lá de 1,33 gols por partida marcando 318 gols

Uma vez encontrei o Baiano na bilheteria do estadinho do Tupy, na Toca em Vila Velha. Oi. Tudo bem? – Tudo bem meu craque; rapaz, o time está muito mal. Não dá pra vc entrar só 10 minutinhos não? – Guto, acho que não dá não. Essa molecada corre muito. Kkkk / Outros exemplos de jogadores, e torcedores de ir aos jogos, eram o Dirman, o Édson Flexa Negra (batuqueiro também), o Jorge Reis, o zagueiro Edilson, o Marinho, o Beto Careca, o Rogério, João Francisco, Pereira e tantos outros - e entre os mais recentes Ronicley e Pepeta.

Muitas bolinhas brancas no saudoso estádio KA que foi criminosamente jogado ao chão para fazerem um CIRCO

Travessuras na Terra do Cacau. /

12-08-79 - Em 1979 o América de Linhares fez uma ótima campanha no Estadual chegando ao quadrangular final da competição e sua torcida estava muito animada. Era mais ou menos o time da última foto (este do ano seguinte). Mesmo sendo num domingo por algum motivo o jogo foi marcado para as 19:00 horas e decidiu-se ir mais tarde chegando em cima da hora. A torcida do Rio Branco foi em grande número com 2 ônibus das duas organizadas e muita gente de carro ... foi o que me salvou.

O estadinho estava lotado até pela boa campanha do América e a turma se dirigiu para aquela área aberta atrás da trave, no lado superior da 1ª ilustração. Ao chegarmos tapamos o visual de um camarada fortão (tipo alemãozão) que era o responsável por várias "girandas" de fogos a serem detonados para saudar o time da casa. Pensei comigo, nunca vi tantos fogos e nós não trouxemos nenhum, enquanto observava o vai e vem do camarada pois ele não queria perder o momento certo de acender o pavio principal.

Vai daí que cometi uma traquinagem que quase me custou uma surra: a iluminação ruim, o cara indo e vindo, percebi (conhecia até o caminhar de nossos jogadores) que o Rio Branco ia entrar de uniforme branco e falei BEM ALTO para ele ouvir. Legal vamos jogar com a listradinha que o América está entrando de branco. Dito e feito, o cara deu uma olhadinha, viu um time entrando de branco e soltou o foguetório para espanto do estádio (descobri que tinha sido feito uma vaquinha e muita gente ficou cobrando dele o que tinha acontecido - e os foguetes? rsrs). Quando tudo acabou o América entrou, em silêncio, de Vermelho.

O camarada tentou me pegar, mas não deu, eu estava tocando no meio da bateria; tentou me pegar no intervalo (e o pessoal de lá cobrava e ele falava com a cara "vermelho pimentão": pode deixar que eu vou resolver, que no caso era quebrar a minha cara). Só não tomei uma surra porque "tava ligado"; fui tomar uma cerveja no intervalo e vi ele bufando atrás de mim; encostei num PM e falei esse cara quer me pegar, o PM falou com ele >> fique parado aí mesmo; deu tempo pra correr de volta ao seio da torcida Capa Preta mas ele ficou marcando ..., eu malandramente antes do desfecho procurei alguém que voltaria de carro para Vitória e pedi uma carona já prevendo que o cara ia querer me pegar lá fora. ... no que distraiu no final do jogo eu corri pro carro que estava estacionado do outro lado da avenida e fiquei esperando meu piloto de fuga, rsrsrs Sim ele foi nos ônibus (o pessoal contou que ele estava bravo) revistando tudo ao final do jogo. Acho que deu certo, pois vencemos por 1 x 0, gol de Carlinhos Meaípe. kkkkkkkk

PRESENÇA
O jogo não decidia o título do campeonato, o tempo ameaçava chuva, mas a torcida do Rio Branco compareceu

Confiar, desconfiando...
A torcida do Rio Branco está apoiando-se neste velho provérbio para avaliar as possibilidades do time na Copa Brasil. Explica-se: apesar de campeão no ano passado, o Rio Branco fez uma campanha cheia de altos e baixos que despertou a insegurança da torcida e hoje, no acerto das contas, o time continua praticamente o mesmo: as novas contratações se equilibram com as saídas. Vieram, por exemplo, Ademir, Luís Vieira, João Carlos e Edmílson: mas deixaram o clube Russo e Paulo Roberto Brasinha, que comandavam o jogo no meio-campo.
Apesar do ceticismo da torcida, o presidente Édson Bourguignon aposta na equipe. "Nosso grupo está bastante equilibrado, todos os participantes têm as mesmas possibilidades", proclama Bourguignon. Seguramente foi a partir desta convicção que ele resolveu fechar os cofres do clube de agora em diante. Estipulou um salário-teto de 450 000 cruzeiros mensais, à exceção dos veteranos Dé e Vantuir, que, segundo consta oficialmente, recebem cerca de 600 000 por mês.
Enquanto isso, o técnico Luís Alberto situa suas preocupações num terreno mais prático: os dois primeiros jogos fora de casa, contra o Atlético Paranaense e o Cruzeiro. Sem dúvida, os temores são justificados em função da tabela adversa. Em todo caso, ainda não foi suficiente para apagar o entusiasmo da torcida organizada Bola Branca, que ensaia preparativos para caravanas e faixas. Juntamente com dirigentes e jogadores, são os únicos capixabas a levar fé no time.

Reportagem da Revista Placar em 1984 / o texto abaixo no Facebook em 2021

Veja que a Bola Branca sempre foi otimista, não vaiava o time e sempre ia aos jogos ao contrário da Brancachaça que está se recusando a ir e o Comando com aquele tum tum tum insuportavelmente enjoativo e que já mandou gente armada e outros com pedaços de pau, invadir treino. Disseram que queriam dialogar. O alvo deles era o zagueiro Petróleo que chegou a pegar uma faca para se defender ... Outros tempos? Será que vale a pena?

Agora em 2024, integrantes de uma organizada apedrejaram o ônibus do time do Capixaba Sport Clube. O alvo era o jogador Jobson mas atingiram com estilhaços o jogador Geovanne que por pouco não perde a visão. Ainda está em tratamento ocular

Acima RB e Desportiva no Kléber Andrade, casa cheia. /// As duas ameaças e confusões contra jogadores negros (será coincidência?) e com várias testemunhas; na 2ª viram os autores fugindo num Jeep Renegade. A imprensa também registra brigas e prisões em jogos no interior e na Grande Vitória. ESCLAREÇO QUE É uma minoria que bota fogo no circo.

É **Mateense.**

Brigas acontecem, mas às vezes surgem "do nada". Ainda só (sem a Bola Branca) em 1975 a Capa Preta foi num jogo de reinauguração e ampliação do Estádio do Sernamby em São Mateus e como sempre fomos muito bem recebidos. Facebuqueando com o goleiro Gilson do clube local comentei sobre uma confusão que aconteceu ao final de uma partida entre os dois clubes no dia 30 de maio de 1976 ... Foi o batismo de fogo da Bola Branca em seu primeiro jogo fora de casa.

Gilson Vivas Setimi / José Augusto Anjos Araujo - Acho que me lembro desse episódio. Nunca entendi o motivo da briga, o jogo já estava perdido. Terminamos o campeonato em 4º, atrás apenas de Desportiva, Rio Branco e Vitória.

José Augusto dos Anjos Araujo / O time daquele jogo >>> 1976: Bacalhau, Gilberto, **Gilson**, Pelota, Pipo e Ribon (autor do gol). Paulinho, Ademir, Chicão, Cuíca e Sonha. O que aconteceu esclareço aí em baixo.

Wedson Carvalho / Cuíca um ponta forte e veloz. Antes jogamos uma partida no time da loja Giacomim. Cuíca, ninguém o segurava, quando partia com a bola dominada.

Clek Lins / Meu tio kuika quanta saudades.

Essa briga eu pensei que seria a primeira e última, mas houve uma ainda maior em 2009, porém com outros elementos. A de 33 anos antes eu indiretamente provoquei o troço. Explico: Eu era da batucada do Rio Branco e o time ganhava com tranquilidade por 3 x 0. Me aparece um cara com uma bandeirinha vermelha começa a gritar é Mateense, é Mateense e eu besta vou com ele acionando o surdo - Bum bum bum - É MATEENSE (sem saber que a rivalidade era grande) seguido por alguns rivais do Pit Bull (apelido do time azul) que estavam por perto e aí o que acontece? o São Mateus faz um gol o jogo acaba e a torcida começa a sair com o pessoal local Puto da Vida, não tanto pela derrota mas com a provocação - tinha ido muita gente de Vitória (até um ônibus de funcionárias das Casas Santa Terezinha que emendaram um passeio em São Mateus para assistir ao jogo). O Estádio Manoel Moreira Sobrinho, o Sernamby, estava lotado.

Pois bem, com o portão de madeira aberto duas mulheres da cidade resolvem sair no tapa (por motivos exclusivamente delas) na hora em que todo mundo saía e a briga se generalizou saindo pancada pra todo lado. rsrsrs- meu colega Mazinho apanhou e achou até que tinha quebrado a perna, levamos ele no hospital, mas não era nada. Na saída hospital - ficamos lá mais de uma hora - ele olha pra mim e fala: Guto porquê vc foi puxar aquele maldito corinho? - ***mas todo mundo cantou*** .... rsrsrs

Mas acabou por aí, depois ficamos amigos da turma do Adélson da batucada deles e até fizemos algumas rodas de samba juntos. Ele era líder da Escola de Samba da cidade.

A foto ao lado já é recente, depois eu conto sobre a confusão de 2009, com a Bola Branca presente.

Vou falar logo então, kkkk - mais uma gangorra ...

No 1º jogo da final (23 de maio de 2009), no Jardim foi a última GRANDE exibição da Bola Branca pois tínhamos uns amigos na Escola Pega no Samba do Morro da Consolação e neste dia levaram uma parte da bateria. Lembro que meu filho mais novo Daniel que tocava com a gente, mas bem levinho com medo de errar, era acostumado com poucos instrumentos na batucada, olhou arregalado pra mim e falou: - Pai, tá alto pra caralho! Rsrsrs - E eu: não esquenta não, continua tocando e alto também (*se errasse não ia fazer diferença*). Kkk / O time deu um show e ganhava tranquilamente por 2 x 0 e tomou um gol besta no final.   Tive um mal pressentimento ...

Jogadores do São Mateus (como o Gil Baiano que depois jogou no clube) pegando os do Rio Branco pela gola da camisa. Não ganhou nem mesmo cartão amarelo. Todo mundo brigou, kkkk

__ Deu no Globo esporte no dia seguinte ao 2o jogo >>> - *O Campeonato Capixaba de 2009 ainda não tem um campeão. Após uma verdadeira batalha na tarde deste sábado (30 de maio), no Estádio Sernamby, em São Mateus, com três expulsões pelo lado alvianil e quatro pelo lado alvinegro, a partida entre São Mateus e Rio Branco foi paralisada pelo árbitro Devarly do Rosário no segundo tempo, após o jogador Hélder, do Rio Branco, sentir uma contusão e ter que deixar o jogo. Como o Rio Branco ficaria com menos de sete jogadores em campo, a final teve que ser encerrada antes do previsto com o placar de 2 a 2, resultado que daria o título ao Rio Branco. Dentro de campo, cada equipe fez sua festa (e as torcidas também), mas a decisão deve sair mesmo é nos tribunais.*

... o 2º jogo > **A BATALHA DO SERNAMBY** _ Juiz suspeito, se era para expulsar expulsasse todo mundo pois todo mundo brigou durante todo o jogo e FEDERAÇÂO CANALHA / Um dos maiores assaltos da história no futebol capixaba. A interpretação (fatos narrados a seguir) da Federação foi escandalosa pois o próprio médico do São Mateus disse que não foi encenação do jogador do Rio Branco. Se fosse para expulsar tinha que ter botado pra fora meio time deles também. Uma vergonha transmitida ao vivo e a cores pela TV Gazeta que teve que se virar com a programação nacional da Globo pois a confusão durou quase 3 horas, com várias interrupções. Somando os dois tempos, se houve 30 minutos de jogo foi muito.   E o RB foi o responsável?

Mas a explicação é simples: depois de distribuir títulos de norte a sul do estado a gloriosa FES descobriu que São Mateus ainda não tinha títulos na séria "A". A justiça Desportiva simplesmente entregou a espada na mão dos abutres da Federação que a usaram torpemente.

38 anos depois o Rio Branco prova o sabor amargo de ser campeão dentro de campo perder o título no tapetão. Já tinha acontecido isso em 1971, mas no caso a Desportiva venceu no campo, mas perdeu nos tribunais. A história será contada depois

Erick Pimenta Gramelisch / Estava lá, maior roubo da história do futebol!

Carlos Fazolo / Fui neste jogo em são Mateus, uma verdadeira batalha, chegamos no local do jogo o estádio já estava cheio pela torcida local e muitos torcedores esperando a torcida do Rio Branco chegar na rua, uma guerra dentro e fora do estádio.

José Augusto dos Anjos Araujo / Uns cabeludos covardes, assim mesmo pegamos alguns pois a polícia capixaba não dá proteção para porrr... nenhuma.

Danilo Salvadeo / Neste jogo, fui o repórter de campo da Rádio ES 1160. Nunca vi uma situação tão tensa.

João Elias / Também estava lá, só sai de lá quase as 23 hrs, estava na casa de praia em Guriri, meu carro tava justamente no meio da torcida deles, foi um escândalo.

Ailson Moreira Dias / Fomos em 6 ônibus das organizadas do BRANCÃO, foi realmente uma guerra, e foi uma dificuldade sair do estádio, ficamos retidos por mais de uma hora dentro do estádio, depois fomos escoltados, por alguns kilometros fora da cidade, por vários carros da polícia, que por sinal fez um belo trabalho, nos protegendo, porquê era uma multidão querendo nos pegar, e estávamos em umas 500 pessoas.

José Augusto Anjos Araujo / Eu lembro os idiotas queriam bater até nas tias e alguns de nós fizeram um cordão de frente para elas e de costas para os caras que bateram à vontade. Acho que você foi o que mais apanhou. No próximo jogo em Vitória o pessoal estava puto esperando eles chegarem, mas os plays boys não vieram. Na entrada do estádio chegou o pessoal da turma do Adelson, que a gente já conhecia a muito tempo e eu corri para evitar o confronto explicando que eram outros os caras. O Adelson agradeceu e pediu desculpas explicando que os babacas eram todos filhinhos de papai, cabeludos e vagabundos, kkkkkkkk

Primeiro tempo

O jogo começou quente no Sernamby. A cada falta marcada pelo árbitro Devarly do Rosário, os jogadores se estranhavam em campo. Em busca do gol, o São Mateus tentou ir para cima desde o início e dava espaços para o contra-ataque alvinegro.

E logo aos nove minutos o Capa-preta surpreendeu e saiu na frente. Hélder deu ótimo passe para Evandro bater cruzado e vencer o goleiro Róbson Bahia. A equipe Mateense sentiu o gol e não conseguia criar boas oportunidades para empatar.

Aos 19, uma confusão paralisou a partida. Após uma falta de Luciano Baiano em Moisés, o médico do Rio Branco entrou em campo para atender o atacante e foi empurrado pelo zagueiro do Alvianil. Aí o tempo fechou. Os jogadores dos dois times entraram em campo e trocaram empurrões. Após o tumulto, o árbitro Devarly do Rosário expulsou o zagueiro Luciano Baiano, do Pitt-Bull do Norte, e o médico do Capa-preta. Felipe, goleiro reserva do alvinegro, também foi para o chuveiro mais cedo.

Com um a menos e perdendo o jogo, o técnico Vevé resolveu ousar. Tirou de campo o lateral-esquerdo Édson Araújo e colocou o meia-atacante Bombom. A substituição deu mais espaços para o time do técnico Paulo Marcos, que aos 29 minutos aproveitou. Evandro recebeu passe em profundidade, invadiu a área, e fuzilou o goleiro mateense para aumentar: 2 a 0.

Logo após o gol o Rio Branco perdeu seu artilheiro na partida. Evandro sentiu uma fisgada e teve que sair de campo. No seu lugar entrou o meia Caio. Em desvantagem, o Alvianil não tinha outra alternativa a não ser partir com tudo para cima e conseguiu diminuir. Aos 35, Gustavo cobrou falta na grande área, o zagueiro Nino desviou de cabeça, e o goleiro Éverton não conseguiu alcançar: 2 a 1. Festa no estádio Sernamby.

Dois minutos depois, o Rio Branco quase fez o terceiro. Hélder fez boa jogada pela esquerda e tocou para Flávio Santos na área. O volante dominou, girou e bateu fraco, nas mãos goleiro Róbson Bahia, para desespero de Ronicley, que pedia livre do lado direito. No fim da primeira etapa o jogo ficou muito truncado e as duas equipes não conseguiram criar oportunidades claras de marcar.

Segundo tempo

Após o intervalo, o jogo voltou com o mesmo panorama. O São Mateus buscando o ataque para tentar a virada, e o Rio Branco explorando os contra-ataques. Aos sete minutos, Moisés avançou pela direita e cruzou. Hélder escorou para o meia Ronicley, que não conseguiu alcançar a bola.

Confusão generalizada

Aos nove minutos, começou uma confusão generalizada em campo. Após falta de David em Gustavo, os dois jogadores se estranharam. O árbitro expulsou o zagueiro capa-preta, que revoltado foi tirar satisfação com o meia mateense. A partir daí a violência tomou conta. Os jogadores e a comissão técnica das duas equipes invadiram e trocaram socos e pontapés, transformando o gramado em campo de batalha. Saldo da confusão: Gustavo e Nino expulsos no lado alvianil e Agnaldo, Wédson Pipoca e Caio pelo lado capa-preta.

De falta, Bombom empata e o jogo termina

Depois de 25 minutos de paralisação, a partida foi reiniciada no Sernamby. E logo na saída o Alvianil conseguiu o empate. Bombom cobrou falta com categoria e a bola morreu no canto esquerdo do goleiro Éverton: 2 a 2.

Após o gol, o jogo parou de novo. Guaçuí passou mal dentro de campo e partida teve que ser paralisada, já que o Rio Branco estava com sete jogadores. O zagueiro Léo entrou na partida no lugar do volante e após cinco minutos a bola voltou a rolar.

Mas aí foi a vez de Hélder se machucar. O lateral caiu e a partida foi novamente paralisada. Após os médicos constatarem que o jogador não tinha mais condições de atuar, o árbitro Devarly do Rosário, encerrou a partida. Questionado sobre quem seria o campeão, Dervaly se limitou a dizer:

- Vou relatar os fatos - disse.

Após o término da partida, os jogadores do São Mateus e Rio Branco comemoram com suas torcidas em campo. >>>>>>> ________________________ A lesão de Hélder foi confirmada ao vivo pelo médico do São Mateus. Ambas as equipes dão volta olímpica no dia.

No regimento interno da Federação, uma cláusula diz que o time que ficar com jogadores insuficientes deve perder o jogo por 2 a 0. Essa cláusula, para muitos, é mal copiada do regimento interno da CBF, que diz que isso só ocorre se o time "der causa ao fim do jogo". Após briga judicial, o TJD-ES confirma o placar de 2 a 2 da partida que daria o título ao Rio Branco baseado na súmula em que o árbitro relata que encerrou (não suspendeu nem adiou) a partida antes da hora por insuficiência de jogadores (procedimento correto do árbitro) e manda a Federação oficializar o campeão. A Federação, contra a decisão do TJD-ES e interpretando diferentemente seu regimento, dá o título ao São Mateus alegando que os 4 jogadores expulsos do Rio Branco deram causa ao fim do jogo (sendo que um jogo só termina oficialmente após 5 expulsões). Com isso, o São Mateus é o campeão capixaba de 2009. ______________ >>>>> A fala do árbitro para o microfone do Jorge Félix, da TV Gazeta, foi clara. Na verdade, não deveria tê-lo feito, tinha essa prerrogativa, mas quem resiste aos segundos de fama ao vivo na tevê?

Primeiro, disse que precisava de um parecer médico sobre o atleta contundido e ele veio do próprio médico do São Mateus, já que o do Rio Branco não poderia fazê-lo, por ter sido expulso no primeiro lance que começou a bagunça em campo, ainda no primeiro tempo.

Saliente-se que o parecer do médico foi, absolutamente, ético. A dor é subjetiva e, pelo que manifestava o atleta, não restava ao doutor outra posição a não ser dizer que ele não poderia continuar jogando. Acho que, nesses casos, deveria haver uma norma de que o atleta fosse removido, imediatamente, a um hospital e submetido a exames rigorosos para constatar se a alegação de lesão física era verdadeira.

Se a dor é subjetiva, os exames por aparelhos são inquestionáveis. Se se constatasse a mentira, que o atleta fosse eliminado do futebol.

Salvei uma vida e fui preso ...

Não consegui gritar É Campeão, em 1982 aí ao lado no **Davino Matos** em Guarapari. O RB jogava por um empate e foi campeão estadual por antecipação no dia 21 de novembro (se bem que tive um gostinho no último jogo com uma vitória de 1 x 0 sobre a Desportiva no dia 24). A foto acima no estádio que foi criminosamente demolido para a construção de um "Shópi" é no ano seguinte e foi batida pelo Romero Mendonça. Essa foto e outras mais me foram passadas por um anjo chamada Bruna Freitas, arquivista de A Tribuna; a solicitação foi feita pelo Joel Soprani, dessas pessoas fantásticas que a gente conhece no Facebook.

Fabiano Mazzini Bonisem / Também fui ao jogo, em Guarapari. Peguei aquele ônibus da Alvorada, que ia pela Rodovia do Sol. Na volta, consegui uma carona na carreata. 👏 ⚽ A Rodovia do Sol virou avenida Capa Preta, rsrsrs.

JA / Nem me fale desse jogo amigo - fui apartar uma briga (um senhor que estava com a gente deu um tapa numa menina de Guarapari e uns 3 caras começaram a espancá-lo do lado de fora do estádio); eu vi de longe, estava carregando as bandeiras já no portão - corri e consegui acalmar os caras - Vcs estão certos eu vi a besteira que ele fez - Nisso a polícia viu a confusão e me levou preso pra delegacia - kkkkk - acharam que eu estava brigando exatamente depois de conseguir contornar a confusão. Como ele estava no meu ônibus me senti responsável por ele. Vai explicar pros Hômi da PM (eram do quartel de Alegre) !!

Guardado na cela com 2 caras (um ladrão e o outro bateu na mulher) o guarda veio me falar: Guarapari 1 x 0 - depois voltou e falou: seu time empatou - se vc. não brigou mesmo explica pro delegado que está vindo aí - se ele não quiser te ouvir vai ficar preso até amanhã, rsrsrs - Por sorte ele me ouviu, disse que nem ia lá na DP, mas teve que ir resolver alguma coisa e até descobriu que conhecia meu pai e liberou - peguei uma carona com um diretor do clube e fui pra festa na Praia da Costa. O pessoal ocupou um bar na orla com faixas e bandeiras e eu chego. Parecia que eu tinha feito o gol do título. ÊÊÊ Tá Solto! kkk

- Todos me jogaram pra cima etc. e tal e quem eu vejo cabisbaixo lá no fundo? o cara que eu havia salvado do porradeiro - levantou os olhos e ficou todo feliz. Passou o resto do ano me pedindo desculpas ... kkkkkkkkkkkkkkkkkk Depois de um tempo sumiu, ... ele ia em todos os jogos.

E tem mais: por sorte o povo não foi todo lá na DP, levando até batucada e tudo, que era o plano quando souberam que estava preso (eu tinha avisado a uma das meninas da Consolação, meio namoradinha, rsrs). Nenel achou melhor mandar um diretor conhecido. Ainda bem pois com a bagunça certamente eu veria o sol nascer quadradinho, quadradinho. rsrsr / Foi a única vez que entrei em uma delegacia. Um horror! rsrs

Gerson Costa / - Tive essas "emoções " apenas em jogos amadores...

José Augusto Anjos Araujo / Gerson Costa Já contei por aqui algumas confusões homéricas: RB x Desportiva (umas 3 ou 4 ou 5 ... kk) ; em Cachoeiro contra o ENFC; uma em Guarapari onde eu fui salvar um senhor que viajou com a gente que estava brigando/apanhando - desapartei mas a PM chegou e me prendeu; outra em São Mateus (anos 70) quando duas mulheres de lá saíram puxando o cabelo uma da outra e a briga se generalizou, rsrsrsrs Teve uma no Bambu contra o Aracruz ... Outra em São Mateus naquela decisão vergonhosa de 2009; contra o Vasco em 86 ... Essas foram as maiores em que eu estava. Ahhh, lembrei de uma na entrada do Mineirão, um jogo do Brasileiro. A torcida do Atlético achou que nóis era besta e vieram pra cima. Ficamos parados e cada um que chegava tomava uma na testa e foram se espalhando pelo chão e correndo de volta. Chamamos a polícia que estava perto e mostramos os vândalos correndo, o policial falou, podem entrar em paz, nós vimos tudo. Aqueles ali que correram nem vão entrar no estádio. / PM preparada a deles e que sabe trabalhar; a daqui do ES solta Spray de Pimenta e atinge uma maioria que não fez nada, incluindo senhoras e crianças. Eu vi muitas barbaridades como um dia em que quebraram a perna do Bernardo sem motivo no Engenheiro Araripe; uma vez quando um cara, <u>um apenas</u>, ameaçou subir no alambrado e os doidos da PM jogaram bombas de fumaça e gás na arquibancada inteira. E ainda reclamam do corinho: Fluta que faliu, nosso PM é a vergonha do Brasil. kkk ... E eles olhando doidos para pegar um.... Já vi policiais dando entrevistas dizendo que culpadas são as pessoas que vão em eventos, kkk

Jogo no Kléber Andrade... 1986

Nessa hora muitos santinhos, em suas vidas cotidianas, viram feras...

Foi assim: bem antes do início do jogo, com a chegada de uns gatos pingados do RJ, os Capiriocas (capixabas que torcem para times cariocas) se juntaram e começaram a cantar -- VAISSHHCOOO, Vaischoo. Um camarada na batucada da Bola Branca, para de tocar e fala -- olha lá os caras cantando em "Carioquês" vamos lá dar um pau neles?

Eu não fui (nem o Nenel e o grosso da Bola Branca), mas quando ele saiu já levou uns 10 ao redor (na hora que estávamos "montando" as bandeiras) - aproveitaram pra levar uns mastros compridos de bambu; com dez passos foi juntando gente e ao chegar na curva da ferradura já tinha uma pequena multidão que a polícia não conseguiu segurar. Foram lá e deram uma pequena surra nos caras, mas nada grave e voltaram felizes com histórias para contar durante um bom tempo como: viu aquela bicuda que eu dei na bunda daquele grandalhão? O cara tentou me acertar e dei uma rasteira nele. Teve um que joguei no barro. kkkk

Teve outra bacana (mas sem briga, só no gogó) com a torcida do Flu - a gente já estava puto pelos gritinhos para Roni, Túlio e Magno Alves, até no aquecimento deles ... Foi no dia 25 de fevereiro de 1999 e o Nenel criou um corinho - Capirioca Boboca, ... que já comentamos lá atrás, rsrs. Trocar cânticos é bacana, mesmo os agressivos; só não deve brigar fisicamente. A torcida da Tiva, durante o longo jejum do RB ficava contando, 1, 2, 3 ... até 24, que foi o tempo sem títulos alvinegros. O "Asilo" que eles cantavam também foi interrompido quando a torcida alvinegra começou e responder: "Viúva da Vale". Kkkkk

- Chumbo trocado não dói.

Frames da TV. Esse camarada sorridente destacado no circulo branco é meu chapa e aí sim, é imperdoável não lembrar o nome dele. Ele foi um dos que foram "dar um pau no Vaishco" em 86, mas esse acima é de 2000. No 2º: Time entrando em campo, contra outro carioca, o Botafogo, pela Copa do Brasil (1 x 1) com os extintores/ativadores de talco sendo acionados.

Uma observação se faz necessária: cada um torce para o time que quiser até porque sabemos que mesmo os que torcem para os clubes capixabas também tem um "de fora" sendo que o daqui é o 2° no coração de aguns dos pesquisados*. Sem entrar no mérito da questão {já foi estudado por especialistas (consta no início do livro) e palpiteiros} existe um fato que só sabe quem frequentava estádios nos anos 60, 70 e até 1987 mais ou menos. >>>>> NUNCA, um time de fora tinha mais torcida nos estádios do que nos jogos contra Desportiva ou Rio Branco. <<<< Podia ser quem fosse, Flamengo, Fluminense, Botafogo, Vasco, Atlético ou Cruzeiro. Depois da data citada, não coincidentemente relativa à entrada de projeto político maquiavélico na FES que piorou a qualidade do futebol, isso não acontece mais.

Aclaro que tal ocorria não necessariamente pela união das duas torcidas (RB e ADF), é que os torcedores dos times vizinhos rivais sabiam que iam ver um bom jogo (mesmo perdendo, o que nem sempre acontecia) e secando o adversário, escolhiam o lado dos capixabas. Uma vez a torcida do Flamengo chegou nas arquibancadas do lado onde ficava a torcida do Rio Branco, num jogo Desportiva e Flamengo e a turma disse: Aqui não Jacaré. kkkk mandaram eles ficarem lá atrás do gol, no Tobogã. Hoje o Novo Kléber Andrade é o paraíso dos times de fora e o futebol do estado também, não sobe de divisão desde que fizeram a quarta. Haja, sofrimento; o torcedor não é bobo e gosta de um bom futebol, se bem que gastar 400 dinheiros para ver um grande me parece meio esquisito, mas cada um que gaste o seu com lhe aprouver, certo?

Time entrando em campo no Kléber Andrade no final dos anos 90. Do lado de lá a torcida do Linhares. Abaixo Nenel flanando qual aviãozinho como Zagallo, à beira do campo e regendo a massa, rsrs

* ... eu, que não sou bom da cuca, sou Rio Branco até contra o time da minha família; tenho mais 17 clubes no Brasil e alguns gringos que torço ou tenho simpatia, mas só vou revelar nos anexos do livro para evitar ilações. kkkk

"Inter nacionais"

Como dissemos lá atrás nos anos 70 e 80, mesmo com poucos recursos tentávamos ir na maioria dos jogos fora pelo Campeonato Nacional. Neste caso juntávamos componentes das duas organizadas mais alguns torcedores fanáticos e "afimdê", alugávamos um ônibus a fazíamos longas viagens. A 1ª (empolgados pela Vitória por 1 x 0 em casa contra o Santos), foi para São Paulo para um jogo no dia 22 de setembro de 76 no Parque Antártica contra o Palmeiras. Telefonamos para o pessoal da Gaviões que nos recebeu na entrada da cidade nos guiou pelas ruas e depois do jogo nos levou de volta na saída da Paulicéia Desvairada para retornarmos para Vitória. Perdemos por 1 x 0 num gol duvidoso e uma arbitragem escandalosa de um juiz ladrão, para dizer o mínimo ...

O que importa agora é nesse jogo no Parque Antártica onde foi marcado uma falta inacreditável do Kosilek no goleiro Leão. Num cruzamento da direita de Carlinhos (que como sabemos, ninguém pegava na corrida) o Gringo de Jucutuquara (como Paulo Duarte chamava o Kosilek) solta uma bomba... a bola bate na rede e volta quicando e ele tromba com o goleiro Leão ... esse juizinho daí do quadro marca falta do atacante. kkkkkkk.

Todos os palavrões existentes no dicionário foram lembrados na longa viagem de volta no onibus alugado meio a meio entre a Capa Preta e Bola Branca, recém fundada.

Outra coisa interessante, a grana só deu para ir até São Paulo mas ainda teve 2 jogos no Orlando Scarpeli e no Beira Rio. Perdemos por 2 x 1 e 3 x 0 respectivamente. Na última foto Kosilek marca o gol de honra na estreia contra o Grêmio no Jardim (1 x 4) Não cabia nem um pernilongo no estádio naquele dia de tão lotado. A nuvem de talco só se dissipou com uns 5 minutos de jogo.

Jogo 49 Palmeiras 1 x 0 Rio Branco-ES 3.023

22/Setembro/1976
Campeonato Brasileiro - Copa Brasil - 1ª Fase
Local: Parque Antártica (São Paulo) **Árbitro:** Célio Laudelino da Silva (PR)
Renda: Cr$ 186.080,00 **Público:** 8.514
Gol: Toninho 44 do 1º Tempo
Palmeiras: Leão, Valdir, Samuel, Arouca e Ricardo Longhi; Didi (Pires) e Ademir da Guia; Rosemiro, Jorge Mendonça (Itamar), Toninho e Nei. **Técnico:** Dudu
Rio Branco-ES: Jair, Luís Carlos, Joubert, Dario e Dirman; Wilson Pereira e Marco Antônio (Baiano); Carlinhos, Rogério (Paulo Zureta), Kosilek e Beto Careca. **Técnico:** Beto Pretti

Kosilek virou ídolo da torcida e embora tenha jogado no Coritiba, Inter e Vasco dizia que nossa torcida era especial e não era demagogia; quando estava suspenso ou contundido sentava ao lado da batucada e até dava uns pegas nos instrumentos nos intervalos. Disse que quando fazia um gol dava vontade de pular o alambrado e comemorar junto. rsrs

Em 78 o time estava mal e foi logo eliminado, mas mesmo assim deu pra ir no Serra Dourada (2 x 1 pro Vila Nova) e no Pacaembu onde perdemos feio para o Corinthians por 4 x 1. Ficamos no Tobogã que agora foi demolido. Algumas pessoas, Tia Pepenha junto, foram em um jogo em Brasília, mas o time perdeu também. O conjunto só venceu a Anapolina e o Comercial e empatou com a Desportiva, Mixto, Santos, Dom Bosco e a própria Anapolina.

Em 79 as torcidas compareceram no RJ, em Marechal Hermes (1 x 3 América) e teve uma viagem muito boa ao Couto Pereira em um empate em 1 x 1 contra o Coritiba. Muito simpática a torcida do Coxa. Nos recebeu na entrada do Estádio no Alto da Glória e desejou boa viagem ao final. Novamente a grana não deu para ir em Porto Alegre e em Florianópolis mas deu para ir no Recife num empate em 3 x 3 contra o o Santa Cruz, o tal jogo no qual o Baiano arrebentou, ou melhor, "pocou" ! Viagem longa tem que ir parando para andar um pouco se não "os pé incha" ...

No início da década de 80 nada demais - a Desportiva era tricampeã e representava o ES nas competições - a não ser uma viagem de Trem para Governador Valadares (um torneio com jogos em casa e fora contra o Colatina e Democrata) e acabamos perdendo por 1 x 0. Muitos anos depois fizemos outra de trem, mas para o interior do estado mesmo, Baixo Guandu, disputando a segundinha capixaba. Imaginem a bagunça que dá dentro do trem. Fica um trem doido.

Em 83 retomamos a rotina de longas viagens: Mineirão (já contamos por aí uma confusão na entrada do estádio), Serra Dourada (essa eu não fui). No Mato Grosso alguns foram de ônibus de carreira, e no Caio Martins contra o América. Estávamos do lado de cá de onde foi batida a foto. Luizinho Lemos estava o verdadeiro diabo em campo e acabou com o jogo (4 x 0). Anos depois veio a ser técnico do Rio Branco que subiu da segundinha capixaba em 2015 com a ajuda do craque **Aldair** (que fez até gol) que é casado com uma capixaba da Volta do Rabaiole, irmã de um colega de time (basquete), grandalhão -esqueci o nome, rsrsrsr

A ainda teve a volta ao Parque Antártica, eu não fui, mas o pessoal na volta disse que o Rio Branco jogou muito, mas um "maledeto" lá fez 3 gols, que nem o Paulo Rossi na Copa no ano anterior ... terminou 3 x 2 pra eles ... e o pior, o uniforme do Juventus era igualzinho ao da Desportiva ... praga grená com certeza ... kkkk

Em 1984 outro mal campeonato e o RB foi eliminado (mas à frente do Cruzeiro) com dois jogos longe (Pelotas e Curitiba, a Tia Pepenha foi de carona com o time, rsrs) outro em Belzónti, esse eu fui na Bola Branca na vitória histórica por 3 x 1 sobre o Cruzeiro, se bem que levamos uma goleada na volta no tapete do antigo Kléber Andrade; nosso médio volante, estreante entregou 2 gols, rsrs. No Rio eu não fui contra o América, perdemos, mas vencemos aqui por 2 x 1 com o Engenheiro Araripe *Lotado*. Igualmente lotado estava no jogo que o Rio Branco perdeu a chance de avançar ao perder por 3 x 1 para o Atlético-PR jogando melhor.

Porém no mesmo ano de 1984 aconteceu a melhor excursão do mundo de todos os tempos >>> Após o Brasileiro o time fez alguns amistosos, entre eles um em Vitória contra o América-MG (1 x 2) e retribuiu fazendo outro lá em BH num domingo. A turma foi e lá chegando o Mineirão vazião.

Não tinha mais do que 300 pessoas agrupadas na arquibancada e ao nos encaminharmos mais pra frente os caras começaram a chamar a gente. Venham pra cá .. pra cá – tudo bem que era um amistoso, etc e tal, mas como é que a gente vai levar nossa batucada lá no meio da deles, ou seja, na Toca do Coelho? Aí uns caras desceram e falaram, nós adoramos as suas praias, queremos ver se vcs tocam samba direito. Kkkk / Fizemos um ligeira "Jam Session" e o pessoal bateu palmas. Venham pra cá ... Fomos, rsrs - Tocamos juntos, rimos e choramos nossas mágoas ... eles nem disputaram o Brasileiro - (o jogo foi 0 x 0) e aí aconteceu a proposta deles >>>

-Temos uma cota no bar do clube, vamos lá tomar uma e comer alguma coisa, depois vcs vão embora. É Rapidinho ... E lá fomos nós. O clube passava por grave crise financeira e a Sede Social estava sendo desmontada, essa área logo abaixo na foto que tinha quadras e piscinas. Já estava vendida para um grupo que depois construiu no local o 1° Hipermercado da cidade, o Jumbo, que também já não existe mais.

Resultado, saímos de lá quase duas da matina e chegamos no meio da manhã. Evidentemente todo mundo chegou atrasado em seus compromissos ou faltou mesmo por ressaca ou sono. Mas todos viraram Coelho.

Corte rápido >>> Eu já me alterei – com apoio dos bambas, quando torcedores comuns ficavam fazendo festinha no retorno de jogos nos quais o Rio Branco havia perdido no interior ... - Meus amigos, isso aqui não é excursão de time de várzea. Perdemos; calem essa boca Pow. kkkkkkkkk

Em 1985 nada e em 86 uma grande campanha do clube, mas por conta do trabalho só fui em Salvador - **Baêaaa, Bahêaaa**, rsrs - a turma foi em BH (novamente com o Cruzeiro, 0 x 0), em Brasília (3x 2 no Sobradinho e no Recife (1 x 0 no Timbú) - esse eu quase ia, estava de folga, mas deu um problema na Usina e eu tive que trabalhar. Sei que foram gatos pingados em Mato Grosso contra o Operário (vitória por 2 x0) e novamente ao que eu saiba, a Tia Pepenha foi lá em Belém contra a Tuna Luso (0 x 0) na 1ª fase. Na fase seguinte ninguém foi em Manaus, Fortaleza, Criciúma e Porto Alegre ... gatos e gatas contra o Vasco no Rio (nova vitória) e contra o Corinthians em Sampa, jogando bem tomou um gol em uma falha besta

Na foto ao lado o time na despedida, nos vestiários do Pacaembu. Muitos grandes como Inter e Vasco dançaram; empates contra Cruzeiro, Santos e Guarani e vitórias sobre médios como Náutico, Ceará e Atlético-GO. Novamente o time foi roubado em casa contra o Curíntia e escandalosamente contra o Galo Mineiro. Mesmo com toda a sacanagem o time ficou entre os 20 que disputariam em 1987. Mas aí veio o Clube dos 13 e "meteu a mão". Uma covardia apoiada pela "grande imprensa".

Tecnicamente (e desmotivada mente, até pelos lucros que viriam se valesse a vaga que ganhou em campo, depois de um grande investimento no ano anterior) na Série "B" em 1987, com uma tabela tendo que jogar no Pinheirão, Joinville, Criciúma, Bangu e por aí afora o time já desmontado foi mal. Venceu apenas o Náutico e o Treze (em casa) e a Lusa, fora e a turma só foi nessa partida: novamente na Terra da Garoa e esse foi digamos inusitado. Além da inesperada vitória em 25 de novembro, 1 x 0, gol de Careca que tinha vindo do Estrela e depois jogou no Flu; teve um "barato maneiro", kkkkk - seguinte >>>

Do lado do Canindé tem o Ginásio da Portuguesa e lá pro final do jogo e o time bem em campo, começamos a "escuitar um roquenrol", Era um festival de Rock com várias bandas. Essa foto é recente, mas como era na época a gente subiu e ficou ouvindo e vendo o palco. Como estava tocando a banda "Ultrage a Rigor" ficamos quase ½ hora enrolando os funcionários que queriam fechar o estádio. - Vão embora capixabas! kkkk

1988 chega muito mal. Só me alembro de um jogo em Campos contra o Americano no Godofredo Cruz que fomos em bom número e deu certo, um empate em 1 x 1 e passamos em uma decisão nos pênaltis. Essa eu lembro até da estrada, nós de ônibus e os instrumentos numa Kombi ... toda hora ela passava buzinando, sumia e voltava. Depois de passar também pela Ponte Preta também nos pênaltis o time precisava vencer o Coelho, mas perdeu por 2 x 0. O time só venceu o Valério-MG em casa. / Ainda na "Bezinha" em 1989 (contra Desportiva, Colatina e dois do RJ), Cabofriense (eu fui 0 x 0) e Itaperuna (eu não fui), perdemos por 1 x 0. Rebaixado, pelo menos ganhou da Desportiva. kkk

Daí em diante a turma desanimou de vez, mas ainda fizeram (eu não fui) algumas excursões como em 1994 quando o time arrancou vencendo 2 fora de casa (Barra e Campo Grande) e no mata mata contra o América-RJ, desta vez vencendo no pênaltis no Rio; eliminando o Galícia-BA e o Guará mas sendo eliminado contra o Volta Redonda no Raulino de Oliveira. Terminou em 7° entre 107 participantes. Coisa de louco!

Em 97, novamente na "C" acho que ninguém foi em jogo nenhum, nem mesmo as vitórias no RJ contra Campo Grande e América. Passou de fase, mas foi eliminado pelo Confiança. Lá em Sergipe algumas pessoas foram, mas sem batuque.

Depois, escada abaixo, o povo foi em Juiz de Fora em 2001 (longe pra dedéu), e na "D" anos depois em Alagoinhas na Bahia (temos uma foto do Nenel lá). Em Camaçari em 2010 e em 2015 foram em Poços de Caldas (essa eu queria ir também, mas não deu), vencemos, mas perdemos em casa depois. Isso é tudo que eu lembro fora do ES. Ahhh ... teve um jogo no Maracanã contra o América (valendo pontos) na preliminar de Vasco (recebendo as faixas e exibindo a Taça da Libertadores da América) em um amistoso contra o Flamengo ... depois eu falo ...

Teve um jogo também, em Macaé, num estádio grande, mas não me recordo de nada, nem do adversário e nem do resultado. kkkk

Viajando, *viajando pelo nosso estado a nossa galera não achou, outro esquadrão mais respeitado do que o Rio Branco não Senhor... Não há, não há em nossa terra, um time que conquiste tantas glórias, nem dê mais alegrias à galera, do que o alvinegro de Vitória -O babá. Obabá ola-o-babá; é o Rio Braco, bota pra quebrar - O babá ola-o-oba o babá; é o Rio Braco e bota pra quebrar - Na avenida; ... Na avenida Alberto Torres, onde um tesouro existia, RB tem taças bem guardadas, que vai conquistando dia a dia. Hoje ele pisa no gramado, mostrando o seu quadro genial. Salve meu querido Rio Branco. Quero ver você no Nacional.*

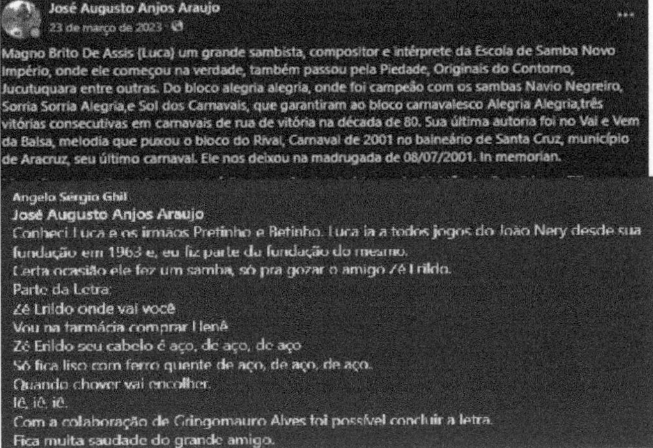
José Augusto Anjos Araujo
23 de março de 2023
Magno Brito De Assis (Luca) um grande sambista, compositor e intérprete da Escola de Samba Novo Império, onde ele começou na verdade, também passou pela Piedade, Originais do Contorno, Jucutuquara entre outras. Do bloco alegria alegria, onde foi campeão com os sambas Navio Negreiro, Sorria Sorria Alegria,e Sol dos Carnavais, que garantiram ao bloco carnavalesco Alegria Alegria,três vitórias consecutivas em carnavais de rua de vitória na década de 80. Sua última autoria foi no Vai e Vem da Balsa, melodia que puxou o bloco do Rival, Carnaval de 2001 no balneário de Santa Cruz, município de Aracruz, seu último carnaval. Ele nos deixou na madrugada de 08/07/2001. In memorian.

Angelo Sérgio Ghil
José Augusto Anjos Araujo
Conheci Luca e os irmãos Pretinho e Betinho. Luca ia a todos jogos do João Nery desde sua fundação em 1963 e, eu fiz parte da fundação do mesmo.
Certa ocasião ele fez um samba, só pra gozar o amigo Zé Erildo.
Parte da Letra:
Zé Erildo onde vai você
Vou na farmácia comprar Henê
Zé Erildo seu cabelo é aço, de aço, de aço
Só fica liso com ferro quente de aço, de aço, de aço.
Quando chover vai encolher.
Iê, iê, iê.
Com a colaboração de Gringomauro Alves foi possível concluir a letra.
Fica muita saudade do grande amigo.

1977. Ou dá ou não sobe na Gôndola...

Nova Venécia (a Nova Veneza), cidade no noroeste do estado nesse ano disputou o estadual com dois times, rivais históricos na cidade e que não existem mais. Eram o Leão de São Marcos (que a revista Placar escolheu como o nome de clube mais bonito do Brasil) e o Sport Clube Veneciano. Sobre o time atual (e sua torcida) falaremos depois ...

Nesse jogo a Capa Preta foi mais cedo pois a família do Tiãzinho e do Japonês eram oriundas do local e foi marcado uns comes e bebes, rsrs. Tudo certo e maravilhoso – Combinamos com a Bola Branca de chegarmos na porta do estádio Zenor Pedrosa Rocha meia hora antes do jogo e tudo certo também. Complicou lá dentro ...

Entramos, mas a torcida do Veneciano fez um bololô na escada de acesso para a arquibancada pro pessoal que vinha de Vitória não sentar – e tinha lugar de sobra. Rsrsrs – Ficou aquele impasse até que um parente do Tião, morador da cidade e torcedor do Leão, deu a dica: passem ali por baixo da arquibancada e do outro lado tem uma escadinha que dá pra subir tranquilamente levando os instrumentos e as bandeiras - Dito e feito >>>> kkkkkk <<<<< passamos a bateria e mais alguns carregando a tralha e sapecamos um samba rápido e pesado -rsrsrs >>>> Os caras tomaram um susto tão grande que abriram a passagem e o resto da turma que queria subir subiu, mas sem problema algum. Perdemos de 4 x 3 e Paulo Tomaz, nosso ex-craque só faltou fazer chover naquele domingo ensolarado... O RB brigava, martelava até fazer um, mas tomava outro. "Malcomparando" foi como aquele Brasil x Itália em 92, o Brasil fazia e Paolo Rossi fazia outro. kkk

Aqui pra nós. O estádio era bem mais gostoso antigamente

José Renato Ferrari / Paulo Thomáz foi um dos jogadores mais habilidosos que já vi jogar.

José Augusto Anjos Araujo / Paulo Tomaz jogou um bolão, fez dois gols, os outros foram de Henrique e seu, Daltinho, o gol da vitória, certo? / Teve um gol que o Paulo chutou a bola pra baixo (ele conhecia o campo) e dito e feito, ela quicou e o Carlos Afonso não conseguiu pegar. Meus alfarrábios dizem que além desse jogo no Estadual houve um empate 1 x 1 em Vitória e outro 1 x 1 no Zenor. No fim do ano um torneio amistoso com um 0x 0 e uma vitória do RB.

Dalton Passos Pires Martins / Rapaz memória boa a sua. Foi uma partida sensacional. Jogão.

Marcos Charles Uhlig / *agora fizeram uma rampa ali e do outro lado também, mas o estádio continua sendo muito acanhado com muitos problemas para jogos de maior potencial.*

FarNoroeste potoc potoc bang bang

Corria o ano de 1977 (dia 10 de julho) e a torcida do RB foi pela primeira vez na longínqua (pelos caminhos precários na época - antes do Camata providenciar estradas decentes) Barra de São Francisco para um empate duro em 0 x 0 com o chamado Terror do Norte. / O Santos já tinha disputado em 70 (duas vitórias do RB, 5 x 0 aqui e 3 x 0 lá. -----------------------POR FAVOR não me interpretem mal - não é uma crítica negativa nem da cidade (que cresceu muito) nem das pessoas, vou fazer um relato de fatos interessantes que aconteceram neste jogo -------------

-- Chegamos cedo no estádio e nos esparramamos para descansar da looonga viagem -- saímos de madrugada - e ficamos especulando sobre o que era uma fileira de madeiras redondas e grossas na horizontal (como aquelas de filme americano do lado de fora do Saloon) no muro lateral do Estádio Municipal Joaquim Alves de Souza. Vimos depois que muita gente vinha das proximidades a cavalo para assistir os jogos - então ali desmontavam e prendiam os cavalinhos. Deu uns 30 cavalos no dia. Pow, não tinha uma máquina fotográfica para registrar a cena.

------- Isso foi a parte boa, kkkkkk. Lá dentro, na arquibancada, com uns 5 minutos de jogo, nós sentadinhos tocando um sambinha, aparece um Senhor brancão fortão (sempre isso rsrs), com uma camisa meio social e que dava pra ver (a camisa cobria) que estava armado e para (do verbo parar) na frente da batucada. Suspense .... botei o surdo bem baixinho e o Tulú (repenique) e o Mazinho (caixa) fizeram o mesmo, sabe como? o resto da bateria ficou pianinho, há, há... Ele começou a olhar pra trás e na 3a vez fiz sinal para os meninos parar. - Ele praticamente me agradeceu com o olhar e quando ficou de frente é que alguns confirmaram que estava armado - de revólvere - como dizia o "Demônios da Garoa". Todo mundo quietinho sem dar um piozinho sequer. Hé, hé, hé

Tinha uma bandeira nossa listrada ao lado (alvinegra) e ele falou comigo: Essa bandeira é do Santos? eu prontamente falei - é sim senhor, pode pegar.... ele pegou ficou balançando a bandeira; cantava SAAAANNTOOOS e olhava pra gente, todo mundo quieto, kkk --- depois saiu devagar e um camarada conhecido nosso que era policial conversou por lá e rapidinho deu um OK para continuarmos, era um cara folclórico da cidade e segundo eles inofensivo...... kkkkkkkkkkkkkkkkk --------- em dezembro perdemos lá por 2 x 1 no dia 4, num torneio amistoso. Pergunta se alguém foi .... Mas em 1980 voltamos lá - foto na página seguinte - e não teve problemas a não ser mesmo que era difícil de ganhar lá, outro 0 x 0.

Aliás, como dizia minha sogra maravilhosa: - Minto !!!, vencemos lá por 4 x 1 em 1979 no dia 3 de junho. Agora em 2024 fui numa festa de família na vizinha Mantena-MG e passamos por Barra de São Francisco. De uma cidade pequena não tem mais nada, comércio vibrante e ... nenhum cavalo na rua. Kkkkkk

Aproveitar para falar de outro valentão >>> Apareceu um cara num jogo no Justiniano (não lembro a época, mas foi contra o Colatina mesmo) querendo briga, mas não aconteceu nada embora alguns quisessem pegar o cara. Chega no segundo tempo do jogo, o tal cidadão, rodeado de torcedores locais inconformados com o juiz, arrebenta o portão no peito com um cadeado enorme e corrente espatifados ... e eu digo >>> - Olha lá em baixo o cara que vocês queriam brigar! – O camarada era um gigante e o jogo foi paralisado por mais de 10 minutos até o polícia tirar todo mundo de campo.

Pelo que apurei, por algum problema político na cidade o Barrense disputou o estadual em 1980 e não o Santos.

Mas o Estádio é o mesmo, o Joaquim Alves onde nos dias de hoje o Real Noroeste, de uma cidade vizinha, manda alguns jogos

O Santos só voltou à Série "A" em 92 depois do vice da "B" em 91 e em 98 também na "B" depois de perder o acesso por 1 ponto desistiu do futebol profissional.

Ihh sujou, a Galinhola atrapalhou. Ihhh sujou o Tô Fraco atrapalhou.

Piadas da vida real. Observem a foto. Do lado esquerdo da imagem, onde está um descampado (não encontrei uma foto da época) tinham umas casas e aí onde está marcado em amarelo uma Chácara que criava as aves. Em 1991 na 1a participação do Esporte Clube Aracruz, no começo do jogo os bichinhos fugiram e ficaram zanzando dentro do campo na ponta direita onde o Rio Branco atacava.

Pareciam zagueiros do tricolor da cidade. Lá pela terceira jogada, e foram muitas por aquele setor (direita do nosso ataque) nossa torcida começou a cantar os corinhos. E atrapalhavam mesmo as pestinhas kkkk

Apenas no intervalo conseguiram colocar os bichos de volta pro cercado.

Ahhh, o Rio Branco perdeu por 1 x 0. KKKK

Cabritagens do Aranha.

Estádio Carlos Firmo em Bom Jesus do Norte, que é no sul do ES

Dé era uma figuraça quando jogador. Teve um jogo na distante Bom Jesus, divisa com o RJ, que ele cavou um pênalti (uma de suas "especialidades") no final do primeiro tempo e o juiz deu. **obs.**: exatamente dentro da pequena área da foto, caindo pela esquerda. Foi um Deus nos acuda de reclamações e os locais ameaçando detonar o carro dele que estava estacionado dentro do estádio. Percebendo o erro o cara fez de tudo para corrigir e deu um pênalti para o Ordem e Progresso e o jogo terminou empatado. Eu estava só no estádio pois por algum motivo a torcida não foi e pedi encarecidamente a um diretor para voltar com o time para Vitória, pois eu tinha vindo em ônibus de carreira. Permissão concedida, alguns jogadores entre eles o Aranha sentam no fundo do ônibus e improvisam uma partida de dominó que foi marcada pelos comentários dos jogadores que sabiam desde o intervalo que qualquer coisa o cara ia dar pênalti e o Dé gozando os caras >>> **Pô, como eu ia saber que ele ia dar aquele pênalti? Eu tinha que dar um trabalhinho pra defesa por que vocêish estavam na moleza,** kkkkk

ps: o pênalti deles foi uma bola que a defesa tirou de cabeça. rsrs

Essa foi o amigo **Marcio Alves quem contou** >>> / Nessa época o clube levou o time para treinar nas montanhas capixabas. O treinamento constava de uma corrida em subida. / O repórter da TV foi perguntar a logo quem para responder se estava gostando do treinamento: Dé, o Aranha.

Reporter: e aí, Dé está gostando do treinamento? / Dé: claro que não, pô.

Reporter com o microfone em punho: porque? / Dé: não sou cabrito montês. Cabrito montês que sobe morro, pô. / Entrou para a história do futebol capixaba.

O retorno do ídolo

Bicampeão capixaba em 83 e 85 quis o destino que Elias Alves Pedra e Rio Branco se encontrassem duas décadas mais tarde. E o encontro aconteceu 24 anos depois de pendurar a chuteira - justamente o tempo que durou o jejum de títulos capa-preta. "Voltei movido pelo coração", disse Dé Aranha ao chegar em Vitória em novembro de 2010 para comandar o Rio Branco no Capixabão. No jogo decisivo, contra o Vitória, o coração que trouxe o carioca de Paraíba do sul de volta ao Brancão quase não aguentou. Minutos antes do apito final, o apreensivo Dé teve que ser atendido na ambulância no Estádio Engenheiro Araripe. E no apagar das luzes, enquanto os jogadores comemoravam em campo e a torcida soltava o grito preso há 24 anos, Dé comemorou de dentro da ambulância e agradeceu a Deus. E toda torcida capa-preta agradeceu a Dé, o herói do título de 85 que voltou 24 anos depois para trazer a alegria ao time que aprendeu a amar.

A mais Linda Shirt que deixei escapar ... a camisa ... não mantive e sumiu.

Agora eu fiquei bravo com minha pífia memória. Só lembrei o nome do Nenel. A gente vivia junto pra cima e pra baixo. Essa foto aí foi numa festa do clube onde até colocamos uma barraca para arrecadar uns cobres, rsrs

Falannisso ... a única vez nestepaís que ganhei alguma coisa na sorte >>> a fauna e a flora da torcida dentro de um ônibus com destino a Linhares ... Nenel vem em um por uma, e vai colocando uma pedrinha de bingo em um globo de sorteios. A cada pessoa correspondia um número – guarde o seu na memória... e vão-se passando os quilômetros até o globo girar... nº tal ... Sou eu, sou eu ---- rsrsrs – Ganhou o fabuloso prêmio surpresa. Toma Guto, um frango assado recheado de farofa. kkk

Na mesma data da foto anterior, Edinho Bourguignon, o último grande presidente do clube, embora o atual Pacheco esteja fazendo um trabalho exemplar. Tenho uma **historinha** pra contar ...

Certa noite, nem lembro o ano, num jogo noturno em Alfredo Chaves eu levei a mulher grávida pra lá com a Bola Branca. Por insistência ciumêutica dela, que fique bem claro. O jogo atrasou e eu fiquei pensando. Pow, vamos chegar em Vitória de madrugada e como vamos fazer para chegar em Carapebus? Chamei o Edinho pelo alambrado e expliquei a situação. - Esquenta não, estou com papai e a gente te leva até a cidade.

Carrão importado (como ele sempre teve) e enfiou o pé na bota. A mulher tremia e apertava meu braço no banco de trás ... e o pai dele, bem idoso, era o copiloto e só dizia >>> **Corta**, ele cortava todos os carros na estrada. Kkkk - **Corta** ... a cada **corta** um apertão no meu braço. Rsrsrs

Resultado, ele fez os 83 km em pouco mais de meia hora e chegando em Cariacica vimos que ainda tinha ônibus. - Ela: não precisa levar a gente até Vitória não, ficamos por aqui ... kkk

ps: Era dia de festa na cidade. Festa da Banana e do Leite que ocorre há 70 anos

Por falar em gravidez teve outra criança minha na barriga que eu levei, kkkk, dessa vez sem imaginar o que ia acontecer. Seria apenas uma viagem quase turística ao Rio de Janeiro. Minha filha já tinha uns 11 anos, o do meio ainda novinho, mas já caminhava e o mais novo ainda por nascer. Meu pai também foi e o plano era ver o jogo e passear um pouco. Mas aí a CBF marca a partida (Brasileiro série "C", 1998) como preliminar de Flamengo e Vasco. Então o passeio foi curto pois teríamos que ir bem cedo para o estádio.

POSE
A delegação do time capixaba posa para a histórica foto do primeiro jogo da equipe no Estádio do Maracanã

Tá vendo aquela gente espalhada lá no fundo do Maracanã? Éramos nós. Depois o trem encheu no jogo de fundo. Fomos em 2 ônibus, 1 com a Bola Branca e 1 da Torcida Brancabral (sem batucada e nem faixa). Esse jogo foi 0 x 0 com boas chances perdidas pelo Rio Branco.

Escapamos de uma confusão num confronto das torcidas de lá deles, contido a cacetetes e muita porrada pela PM, mas o problema foi ao final do jogo. Já de noite e chovendo muito demoramos a sair pois a PM nos reteu sabendo que éramos do ES e lá fora as torcidas do Flamengo achando que nós seríamos torcedores do Vasco e vice versa. Os ônibus demoraram e 1° veio o da Brancabral ... a polícia indo embora, recolhendo os cavalos, clima tenso e eu totalmente arrependido de ter levado a família. Depois de minutos que pareceram horas o nosso ônibus apareceu e fim do drama. Nunca mais Maracanã!!!

José Augusto Anjos Araujo / Detalhe: com uns 5 minutos de jogo chegou uma meia dúzia de torcedores do América e ficaram cantando, Sanguee, Sangue. Respondemos em alto e bom som: Brancooo, eles tomaram um susto ao olhar pra trás e foram lá pras bandas da torcida do Vasco, kkkkk

Roberto de Assis / Eu, Luis Assis e meu pai Miguel Freire de Assis. Fomos de carro.

José Augusto Anjos Araujo / Realmente, ao chegarmos no estádio já tinham Capa Pretas circulando. Fomos maioria esmagadora contra os americanos na casa deles. kkkk

Jose Carlos Borges Junior / Esse Amarildo, na semifinal em 98 contra o Vitória, no Salvador Costa, fez um golaço do meio da rua e que deu a Vitória ao Rio Branco. O goleiro do Vitória era Denis. A explosão da torcida foi inesquecível!

Acima do placar do Maracanã a turma que saiu de Vitória espalhada

Ainda sobre essa tarde/noite no Maracangalha mais alguns detalhes. Nosso pessoal ficou espalhado, mas com a aproximação do jogo principal aí no centro começou a chegar a torcida do Vasco pois era a comemoração do Título da Libertadores e as organizadas do Vasco começaram a distribuir balões esses balões de aniversário pretos sob o "olhar de olheiros" de integrantes da Raça Rubronegra. Eu alertei as tias que chamaram o pessoal para ficarmos todos juntos por precaução e dito e feito. Depois de provocações de lado a lado. É Campeão / Bacalhau imundo, só o Flamengo é que é Campeão do Mundo / Vem, vem, vem pra porrada vem FDP / e a torcida Raça veio trazendo uma multidão ... a boiada passou pela gente, mas como estávamos aglutinados mais pra cima não aconteceu nada até porque ninguém pegou os tais balõezinhos e também ninguém correu como os vascaínos ...

Colapinga

Esse era o nome de uma Organizada do Colatina, mas nunca tivemos problemas lá no grande (para os nossos modestos padrões), Estádio Justiniano de Melo e Silva. Certa noite no século passado, rsrs, saímos depois do jogo (nem lembro o placar, mas vencemos) e no Centro da Cidade o ônibus quebra. Coisa de 10 e pouco da noite. O motorista entra em contato com a garagem em Vitória e eles mandam outro. Meio esfarrapado, mas mandaram.

Nisso paramos em um grande bar e ficamos matando o tempo. Lá pra meia noite chega o ônibus; depois de transferirmos a tralha, o tal ônibus ao manobrar quebra também. Pediram outro e voltamos pro bar ... e tome pinga. Numa época sem celulares eu pedi ao dono do bar para telefonar pra casa a fim de informar à Dona o que aconteceu. – E ela acreditou? Não. / Chamei o Nenel que confirmou as 2 quebras. / - Olha Nenel se vc estiver acobertando safadezas vai se ver comigo, kkk / Aí chega a Pepenha >>> fica tranquila minha filha, ele está sossegado aqui com a gente ... rsrsrs / Chegamos em Vix depois das 3 da matina. Eu tive que ir numa Zona, rsrs, perto da BR pegar um Taxi, o único lugar que tinha pra evitar andar 12 km a pé. kkk

Foto das tias no Justiniano muito depois dos fatos narrados

Tristezas Alegres

Certa noite no final dos anos 90 (mais precisamente no dia 28 de maio de 1997) saímos de Vitória em um ônibus da Torcida Bola Branca para um jogo no Alegre, contra o Comercial Atlético Clube. Estádio Arsílio Caiado Ferreira cheio numa quarta-feira à noite. Consultando os alfarrábios (pós Oscar, que só vão até 1987) o RB venceu de virada por 2 x 1, mas o que não esqueço mesmo foi a chuva que caiu durante o jogo que quase foi interrompido em alguns momentos. O pior é que não dava pra sair do estádio no fim da partida pois estava alagado do lado de fora. Tentamos sair por um portão alternativo, mas tinha uma corredeira passando. Ainda bem que tinha uma água guardada e pinga pra aquecer e refrigerantes para as meninas ... tivemos que esperar até quase uma hora da matina para abaixar a água e andar com água e lama nas canelas até o ônibus que o motorista estacionou numa ladeirinha. Resultado, chegamos em Vix pela manhã e vimos no noticiário que choveu ainda mais e a cidade estava em estado de calamidade pública. O RB terminou a competição em 6° entre 12 Clubes. O Linhares foi campeão numa decisão contra o São Mateus.

Já em 2002, mas em outro estádio, o *Benedito Teixeira Leão* e contra outra equipe da cidade, o Alegrense; uma grande frustação e perda do título na final em 2 jogos ... Lá, no último; no dia 16 de junho um empate em 1 x 1 com 12 cartões amarelos e 2 expulsões. Creio que foi ***o maior deslocamento Capa Preta da História.*** Eu contei 10 ônibus na estrada, um comboio com torcedores comuns e a Bola Branca, Juventude e Vigor e Força 12. O Alegrense com forte apoio da prefeitura e comerciantes locais (o que já era praxe no futebol capixaba, os chamados times de prefeitura) foi bicampeão. – Depois do 1º jogo encontrei o Presidente (que era meio parente meu) lá no alto do estádio (Bar do Édson) e falei. Meu caro, independentemente do resultado do jogo em Alegre, não desmonte o time ... Não funcionou ... problema crônico do nosso futebol...

Dever de casa não executado em casa no Kléber Andrade. Um caminhão de gols perdidos, todavia a torcida não desanimou

Torcida Capa Preta no Alegre (é assim mesmo que se fala) 2002. Gol de empate e esperança, mas não deu. Mais alguns golzinhos perdidos, mas este jogo foi equilibrado e os dois goleiros fizeram grandes defesas. Outros campeonatos foram pedidos por falta de dever de casa.

RBAC x ADF - São registradas 228 partidas em um dos clássicos mais equilibrados do Mundo. A Desportiva saiu vitoriosa em 77 oportunidades e o rival em 76, além de 76 empates. Foram marcados 420 gols, sendo 209 gols pela Desportiva e 211 pelo Rio Branco.

Em Estaduais a vantagem é grená com 52 vitórias x 45 e 47 empates no total, se bem que em confrontos diretos pelo título do Capixabão é 7 x 6 para o RB. - Em disputas (Citadino + Copa ES e torneios diversos) são 13 títulos da Desportiva e 10 do Rio Branco em finais entre os dois. A Desportiva venceu duas Copa ES em cima do RB.

Pausa pros imbecis ...

A maior selvageria que eu vi na minha vida num estádio foi em um jogo no Clube da Estiva, na Serra. Campo excelente. Lá tem espaço separado para as duas torcidas. Domingo de manhã e no lado da torcida do RB muitas mulheres e crianças. A tal Torcida Cobra Coral chegou atrasada e foi direto para onde estava a torcida adversária. Chegaram com vários morteiros já acesos jogaram em todo mundo. Um verdadeiro ataque terrorista. E a polícia? Na hora só os policias em campo que viram o acontecimento e começaram a vir, mas até saírem de lá demorou. Avisaram ao policiamento externo que veio e prendeu alguns, mas o que aconteceu nesse interim? Os rapazes da Comando foram lá defender os que ficaram na mira dos vândalos ... já foram combinando ... não vamos correr pra cima, vamos na moral e pegar eles na porrada. Rsrsrs / Nisso meus dois filhos, pré-adolescentes se entusiasmam para ir também. >> / Fiquem quietos perto de mim neste canto aqui ao lado do alambrado. Aí os garotos da Comando botaram os marmanjos arruaceiros pra correr; eles passaram por trás das cabines em debandada e só aí chegou a PM.

Cê pensa que acabou? Soubemos que os detidos presos foram liberados no lado de fora e eles e os demais ficaram ao fim do jogo mais pra frente numa rua onde todo mundo tem que passar de carro ou a pé para acessar os pontos de ônibus na Rodovia de Jacaraípe. Cercando quem queria passar e batendo. Todo mundo voltou, chamaram a polícia e sem muita vontade uma viatura foi lá e voltou dizendo. Vcs estão de "palhaçadinha", não tem ninguém lá. Se eu soubesse que ia escrever esse livro teria salvado um vídeo onde um cara entrevista os torcedores assustados -Eis tá (sic) depois da esquina - o outro, um amigo diz, filma mesmo e mostra pra todo mundo ... e até mesmo o policial falando da palhaçadinha. Bem não sei quanto tempo o pessoal ficou lá (nesse dia as tias estavam de van) mas eu, Serráqueo que moro perto do bairro Camará, sei que tem uma passagem, ou melhor, uns becos pelo miolo que levam até lá embaixo num ponto de ônibus e levei mus filhos pra lá. Pegamos o 1º ônibus e rumamos para o Terminal de Carapina.

Chegando lá dentro, quem encontramos? Uma parte dos babacas no ponto que leva à Serra Sede. Ficaram olhando pra mim e pros meus filhos (todos com camisas da Bola Branca) e eu com um repenique e um tamborim nas mãos fiquei pensando: se vierem pro lado da gente o primeiro que chegar vai tomar uma raquetada na cabeça, mas os caras nada. Não sou de briga, mas para defender os filhos a gente vira leão, ou melhor, um Sarué, que come cobra. Os meninos receosos e eu disse, não esquenta não, esses covardes não tem coragem de fazer nada aqui dentro não. Depois desse dia nunca mais os levei em jogos deste tipo.

Na imagem ao lado - Treino aberto do Fluminense no Estadinho da Estiva no Bairro Camará

Um colega de trabalho, eu entrego mesmo, rsrs – numa boa, o Régis, que mora na Serra Sede me disse que foi convidado (e, gente boa, evidentemente não topou) para a criação da Cobra Coral.

Sabem o que os caras falaram na tal reunião que ele foi? Vamos fazer a primeira torcida a tocar terror no estado. Então como podemos depreender são pessoas mal intencionadas que mancham o nome de toda a torcida do clube.

E retorno aos civilizados ...

Embora amador por 47 anos pois fundado em 1930 a Sociedade Desportiva Serra Futebol Clube só se tornou profissional em 1997 a daí pra cá teve uma trajetória de sucesso obtendo um hexacampeonato estadual antes só obtido pelos extintos América de Vitória e pelo Santo Antônio, ambos da capital.

Campeão Capixaba da Série "A" em 1999, 2003, 2004, 2005, 2008 e 2018 / manda seus jogos no Estádio Roberto Siqueira Campos, o "Robertão". Trata-se de um verdadeiro caldeirão onde os adversários e seus torcedores sofrem com a pressão da torcida. O clube vendeu o estádio para a Prefeitura em 2023

Antes da tal organizada sem noção (recentemente fundaram a Super Raça, mais pacífica) lá existia também uma charanga com o pessoal da velha guarda e fiquei amigo de dois deles que desfilavam com seu bloquinho no carnaval em Carapebus. O Almeida tocava e tinha em casa um surdo e esse surdo salvou nosso samba certa noite com o Rio Branco mandando o jogo lá. / Seguinte: chega o ônibus da torcida e alguns de nós já esperando desde cedo. Desce o Nenel e lembrando que em outra ocasião o Almeida já tinha me emprestado umas baquetas num dia que esqueceram, me chama. -Guto, essa porcaria de ônibus não entra os surdos, nem pela janela e nem por lugar nenhum. Dá pra vc pegar um emprestado com seu amigo?

Dá sim só porque não é contra o Serra, se não ele não empresta, kkk / Beleza, fui lá com jeitinho e a 1ª coisa que ele perguntou: - É contra o Serra? - Não amigo, é contra outro time. OK toma aqui e me devolve ele depois do jogo. Não deixa ninguém pegar. / O Outro era uma carequinha (pai de um colega de trabalho meu) que tocava caixa como um demônio e ainda hoje ecoa nos meus ouvidos seu toque numa noite que tomamos uma cacetada lá. Kkkk / Ambos trabalhavam na prefeitura do município o que é sintomático.

Foto recente da Torcida alvinegra no Robertão / by Fabiano Mazzini

... agora uma história triste, mas que precisa ser contada ... por algumas ocasiões para o Rio Branco só sobrava lá para jogar e como é longe muita gente ia mais cedo e ficava num bar do outro lado da rua que tinha um bolinho de carne espetacular e famoso pois a toda hora chegava um carro e pediam cinco, oito de uma vez e iam embora. Um verdadeiro "bolinho desviante" rs

\ -Então foi assim: a turma na cervejinha e outras coisas e ± uma hora antes do jogo começam a chegar alguns jogadores do RB, de ônibus de linha mesmo e aos poucos (o material vinha em uma Kombi) alguns até com fome. Começamos a conversar e pagamos numa "vaquinha" água, refrigerantes e os tais bolinhos e os caras agradeceram carinhosamente pela força. Foi de chorar! Ainda bem que nos encontraram pois estavam esperando a abertura do vestiário. Uns poucos jogadores chegavam de carona com os raros que tinham carro. Imagine o que passa na cabeça de um jogador viver uma situação dessas. Página infeliz de nossa história que esperamos definitivamente virada.

A Tragédia dos Bois.

Em 1998 em plena Copa do Mundo aconteceu uma das mais sofridas partidas da história Riobranquense, no último jogo da rodada do quadrangular final, com o antigo Kléber Andrade totalmente lotado.

NUNCA na HISTÓRIA do ES, um estádio de futebol esteve mais Lindo, Embandeirado e Cheio como naquele 07 de julho. Pergunto a quem esteve lá naquele dia: cite qual jogo exclusivamente entre clubes capixabas teve público com pelo menos A METADE do que o daquela tarde, e com um detalhe desconcertante>> e esse eu afirmo pois cheguei no estádio horas antes de abrir e vi ... meia dúzia de gatos pingados de São Mateus - o que mostrou a força da torcida do clube. O SAMA não tinha mais chances de ser campeão. Por isso não veio ninguém.

Foi a última rodada envolvendo o Linhares, RBAC (vencedores do 1° e 2° turnos), Vitória e São Mateus (de melhores campanhas, fora os dois anteriores). O Vitória que fez um grande campeonato e que saiu daqui dizendo nos jornais que ia jogar pra valer, foi irreconhecível e perdeu na Terra do Cacau por 2 x 0 para o Linhares e o Rio Branco perdeu em casa (1 x 2) para o São Mateus que acabou sendo vice. O Linhares foi BI (já tinha vencido em 93, 95 e 97), Rio Branco 3° {no total 11 Vitórias, 9 empates e 3 derrotas (Linhares no 1° turno; RB Venda Nova no 2°, ambos fora e São Mateus nas finais, em casa)} e o Vitoria terminou em 4°, mas já garantido para disputar a Série "C" do brasileiro.

Fiquei (e ficamos muitos) anestesiado pela perda inesperada do Título que honestamente, nem senti a derrota do Brasil para a França 5 dias depois. Sobre o público presente falaremos depois, mas uma coisa é certa: gente que há décadas não subia uma arquibancada surgiu esperançosa para o fim de um jejum de 12 anos. Como o próprio Mazinho do tarol que tinha sumido por anos e anos; apareceu com a filha de uns 6 aninhos, deixou com as tias e tocou como sempre. Me disse que casou e mudou para Vila Velha tocando a vida dirigindo um Táxi. Todos de volta. Suponho que até algumas almas do além compareceram. Ao fim do jogo uma choradeira monumental para que lado que se olhasse.

Como a <u>sujeira</u>, por mais que ocultada, sempre aparece; na assimilação da derrota foram surgindo informações que confirmariam que esse, como outros campeonatos capixabas no período, foram vendidos pelo VIL METAL e benesses políticas inconfessáveis. O clube tinha sido informado que haveria maracutaia no jogo final (6ª round), mas, de acordo com minhas fontes, o inocente presidente falou "Vamos ganhar dentro de campo", sem saber ainda que 3 jogadores titulares estavam envolvidos numa graninha por fora, vinda do Norte. Mas já tinha acontecido no 4° round...

ATUAÇÕES

RIO BRANCO

Dirley - Estava adiantado no segundo gol. Nota 6.
Alex Gomes - O primeiro gol foi nas suas costas. Nota 5.
Cavalini - Falhou nas bolas aéreas. Nota 6.
Everaldo - Mal nas bolas aéreas. Nota 5.
Damião - Disposição, mas fraco no apoio. Nota 6.
Édson Garcia - Perdeu o duelo no meio-campo para China. Nota 5.
Morelato - Atuação apagada, sem criatividade. Nota 5.
Rossi - Falhou na pegada no meio-campo. Nota 6.
Carlinhos - Responsável pelas melhores jogadas de ataque. Nota 9.
Peres - Bem marcado, apagado no jogo. Nota 5.
Amarildo - Apático, quase não tocou o pé na bola. Nota 6.
Marcelinho - Substituiu Édson Garcia. Pouco acrescentou. Nota 5.
Reiger - Substituiu Rossi. Marcou um gol e perdeu outro. Nota 7.
Cosme Eduardo - Demorou a mexer e não acabou com a apatia do time. Nota 7.

SÃO MATEUS

Everaldo - O melhor em campo, com uma série de boas defesas. Nota 9.
Daniel - Firme na marcação. Nota 8.
Dias - Anulou Amarildo, ganhou todas pelo alto. Nota 7.
Sérgio Andrade - Não deu espaço para Peres. Nota 7.
Toninho Amazonense - [illegible] quase complicou a defesa. Nota 6.
Evaldo - Bom marcador. Nota 7.
Boladeiro - O cérebro do time: passes certeiros e bons chutes. Nota 8.
Alex - Ajudou a congestionar o meio-campo. Nota 6.
Índio - Não deu sossego à defesa do Rio Branco. Nota 7.
China - Foi um leão em campo. Nota 9.
Marcelo Cabeção - Oportunista, marcou os dois gols da vitória. Nota 9.
Marcão - Substituiu Alex e reforçou a marcação. Nota 7.
Marcos Magalhães - [illegible] o meio-campo do Rio Branco. Nota 8.
Paulo César Gomes - Na sua despedida, fez vista grossa para alguns lances violentos. Nota 7.

Roberto Lopes / Eu sei dessa história da propina. Foram 4 jogadores. ///

Jorge Braga / o mão de quiabo um zagueiro e dois meio campo.

Cassiano Laranja / Também estava lá. Dois gols de Marcelo Cabeção. Quando o jogo estava 0 a 0, o 10 do RB não lembro o nome recebeu um cruzamento de cara com o goleiro e quiz fazer o gol de letra, errando a bola displicentemente. /// <u>**Zenildo Neves**</u> / Eu estava presente. Fiquei tão puto com a soberba do RB (tapete vermelho para os jogadores entrarem em campo, Trio Elétrico, Várias freezers com bebidas para comemorar o título), depois deste jogo, nunca mais quis acompanhar o RB com a mesma frequência de antes.

Esse papo aí no Facebook é relativamente antigo (2020) e quando eu disse que preferia não citar nomes foi por 2 motivos: 1° deixando claro que não tinha medo de processo nem nada até porque a página é de ex-jogadores também, entre eles um dos "suspeitos e 2° que tive um dó, não dos atletas que tiveram um momento de fraqueza, mas por seus amigos e família que não tem nada a ver com isso. Na época não existia e nem existe uma memória na internet sobre o jogo, mas meu anjo arquivista de AT conseguiu para nós. De dois deles eu tinha certeza do nome (mas não disse, rsrs) e o outro eu tinha dúvidas e sabia que era um magrelo alto (o zagueiro), mas aí o tempo vai passando e começaram os amigos a dar nome aos bois. Deixando ainda mais claro que várias vezes pedi uma resposta aos "supostos suspeitos"

José Augusto Anjos Araujo / - Hoje decorrem mais de 22 anos. Será que prescreveu? _____Na época algumas pessoas citaram até os nomes não de 3, mas de 4 e eu disse o seguinte: >>> Me parece que agora todos conhecidos (fora os outros inéditos indiretos) já tem seus nomes desvendados. O espaço está aberto para se defenderem, desmentirem ou explicar por que seus nomes foram citados. Será que alguém se habilita? //////// - **Nada ... sumiram da página e olhe que alguns até participavam. Corporativismo?** Rsrsr

Jorge Braga / os três jogaram na Desportiva.

Patrik Dumer /-YES, o goleiro Dirlei envolvido em outros escândalos em outros clubes, num jogo anterior com o próprio linhares, o RB ganhando e tudo dominado, aos 44 minutos e ele dá rebote de um escanteio no pé do atacante (o único do Linhares) deles sozinho na área para empatar.

Jonas De Lima Fernandes / o zagueiro Cavalini, que falhou bisonhamente nos dois gols do SM e o cabeça de área Édson Garcia que errou tudo no jogo final e deixou o Marcelo cabeção, do SM, fazer tudo que queria. Uma merda!

A torcida compareceu em massa ao estádio para apoiar o Rio Branco e saiu frustrada

O China que é sujeito homem e jogava no São Mateus na época, comentou e eu fiz questão de esclarecer a ele que não houve "mala branca" para o SAMA, mas forte suspeita de "mala preta" para o Vitória, além dos Cinco Mil Dinheiros para cada jogador que topou; depois se soube que foi arrecadada muita grana na cidade de Linhares para tal fim e os jogadores envolvidos foram dispensados para nunca mais pisarem no clube, mas tudo feito em silêncio, pois evidentemente não havia provas. Dinheiro vivo não deixa rastro.

China Kaoyien / Eu estava em campo aquele dia jogando pelo São Mateus. Foi nossa melhor partida no campeonato.

José Augusto dos Anjos Araujo / Foi phoda pois a torcida esperava o título há 12 anos e ele não veio com o Kléber Andrade lotado. Muita gente nunca mais voltou a um estádio de futebol. Como diria o Bem Amado Odorico: "Foi uma Deceptude !" kkkk

China Kaoyien / . Nós chegamos ao estádio e tinha tapete vermelho , foi o motivo pra gente entrar com sangue nos olhos .

José Augusto dos Anjos Araujo / Não foi com vcs ... foi com jogadores do RB. Se vc lembrar do gol do Marcelo Cabeção verá que foi uma obra prima do crime. O jogador ($) atrasa uma bola do campo de ataque, lenta num espaço vazio, o zagueiro ($) com uma perna desse tamanho deixa o atacante do Sama que saiu mais de 100 metros atrás chegar na frente dele e de outro atrazado; contando com a colaboração do goleiro ($) que abandonou o gol na correria. Cabeção que não era bobo nem nada tocou por cima. O outro gol, do mesmo jogador, foi outra falha da defesa. Time desligado.

A máfia avisou ao Rio Branco que tinha jogadores vendidos e que poderia reverter a situação mas os dirigentes amadores e incompetentes não souberam lidar com a situação. Quem vivia a realidade do clube, e ouvi de várias fontes diferentes, disse que foram 5 mil para cada jogador do clube {o que aconteceu na mala preta ($$$) para o VFC ninguém sabe} e a bufunfa foi uma cota que os fazendeiros de Linhares fizeram bridada com Scoth. Concordo com vc que a soberba do RB foi exagerada e tive um mau pressentimento quando o RB entrou primeiro no gramado, tinha que ter deixado o Sama entrar primeiro e ser viado ou melhor vaiado, rsrsrs. / O mesmo que aconteceu com outro goleiro; do estrela em 1983 - toda a cidade de Cachoeiro sabe, mas não adianta chorar sobre o leite derramado. O Sama fez apenas a parte dele e jogou bem contra um time apático e perdido em campo por ter tomados dois gols em pouco tempo e saber no intervalo que no norte (as rádios divulgavam) que o Vitória estava apático em campo. Eu também duvidava mas as pessoas deram tantos detalhes das transações que não dá pra acreditar em tantas coincidências. A Desportiva, na época da Franel (SA) ganhou um campeonato (ano 2000) com resultados suspeitos em 6 jogos na reta final, não coincidentemente favoráveis a ela.

A torcida lotou o estádio para ver o Rio Branco ser campeão, mas viu o São Mateus vencer por 2 a 1

Nem mesmo a presença em massa de sua torcida foi suficiente para que o Rio Branco mostrasse que conseguiu montar um time campeão. Precisando vencer para quebrar um jejum de 12 anos sem título, o time mais popular do Estado decepcionou: perdeu em pleno Estádio Kleber Andrade para o São Mateus por 2 a 1 e vai ter que começar tudo de novo. Agora, são 13 anos sem título.

O resultado, combinado com a vitória do Linhares, bicampeão capixaba, deu o vice-campeonato ao São Mateus, que representará o Espírito Santo na Copa Centro-Oeste a ser promovida a partir deste ano pela Confederação Brasileira de Futebol.

Sem o zagueiro Silvério, o Rio Branco sentiu a falta de um xerife em campo, e quem acabou mandando no jogo foi China, capitão do São Mateus, que bateu no peito, tomou conta do meio-de-campo e distribuiu várias tapas durante a partida, principalmente em Morelato e Edson Garcia.

"Infelizmente, o Rio Branco ficou assistindo ao São Mateus jogar, e quando acordou, no segundo tempo, já perdia de 2 a 0. Para ser campeão, o clube vai precisar contratar jogadores de bom nível", afirmou o técnico Cosme Eduardo após a partida.

PRESSÃO

O Rio Branco começou colocando pressão, com Carlinhos obrigando o goleiro Everaldo – o melhor jogador em campo – a duas difíceis defesas, aos dois e dez minutos.

Mas o time mateense, num contra-ataque rápido, aos 40 minutos, acabou marcando. Boiadeiro cruzou para a entrada livre de Marcelo Cabeção que fez o gol, calando a torcida alvinegra.

No intervalo, o goleiro Dirley desceu ao vestiário alertando os jogadores do Rio Branco que um desastre estava para acontecer. "As bolas altas e também as rasteiras estão passando e a zaga não está conseguindo cortar".

O Rio Branco chegou a dar impressão que iria reagir, pressionando o adversário. Aos 15 minutos, quando o Linhares marcou seu primeiro gol, os torcedores começaram a abandonar o Kleber Andrade.

Em outro contra-ataque do time mateense, Marcelo Cabeção ampliou aos 41 minutos. Reiger, já nos descontos, diminuiu para o time alvinegro.

RIO BRANCO 1 x 2 SÃO MATEUS

Estádio Kleber Andrade

Gols: Marcelo Cabeção (São Mateus), aos 40 minutos do primeiro tempo, e aos 41 do segundo, e Reiger aos 45 minutos da etapa final.

Rio Branco: Dirley, Alex Gomes, Carlinhos, Everaldo e Damião; Edson Garcia (Marcelinho), Morelato, Rossi (Reiger) e Carlinhos, Peres e Amarildo. Técnico: Cosme Eduardo. **São Mateus:** Everaldo, Daniel, Dias, Sérgio Andrade e [illegible]; Evaldo, Boiadeiro, China e Alex (Marcão), Índio e Marcelo Cabeção. Técnico: Marcos Magalhães.

Juiz: Paulo César Gomes. **Renda:** R$ 53.390,00 (11.662 pagantes).

RB e Linhares chegaram na última rodada com 7 pontos e o Linhares teria um jogo difícil com o Vitória que tinha uma ligeira chance de ser pelo menos vice campeão, mas abriu mão da disputa perdendo bisonhamente (2 x 0) como relatavam as rádios de Vitória que foram cobrir o jogo (- que o RBAC trate de vencer aí pois aqui o VFV está morto em campo), mas o Rio Branco precisava apenas de si, desde que o Vitória não sofresse uma goleada Ao "juntar os cacos" depois do fato ocorrido, lembramos conversando na arquibancada com os colegas de como tudo foi estranho. O goleiro saindo desabalado do gol em hora incerta e mais um gol de falha com um time que não tinha perdido em casa em todo o campeonato. Depois descobriu-se a maracutaia.

Eu tive um mal pressentimento quando o Rio Branco entrou primeiro em campo (num tapete de tecido) e o SM entrou depois e ninguém nem viu. Tinha que ter deixado os caras entrar primeiro e sentirem a pressão da massa. Às vezes pequenos detalhes fazem a diferença e o desprezo pode ter sido uma injeção a mais para os azuis. No final do jogo muitas pessoas choravam copiosamente. O dinheiro gasto para a festa, que não aconteceu (trio elétrico e mais caixas e caixas de cerveja na saída do estádio _ LEMBRAM? - podia ter sido gasto para neutralizar a propina, o que foi proposto ao clube pelos que sabiam do esquema. Talvez dirigentes mais experientes, o que não era o caso na época - tinha muita gente da política de Cariacica gerindo/ferindo o clube, tivessem assumido uma postura diferente para enfrentar a situação. Gente que desrespeitou, assaltou e endividou o Rio Branco.

Outra coisa no juntar nos cacos, talvez até mais importante mas que passou despercebida foi em rodada anterior (no meio teve a vitória de 1 x 0 sobre o VFC fora) decisiva, no mesmo Kléber Andrade contra o Linhares: O Rio Branco vencia sem ser incomodado quando no último lance do jogo num escanteio o goleiro ($) que a bem da verdade esteve envolvido em outras sacanagens daquelas difíceis de provar mas quem é adepto do futebol capixaba sabe, solta uma bola besta nos pés do único jogador do Linhares dentro da área (pela esquerda), foi só dominar e chutar para empatar o jogo. Com aquela vitória o time iria para 9 pontos e deixaria os cotistas dos bois com 6 pontos. Um irmão de um ex presidente (Cirilo) do Linhares, que trabalhava comigo disse que realmente fizeram um leilão de bois na cidade com cada fazendeiro doando um animal, mas que não era pra pagar ninguém, era só pra ajudar o clube, rsrsrsrsrs

Apesar do JeanKarlo dizer que é o VFC em 96 tenho quase certeza esse é o time de 98 que empatou no KA (0 x 0) já nas finais. Vencemos no Ninho da Águia (1 x 0) mas num jogo duro. Inacreditável ter jogado tão mal na última rodada.

Me lembrou o caso de um ex-jogador do Vitória Futebol Clube (não vou citar o nome em respeito aos amigos e familiares) que sempre era expulso de campo e com raivinha ia para o vestiário. O que se apurou depois é que ele pegava um trocadinho nas carteiras dos colegas que estavam jogando ou no banco, um pouquinho de cada um para não desconfiarem até que tudo foi descoberto mas evidentemente abafado, rsrsrs E era bom jogador ele !!!!

China Kaoyien /- devia falar o nome do vagabundo ...

O presidente Joel Perovano está internado numa clínica e o técnico Cosme Eduardo não deve ficar

Depois de deixar o título do Capixabão escapar entre os dedos, ao perder para o São Mateus no domingo e, com o resultado, ver o Linhares conquistar o bicampeonato, o Rio Branco ainda não sabe qual rumo vai tomar.

A reunião para acertar os ponteiros do relógio de Campo Grande ainda não foi marcada, porque o presidente Joel Perovano teve que ser internado na Clínica da Enseada, após a partida.

O técnico Cosme Eduardo recebeu três propostas de outros clubes e não deve ficar, sem revelar os nomes dos pretendentes.

Já o presidente Joel Perovano, está se recuperando do princípio de estresse que sofreu no apagar dos refletores do Kleber Andrade, no domingo.

Mais calmo do que após a partida contra o São Mateus, Cosme preferiu o silêncio a ter que falar sobre as "coisas de arrepiar" que acontecem no Rio Branco. Ele reconheceu que a equipe alvinegra não entrou em campo no primeiro tempo.

Ainda na avaliação de Cosme Eduardo, durante o segundo tempo os jogadores estiveram mal posicionados, havendo falha da zaga no segundo gol do São Mateus.

"No segundo tempo, o Rio Branco partiu para o ataque, mas não era a noite do Rio Branco. O goleiro deles (Everaldo) parecia uma muralha, pegou tudo".

Bem mais enfático, o presidente Joel Perovano fez duras críticas aos jogadores:

"Faltou garra, amor à camisa e respeito à torcida", desabafou.

Os estilhaços do bombardeio de Perovano sobraram ainda para o presidente da Federação de Futebol, Marcus Vicente.

"Ele é um presidente invisível, que resolveu aparecer somente na final do campeonato. Cadê o término das obras do Kleber Andrade que ele tanto falou? Se ele continuar desaparecido, o futebol capixaba morre à míngua", atacou Perovano.

Mas ele deixou bem claro que pretende contar com o apoio do vice de futebol, Nilson Moraes da Cunha.

Cosme Eduardo criticou o time e elogiou o goleiro do São Mateus

Verdade alvinegra

A torcida do Rio Branco, frustrada com a perda do título do Capixabão, não perdoou os jogadores e a comissão técnica.

Mas se um torcedor tiver a paciência para conversar alguns minutinhos com o técnico Cosme Eduardo, saberá que o título do Capixabão sempre esteve ... de Kleber Andrade.

Cosme simplificou numa única frase o 13º aniversário do jejum sem título alvinegro, ao dizer que o Rio Branco vive de passado.

O técnico sabe melhor do que ninguém que há muito tempo o Rio Branco deixou de ser clube para viver como um time razoável, tendo um presidente mas sem ter uma diretoria.

E os três ou quatro abnegados que aparecem como dirigentes vivem fora de sintonia, não se entendendo e entrando em rota de colisão.

Cosme garante que só contratando jogadores de alto nível – com que dinheiro, ninguém sabe –, o Rio Branco voltará a ser campeão, porque só um time infinitamente superior aos adversários será capaz também de derrotar a falta total de estrutura do próprio clube.

Horário

Enquanto o goleiro Everaldo, do São Mateus, fechou o gol diante do Rio Branco, Dirley não esteve bem. E quando um comentarista criticava o jogador alvinegro, o repórter interrompeu-o, dizendo que Dirley tem problema de visão nos jogos à noite.

"Então, de duas, uma: ou o Dirley troca à noite pelo dia ou seu relógio ainda está no horário de verão", devolveu

Nogueira Santos / Tem. Muita. Falcatrua no futebol capixaba. Rio. Branco. E. Vítima dessa pouca vergonha. Até quando. Essa pouca vergonha no pobre futebol capixaba

José Augusto Anjos Araujo / nunca se sabe ...

Nildo Oliveira / Eu estava lá. / Estava recém chegado ao espírito santo. Foi amor a primeira vista. De lá pra cá aconteça o que acontecer. / Jamais abandonarei o clube. / Quanto às carretas de cerveja eu não queria mesmo.

JAA / A bem da transparência o presidente do VFC disse ao final do jogo que o juiz era "Um homem grande, de Calça Curta e Frouxo". Deu um gol que o auxiliar levantou a bandeira e expulsou um seu, que foi a vítima de um murro do linharense.

Goleiro

O goleiro Dirley, apesar de ter sido o menos vazado do Capixabão (21 gols), voltou a ser criticado, juntamente com a defesa, no primeiro gol do São Mateus no jogo de domingo no Kleber Andrade.

Mas o goleirão se defende: "Dizem que não saio nas bolas altas. Mas de que adianta sair em bolas altas se, quando elas vêm rasteiras, os zagueiros ficam parados?..."

Torcedores

O Rio Branco perdia por 1 a 0 para o São Mateus e, na volta dos jogadores para a fase final, um repórter quis saber de Cosme Eduardo qual tinha sido o papo no intervalo.

"Disse para eles que o time todo assistiu ao São Mateus jogar e se agora, na fase final, continuassem como torcedores privilegiados, todos teriam que pagar ingresso", bronqueou Cosme.

Essas "coisas de arrepiar" do Cosminho dizem tudo, rsrsrs

O que era para ser uma grande comemoração, com festa do sonhado título de campeão após 12 anos (o clube nunca tinha passado mais de 6 anos sem títulos e acabou indo a 24) acabou virando um tumulto no Kléber Andrade. Irritada com a derrota a torcida alvinegra fez um arrastão na entrada do estádio em duas barracas onde estavam 20 mil latas de cerveja até acabar o estoque. Esse time não vale nada, mas eu quero a minha cerveja gritou um torcedor carregando 4 latas na mão.

O vice de futebol Nilson Moraes acusou os jogadores de falta de raça e jogou a toalha ao fim do jogo. Minha família já vinha me cobrando essa decisão. Passo o cargo para que outras pessoas possam administrar o futebol. *"Acho que ele sabia de tudo" !!*

Kléber Andrade em 1998 (1ª foto) e pouco antes de ser demolido em 2008 (2ª foto) praticamente abandonado e sem a entrada principal. Comenta-se que o maior público* no estádio foi em 1986 num jogo pelo brasileiro (RB 1 x 0 Vasco) foi de mais de 40 mil pessoas ("oficialmente" 32.328 pagantes) só que nesse dia os portões foram arrombados e por isso o publico foi estimado apenas. O do jogo Rio Branco x São Mateus em 98 teve uma bilheteria anunciada de 11.600 pessoas o que só não é uma piada de péssimo gosto se não soubermos como as coisas funcionavam. Foi no mínimo 3 vezes maior sem contar as gratuidades ... muitas. Esse negócio de esconder a grana é praxe no futebol capixaba. -
*outras fontes citam mais 50 mil pessoas (estimado por alguns) no jogo de 1986

Neste período por conta de seguidas administrações desastrosas o clube devia até a padaria da esquina. O Rio Branco era acionado na justiça e não mandava advogado e nem recorria. Teve uma cozinheira (na época do Jadir Primo) que fazia as refeições de alguns atletas em uma casa proxima ao estádio. Trabalhou (mal) uns 2 ou 3 meses; foi dispensada e colocou o clube na justiça. Julgado à revelia o clube teve que pagar no dinheiro de hoje em torno de 100 mil reais. Devia nas esferas municipais, estaduais e federais e nunca conseguiu se livrar dessas dívidas. Apenas na atual gestão todas as contas foram sanadas ou estão em processo de pagamento acertado com todos os credores; se tal não fosse feito a venda dos direitos para a concretização da **SAF** não teria ocorrido agora em 2024. Estava um zona ...

Voltando ao público; no jogo contra o Vasco só existiam dois lances de arquibancada de concreto, uma maior de um lado e uma mais curta do lado do visitante. O resto do público ficou mesmo no barranco - foto ao lado - que ia de um lado ao outro mas havia espaços vagos sem lugar. Acontece que em 1998 a ferradura já havia sido fechada no fundo como visto nas fotos do alto da página.

Os ingressos em sua maioria não eram vendidos nas bilheterias pois fiscais da fazenda recolhiam não uma porcentagem, mas todo o dinheiro arrecadado ao vivo de dentro dos locais de venda no estádio. As lojas que vendiam os bilhetes com antecedência também tinham que informar toda a movimentação e prestar contas. Isso aconteceu dezenas de vezes ao longo dos anos; tanto nos jogos locais quanto nos jogos do Brasileiro... Logo diretores e amigos deles andavam pelas filas na entrada principal com maços e pacotes de ingressos nas mãos e também em duas entradas no alto do estádio - portões laterais - longe do fisco. Aproveitavam e botavam vizinhos e parentes pra dentro. Essa mesma diretoria amadora e corruta que sabendo que ia ter marmelada no jogo, deixou acontecer.

Na ampliação da arquibancada em 1996 uma licitação mostrou uma grana preta de orçamento para fazer a obra e um conselheiro remanescente das antigas diretorias (construía prédios de alto nível na Praia da Costa) falou, está errado, eu faço pela metade do preço. E fez mesmo, em apenas 5 meses. Então depois das obras os engenheiros após os testes disseram que a capacidade estava em 42 mil pessoas sentadas. A crise não deixou, mas o plano era trazer as pontas da ferradura mais pros lados da entrada principal com mais 2 mil lugares de um lado e 2 mil e do outro.

Com esses dados e sabendo que o estádio estava bem cheio no 7 de julho de 1998 podemos afirmar que o público estimado foi também em torno de 40 mil pessoas já que muita gente ficava em pé na parte inferior ao anel de concreto que sustentava as arquibancadas. Foi o último título do Linhares (*melhor campanha da história do futebol capixaba na Copa do Brasil, chegando as semifinais da competição em 1994, além do vice em 1993, e também semifinalista em 1991 e 1992)* que foi extinto em 2001. Macumba Capa Preta? Kkkkkkkkkkkkkkkkkkkkkkkkkk

O Estádio de Todos os Clubes. Esse era a denominação prevista pelo seu idealizador, Kléber Andrade. Quis o destino que após seu inesperado falecimento o local fosse batizado com seu nome e que também ele se tornasse, mesmo por caminhos tortuosos, realmente a casa de todos os clubes capixabas depois da compra pelo governo do estado.

Na foto ao lado o famoso barranco que existiu entre 83 e 96. //

Andressa Zuiqui / Nossa Muita Saudade dessa Época de ver Rio Branco no barrancão com fervor e muito amor ao time. // **José Augusto dos Anjos Araujo** / Bons tempos. Tínhamos nosso estádio e ninguém enchia o saco. Não é por nada não, mas eu preferia esse estádio aí!!!

Elias Rocha / Eu também. /// **Roberto Bernardino** / Eu gostava mais assim... /// **Riva Costa /** Eu tambem. O atual é bonito, mas sem vida!

Sandro Marins Rauta / Eu também, do estádio Kleber Andrade só restou o nome Nao consigo entender o que passou na cabeça dos engenheiros e arquitetos nessa obra.

Paulo César Valentim / concordo plenamente sem dúvida alguma. Barzinho amplo. banheiros espaçosos ao lado e abrigo para o sol e chuva sob o anel.

João Pedro_/ E nada contra do Estadio novo, ma sinto muitas saudades do Estadio nos anos 90 até 2005. O campo era enorme e quem treinava nele obtinha uma boa vantagem.

Felipe Geraldo S. Silva_/Construíram um estadio de Lego, super faturado, com um placar de 2 polegadas custando um milhão, algo de errado não está certo...

JAAA / **Esse crime ainda vai ser elucidado um dia e <u>todos os seus autores</u> ressalvados na história (entre os nefastos) do nosso sofrido estado. Às vezes é preciso um tempo para que a verdade venha à tona. - Maledeto gerente da Caixa Econômica que avaliou tudo em meros 6.5 dinheiros a mando de PH que conhecedor da história (o RB em meados do século passado já havia recuperado um, o Bley que havia sido tomado na mão grande também), aterrou todos os enormes vestiários que eram subterrâneos mas tinham boa ventilação pelo fosso ao redor do campo, jogou todas as arquibancadas no chão para que o RB não reivindicasse nada depois - e construiu o belo circo para gáudio das empreiteiras corruptoras (Odebrecht no rolo é claro). O que são 6,5 milhões, seus pobres? Vou dizer que vou gastar 100 pra Copa do Mundo, vai subir para 180 e vou fechar por 220 milhões. Vão querer o quê de volta?** kkkk

Estádio antigo feito na RAÇA no patinho feio da nação: o nosso estado >>>> Não se esqueçam que NO BRASIL INTEIRO o governo fez estádios enormes -NO BRASIL INTEIRO - menos no ES. Nem preciso fazer a lista deles pois foram dezenas e em alguns estados até mais de um. Pois bem, fizemos o nosso sem ajuda de FDP nenhum e veio a politicagem minar as bases do futebol capixaba. Sempre entre os TOP 10 desde que o futebol brasileiro existe fomos capitaneados pelo projeto político do nefasto da turma do Marcus Vicente ao ***<u>pior futebol do Brasil</u>***.

Cobertura redonda e arquibancadas quadradas que não protegem ninguém nem da chuva e nem do sol, banheiros distantes uma eternidade das arquibancadas (apertadinhas, onde toda a fileira tem que se levantar se alguém quiser passar), sem infraestrutura de atendimento ao público que ainda tem que aguardar uma eternidade para entrar e principalmente para sair, sem estacionamento viável, uns caracóis como rampas de acesso que não atendem ninguém (um cadeirante não consegue subir e nem descer sem ajuda), coisa de estádios europeus quando não tinham inventado os elevadores e escadas rolantes, que no KA MUDERNO agora atendem apenas aos jogadores que há pouco tinham que percorrer uma escadaria para sair e entrar nos vestiário - Tinha time de fora que fazia o intervalo sentados no campo, chupando laranja para não ter que "subir lá em cima" kkkkk ... coisa de projetista que nunca foi em um estádio de futebol. Não "manjaram" nada. Tá ligado? Kkk

Se colocaram agora a escada rolante para os jogadores, qual o motivo de não terem pensado algo parecido na época, para os cadeirantes? O Maracanã tem elevadores há décadas e todos os estádios modernos também os tem. Sabe pra que servem hoje os caracóis? Para pessoas se esconderem nele para urinar. Ao fim do jogo está tudo mijado e o rio amarelo (não o da China, rsrs) vai "descendo pra baixo" ....

Não existem dúvidas quanto à beleza do novo estádio e se for em frente o projeto de ampliação para 35.000 pessoas divulgado agora em 2024, muita coisa pode ser corrigida e melhorada, mas algumas coisas são impossíveis eu acho, como a falta de estacionamento, a cobertura com mais 30 metros de altura que não protege nem do sol, nem da chuva e nem do vento (neste caso falta uma parede fechando a parte de trás. Uma parte ínfima do público atualmente fica abrigado. Do tal Edifício Educacional que ficaria na entrada principal nunca mais se falou e as 5 quadras do projeto original, com a ampliação também não serão feitas. Elas seriam na parte de trás do palco (na foto) totalmente desnecessário pois as grandes bandas e shows nacionais e internacionais tem seus palcos móveis e desmontáveis. Uma arquibancada aí vai ser ótimo pois vai torná-lo mais aconchegante, melhorar a acústica que não existe hoje e ainda possibilitar a locomoção dentro do estádio o que acontecia no antigo por conta da ferradura. As bilheterias atuais precisam ser muito melhoradas também bem como os acessos pessimamente projetados

Problemas sem soluções são apenas problemas e esses apontados aqui são de conhecimento geral, mas nos inspiramos numa publicação do site O Manto Capa Preta para apontar o que ele já dizia lá na época da conclusão do novo.

Detalhes da proposta na página seguinte.

Na publicação ele dá exemplo de reformas no Independência MG), Arena da Floresta (AC), Frasqueirão (RN), Pituaçu (BA), Arena Joinville (SC) e mesmo o Del Siglo em Montevidéu (URU) que ficaram infinitamente mais em conta para o erário e atendem perfeitamente ao público.

Estas fotos acima são de uma época até boa, mas ele no final estava totalmente abandonado pelos gestores do caos

Nuestra Casa

Como a vida nos ensina, mesmo de situações negativas a princípio, podem surgir benefícios gerais para as pessoas como no exemplo do avanço da ciência em momentos de guerra ou pandemias. No caso do Novo KA foi ótimo para o torcedor do bom (?) futebol ver os grandes clubes de estádios adjacentes jogarem em Campo Grande (Cariacica) e valendo pontos. Pelo fato de o ES ser vizinho ao estado do RJ e à antiga Capital Federal, é lógico e evidente que desde que o futebol existe no Brasil os espírito-santenses tenham um time no Rio. Uma moça que ajudava lá em casa torcia para o Olaria. Rsrsrs / Os maiores públicos no Novo KA>>> Vasco x Volta Redonda (21.275) e Flamengo x Internacional (21.000)

O maior público entre os locais foi a decisão do Estadual de 2015 exatamente entre Rio Branco x Desportiva (12.849 pagantes). Deu Rio Branco, quebrando um incômodo tabu de não ter conseguido antes ser campeão no KA.

E a pergunta que não quer calar: ... havia alternativa? Sim ... um projeto mais eficiente e infinitamente mais barato. Trata-se do esboço na 4ª foto - 2 páginas atrás - aquela em que aparece uma cobertura ilustrativa transparente.

By **Cesar Costa** >>> A ideia era realmente não destruir nada, somente reformar, complementar e ampliar a estrutura. Seguem algumas características relevantes do projeto:

Nivelamento" na arquibancada superior: como dá para ver nas fotos do antigo KA, as arquibancadas superiores se "achatavam" atrás do gol. Isso por que o morro que foi escavado para a construção dos degraus era mais baixo naquele ponto. A solução para manter o número de degraus nesse ponto, seria preencher com concreto, ou fazer uma terraplanagem de nivelamento nessa área, até por que, não é tão grande a diferença de altura. Assim a arquibancada ficaria maior e ainda facilitaria a colocação da cobertura no estádio.

Arquibancada Inferior: A antiga geral seria transformada em uma nova arquibancada. Seria menor, com aproximadamente metade dos degraus do que as superiores, porém, esta daria a volta completa no campo, aproveitando a estrutura de anel completo, que já existia. O fosso seria extinto e talvez seria necessário rebaixar mais o campo, para que a visão do torcedor nesse ponto fosse privilegiada. A ideia, era que a torcida ficasse à poucos metros do campo, bem próximo do gramado. Os acessos a essa arquibancada inferior seriam feitos por escadas e rampas encontradas no nível da entrada do estádio, o que também já acontecia no antigo Kleber. A grande vantagem dessa arquibancada inferior era que, além de ampliar a capacidade do estádio, ela poderia ser usada em jogos menores, com previsão de público mais baixo. Assim, poderia ser vetado o acesso à Arquibancada Superior, economizando no custo do jogo e contribuindo para o clima de "caldeirão", já que as inferiores seriam fechadas e bem próximas ao campo. Acredito que a capacidade dessa arquibancada seria de algo em torno de 10mil pessoas.

Acessos: Assim como foi projetado, haveriam 4 acessos ao estádio, sendo o principal "Bilheteria A", no nível mais baixo da Arquibancada Superior e os demais "B,C,D" No nível mais alto da bancada. Assim, torcidas rivais poderiam entrar em lados totalmente opostos, evitando qualquer tipo de confronto. /// **Bancos de reserva no lugar certo**: a pista de atletismo seria extinta. Até por que, convenhamos, o ES nunca teve tradição nesse esporte e não tem a mínima condição de sediar eventos com apelo de público. Além disso, o custo do piso de uma pista de atletismo de primeiro nível é de R$5milhões aproximadamente. A extinção da pista, daria condições da colocação de bancos de reserva em seu local correto, nas laterais, com uma boa área técnica. De quebra, possibilitaria que a arquibancada inferior ficasse bem próxima ao campo, parecido com o novo Maracanã.

Teto baixo: também aproveitando o conceito do Maraca, o teto do estádio seria bem "baixinho", fechado atrás, nas paredes superiores da arquibancada, melhorando muito a acústica, cumprindo com a função de proteger da chuva e sol e deixando o estádio muito mais aconchegante. Ah sim, claro, o teto só cobriria as pessoas, afinal é para isso que serve. Ou seja, seria construído por cima das arquibancadas superiores, acompanhando a ferradura, sem fechar o círculo. /// **Itens de "luxo"**: o estádio ganharia itens de modernização como um grande telão, cabines de imprensa espaçosas e 2 áreas VIP com camarotes, tribunas de honra, cadeiras mais confortáveis e espaçosas, bares exclusivos, etc.

Com essas características, teríamos um estádio grande - com capacidade para pelo menos 50mil pessoas - e ao mesmo tempo, mais bonito, mais eficiente, mais "caldeirão", com melhor acústica, menos oneroso para se manter e ainda muito mais moderno do que esse que foi feito. O custo da obra seria bem menor, acredito, pois não existiriam as demolições. Além disso o teto, que foi o maior custo da reforma, custaria bem menos, pois não seria tão alto. Sobre as cadeiras, por mim, nem existiriam, já que gosto de ver o jogo em pé, mas se fosse o caso, só instalaria na arquibancada superior, assim a inferior seria mais simples e teria o ingresso mais barato, mesmo conceito das antigas gerais.

Inaugurado em 1983, o Kléber Andrade foi reformado para a Copa do Mundo de 2014. O estádio não recebeu jogos oficiais, mas foi a casa da seleção de Camarões durante a competição. A capacidade atual é de cerca de 22 mil pessoas.

O desenho das arquibancadas e cadeiras remete à obra do pintor Piet Mondrian, um ícone da modernidade. Um quadro dele foi recém vendido num leilão em Noviorque por 51 milhão de DÓLA,rs. Dava pra comprar o estádio de volta, kkkk

Voltando à Vaca Branca ...

Esse fotógrafo estava de sacanagem comigo, com o Mazinho e com o Valteir pois clicou na hora que a bandeira passou em frente ao coração da bateria da Bola Branca. Só está perdoado por que deixou na foto (destaque em círculo) o Alcy Simões sentadinho aguardando e observando o furdúncio. Na foto ao lado alguns nomes dos nossos bravos.

Nenel atraindo as lentes e abaixo dele (no círculo) nosso Stradivarius, o Tulú, de bigodinho; xodó das tias agarrado também no alambrado. Ao lado dele um camarada habitualmente presente. Eu como sempre estou de fora da foto, rsrs / Jogo em Guarapari.

Bola Branca chegando cedo ... para ver o juvenil / A Bola Branca comparecia quando havia jogos do juvenil na preliminar (e mesmo em jogos isolados) para prestigiar os garotos. Acho que o cara sentado na frente da turma, de calça jeans (pertinho de "meu" surdo) era eu, ainda de uniforme da empresa na qual trabalhava saindo direto do trampo, por não dar tempo de ir em casa, rsrsrsrsrs

Merengues

... quando eu era menino pequeno láááááá ... Merengue era um doce que assado virava suspiro. Mas um dia um empresário do ramo de mármore e granito (muito forte no ES) resolveu fazer um time de futebol, construiu um estádio com o nome em homenagem ao pai, José Olímpio da Rocha, no meio do nada, em uma fazenda próxima a Águia Branca, no noroeste do estado e criou o **Real Noroeste**. Daqueles times que se pensa que igual a tantos outros surgem e desaparecem. Ledo engano, o cara (Flaris Rocha) sabe contratar bons jogadores e na série A Capixaba desde 2011, foi "batendo na trave" (vice em 2018 e 2019) até vencer e ser tricampeão em 2021, 2022 e 2023 além de levar a Taça ES em 2011, 13, 14 e 19. Representou o ES várias vezes nas séries "D" e Copa Verde da vida.

Em 2019 o Rio Branco foi vítima da pressão no interior quando na semifinal, sua senhoria, o soprador de apito deu uma falta para o Real num pênalti inventado pois o zagueiro alvinegro simplesmente tocou na bola limpamente e saiu jogando enquanto o ponta deles se jogou. Não teve replay e o frame ao lado só foi obtido pois filmado pela torcida. Por ter melhor campanha passou na semifinal e depois acabou perdendo a final para o Vitória. Pela sacanagem até quem é rival ferrenho dos azuis (como eu) torceu para o time da capital. A torcida que foi em grande número voltou P da Vida da longa viagem. Lá, quebraram um portão e invadiram o campo para dar uns cascudos no ladrão, mas a polícia não deixou.

Quem ficou revoltado com a marmelada foi o Loco Abreu que estava no RB e pronunciou uma frase dura, mas que não se pode contestar. >>> "É por isso que o futebol capixaba está na Merda!" kkkkkkkkkkk / Abril de 2019. / Loco Abreu fala sobre o futebol capixaba e a dura realidade do Campeonato Estadual // "A CBF precisa abrir o olho, pois aqui no Espírito Santo a lei não está sendo cumprida.

O que aconteceu no jogo do último sábado (entre Real Noroeste e Rio Branco, em Águia Branca, pelas semifinais do Capixabão) foi uma demonstração clara de que tem muita gente que não quer que o futebol capixaba evolua. Quando vi o veículo que o clube (Real Noroeste) diz ser ambulância, lembrei dos carros da minha terra que fazem entrega de presunto, queijo e linguiça. É o mesmo veículo. Se for colocar tudo que uma UTI Móvel de um futebol profissional requer lá dentro, ou entram os aparelhos ou entram os pacientes. Quando abriram a porta e eu olhei para dentro, não tinha nada, só um espaço vazio, sem luz e uma maca. A enfermeira que atendeu um atleta nosso assumiu: 'tem que levar o jogador para o hospital, porque aqui não tem condições.'

Nas quartas de final, contra o Serra (mando do Rio Branco), o jogo ficou paralisado e o árbitro veio conversar comigo dizendo que uma das enfermeiras estava sem o documento. Mesmo a gente tendo três ambulâncias, eu achei certa aquela paralisação, pois a regra precisa ser cumprida. Mas ela precisa ser cumprida em todos os lugares, e na semifinal ela não foi. Em momento nenhum se falou disso. O árbitro autorizou o início da partida normalmente, de forma ilegal. Eu procuro dar respaldo para ter boas condições de jogar futebol. Você pode machucar e não ter suporte como gostaria de ter.

Estou feliz aqui no Espírito Santo, mas infelizmente ilegalidades estão acontecendo. Não estou chateado com o clube, com jogadores e com a cidade, mas quem controla o futebol daqui está querendo remar somente para o lado dele. O futebol desse jeito é ruim para todos. Quando um tenta fazer diferente e subir, alguns puxam para baixo.

É como aquela história do vendedor de caranguejo da Praia da Costa. Um dia me deparei com um homem na praia com dois baldes cheios de caranguejo. Um estava com areia por cima dos animais para que eles não fugissem, enquanto o outro não tinha nada. Perguntei o porquê daquilo e ele respondeu: 'O que está com areia é como se fosse o futebol de outros estados: quando um tenta subir, os outros se agarram nele e sobem juntos. O outro balde não precisa de areia, pois é o futebol capixaba: quando um tenta subir, os outros nove puxam para baixo para que todos fiquem no mesmo lixo. Minha crítica é aos dirigentes que dão essas condições para que os clubes não pensem em crescer.

Estamos em uma semifinal de campeonato que não tem exame antidoping, não tem jogo passando na televisão e ilegalidades como essa. Não é só contratar jogador bom para que o futebol cresça.

A avaliação de minha passagem aqui está sendo boa, pois curti muito. Gosto muito do Espírito Santo. Eu cheguei tentando ajudar os atletas, com dicas de como tem que ser a alimentação, o treinamento, mostrar uma vivência internacional, ajudar ele a crescer e ter visibilidade. Nesse sentido, foi uma experiência boa. Tentei ajudar em outros sentidos, como criar um sindicato para os jogadores, mas não consegui, não deixaram.

Minha estadia toda foi muito legal e aprendi a desfrutar do mundo capixaba. Nas ruas, as pessoas me agradecem por ter escolhido chegar ao Rio Branco e ao futebol capixaba. Percebo que o povo tem essa necessidade e uma vontade muito grande em ver o futebol capixaba em outra patamar"

Ainda sobre os eventos da semifinal de 2019 e o pênalti anotado aos 49 do 2° tempo existe a súmula do jogo que pode ser consultada na internet. Um primor de desfaçatez onde fica bem clara a parceria do soprador, José Wellington Bandeira com os dirigentes do Real. Ele colocou na súmula os relatos da própria diretoria do clube sobre fatos inverídicos e para mostrar que foi imparcial disse que a torcida do time da casa arremessou duas garrafas de água no seu bandeirinha. Kkkk / Outra coisa engraçadinha: Existe um vídeo de uma TV local com os "melhores momentos", mas na hora do lance do pênalti ele não mostra nada. Só o cara batendo depois. rsrs

Ronison Servare / Que roubo vergonha /// **Antonio Carlos Santos** / Juiz safado e não tem punição para esse pilantra.

Evandro França Barreto / É um safado e estava mal intencionado, só esperando uma "suposta" oportunidade para colocar sua desonestidade em prática. /// **Roberto de Assis** / Assalto! /// **Uriel Spagnol** / a mão armada /// **Denilson Baptista** / Tapetão!

José Augusto Anjos Araujo / <u>Como todos sabemos, tem coisas que só acontecem no futebol capixaba</u> !!!! rsrs - Além dos fatos inusitados, pitorescos e marcantes do passado, que de vez em quando resgatamos aqui dos anos 10, 20, 30, 40, 50, 60, 70, 80 (começando a piorar), 90 (em franco declínio) de lá pra cá sucessivamente, de rebaixamentos (A; B; C) e ladeira abaixo, sofrendo há tempos na série D. Apesar do declínio desde que certas entidades políticas assumiram o futebol no ES (final dos anos 80 e da década de 90 em diante (não coincidentemente) até o fundo do poço no ranking da CBF atual já ocupamos uma posição de destaque no futebol nacional. Nossa deprimente Federação ocupa hoje a 22ª colocação enquanto que até os anos 70 era de 10ª para baixo. O ES já foi até 3° em 1940.

Agora vou justificar a frase sublinhada e comprovar que as coisas estranhas não aconteciam só no passado >>>>>> Ontem à noite lá no interior do ES o juiz foi a única pessoa que viu o gol dentro do estádio. O atacante não comemorou na hora, a defesa aplaudiu a bola pra fora supostamente tirada pelo zagueiro e foi elogiado pelo narrador e comentarista. <<<<< Mas aí o árbitro, aí na foto acima abaixado, viu que a rede estava com um buraco (igual antigamente) e mostrou por onde a criança entrou . kkkkkkkkkk / e pra completar vem o replay e o pessoal da TVE fala: agora vamos ver ..... (em câmera lenta ....) ahammm - ummm , vai ter que ver outra vez !!!!!!!!!!!!!!! KKKKKK

Jair Oliveira / Para completar o enredo da noite tem a narrador da TVE Robson Maia. O que seria " bumbum guloso"?
José Augusto dos Anjos Araujo / Só o Gurú Mestre Pom Pom com Protex poderia esclarecer. Kkkkkkkkk
Gustavo Almeida / Mas nessa escuridão como ele enxergou? Kkkkk / **José Augusto dos Anjos Araujo**/ Trocou os olhos de águia por olhos de coruja.

Reginaldo Cardozo Ramos / José Augusto Araújo - de tudo que vc relatou concordo plenamente e vou acrescentar um fato que quem acompanha o futebol capixaba é torcedor do Rio Branco vai lembrar com certeza, certa feita em um confronto decisivo contra o São Mateus um pênalti a favor do Rio Branco nos minutos finais da partida o jogador Marcelo Cabeção incumbido de bater a penalidade refugou umas três vezes por ter o goleiro adversário se adiantado o árbitro "expulsou o jogador do Rio Branco" deixando de punir o goleiro infrator. Coisas que só acontecem no famigerado futebol capixaba.

José Augusto Anjos Araujo / Se for escrever um livro sobre esses acontecimentos daria uns 3 livros grossos. kkkkkkkkk - Olha o Cabeção aí; sim, jogou depois no RB / **Reginaldo Cardozo Ramos** / com certeza meu amigo,com certeza kkkkkkkkkkk

As imagens não estão boas pois são frames de uma reportagem do programa Show do Esporte da TVE. Nela uma visita ao acervo de Nenel que estão atualmente com o clube e de acordo com o Presidente farão parte de um Memorial do Futebol Capixaba como era o sonho do saudoso torcedor. Ele conta que certa vez chegou na antiga Sede Social e encontrou tudo abandonado e com várias fotos rasgadas e espalhadas pelo chão. Recolheu, colou e digitalizou tudo e tomou gosto pela coisa pois já tinha algumas fotos que ia guardando. Na época da reportagem ele já tinha 82 emolduradas em quadros (último frame) e mais de 320 não só do Rio Branco, mas de vários clubes da terra. Contou muitas histórias bacanas como a do Jorge Mendonça que prometeu a ele que faria um gol no Vasco (em 1986) pois conhecia bem o goleiro do time carioca (Acácio) e sabia que ele gostava de jogar um pouco adiantado e se tivesse uma chance saberia onde chutar, rsrsrs. Promessa feita e promessa cumprida. kkkk

Na reportagem acima Nenel apresentou seu neto Gabriel que cantou o hino do clube para satisfação do orgulhoso Vovô. Ao lado Nenel em campo depois do acesso da "B" para a "A" em 2005 que contou com a ajuda do Tetra Mundial pela Seleção Brasileira Aldair. / Nessa época e depois o Nenel arrumava centenas de apitos que distribuía pra galera antes dos jogos. De longe se ouvia o zumbido do apitaço. rsrsrs

Ferramental

Pegando o gancho em uma publicação (Facebook) sobre o Daniel que jogava nas 4 posições da zaga... A foto do estádio é apenas ilustrativa - não lembro exatamente onde foi, mas era parecido.

KKKKKKKK -essa nem ele sabe ... »»»jogo no interior... aqueles estadinhos acanhados e uma casinha ao lado do campo servindo como vestiário. Algumas meninas da cidade, lá no cantinho sobem no alto e dão uma "espiada" pela janela ... os jogadores se preparando para jogar e elas saem dando umas risadinhas. ---- eu, já enturmado pergunto: - O que foi? - elas olham sorrindo e dizem: - tem um jogador "seus" (sic) que tem uma **ferramenta** deste tamanho, rsrsrsrs .... O time entra em campo e elas falam pra mim: é aquele ali, é aquele ali! ... e eu falo: - É o Daniel, rsrsrs - e elas começam a cantar em coro: Daaanieeel, Daaaniieeel, **kkkkkkk** - as pessoas da cidade e nosso pessoal não entendeu nada, só nós, envolvidos, foi de chorar de rir... rsrsrs

Atribulações e Vitórias apesar de tudo

Bem pessoal, como dissemos recentemente citando Dom João Batista da Mota e Albuquerque: Só o povo salva o povo! Um dos ídolos do nosso futebol, o zagueiro Daniel teve um sério problema de saúde e teve que amputar parte de uma perna. Situação muito delicada que envolvia risco de vida pela dificuldade na cicatrização. / Um amigo em comum, o Orly Guimarães soou o alerta e acionamos em nossas redes de torcedores (e mesmo aqui nesta página) e ex-atletas, os amigos e admiradores para tentar uma solução pois os procedimentos envolviam uma série de seções de tratamentos médicos complexos para amenizar o problema.

Graças a Deus deu tudo certo. Muita gente se solidarizou e contribuiu com o que podia. Daniel pediu para agradecer a todos, amigos, desconhecidos, atletas adversários e torcedores de outros clubes. Uma coisa fantástica que nos faz ter esperança no ser humano, na solidariedade das pessoas e mesmo no Facebook, que foi o meio de informar a todos sobre a situação do nosso craque. Ele enfrentou tudo com a galhardia e alegria típicas de um vencedor. / Venceu mais uma e agora está pronto para colocar uma prótese e voltar a se locomover. Muito Obrigado a todos e todas, o que vcs fizeram foi fantástico!!! Foi o mínimo que poderíamos fazer para ajudar o Daniel, multicampeão nos clubes em que jogou. Até mesmo os que só puderam doar carinho ajudaram muito. A humanidade ainda tem jeito!!! Ele já está andando.

Jackson Sa Costa / Jorginho , Vicente e outros membros da associação dos ex atletas fez uma ótima contribuição. // José Augusto Anjos Araujo amigo acabo de receber na página da festa do Espiritosantense uma notícia maravilhosa, Jorge Amorim mencionou que o fundo dos atletas está direcionando Cr$ 3.900,00 reais ao Nosso amigo Daniel, e postou as fotos da perna. Acredito que isto vá sensibilizar vários amigos,e alguns pix serão feitos, já que ele postou também o pix da neta. Agradeço a Deus sua iniciativa de nós mostrar a real situação. Que Deus abençoe nossos amigos, os atletas deste fundo, você, e todos que de qualquer maneira venham contribuir com o Daniel. Estarei também enviando um pix hoje mesmo. Deus abençoe a todos.

Antonio Rafael Filho Rafael / Eu Rafael, também quero o ZAP do Daniel!!!!

JAAA / Valeu Carlos Henrique. O Ex craque grená, do Flamengo e do Palmeiras fez uma contribuição legal. Vamos em frente!!!

Luiz Carlos Sá / ja passei para o grupo dos ex atletas, Master Vitoria e o pessoal de Guarapari a través de Adjair. / Muito importante o trabalho que vc fez irmão. Beleza !!!

A defesa do Rio Branco não deu moleza para Reinaldo

Sobre este jogo no Mineirão ao final o Reinaldo fez questão de trocar a camisa e disse que ele jogou com lealdade, o que não era comum em se tratando do baixinho. Daniel tem a camisa até hoje!

José Augusto dos Anjos Araujo / Valeu amigo. Nas horas difíceis sabemos que podemos contar com os amigos. Vamos em frente !

Celson Rodrigues / se tiver algum meio pra ajudar me fala por favor, esse cara e o Dé me ajudaram muito quando fui pro Brancao, sempre morei em Santa Rita e quando vinha dos treinos eles me deixavam na porta de casa.

Carlos Costa / Falar de um Rio Branco grande, sem mencionar o nome de Daniel, seria uma injustiça. Deus te abençoe Daniel.

Quase dá POUBREMA. rsrsrs

Lembranças - em 1994 na 1ª vez que o RB jogou em **Venda Nova do Imigrante** contra o Rio Branco local (tricolor), uma turma que estava com a gente (Torcida Bola Branca) começou a cantar, ***"Eu vim aqui, fazer o quê? Ver o Venda Nova se phodeerrr,"*** rsrs, / Eu estava na batucada e parei o surdo na hora para não incentivar a provocação; Nenel pediu para eles pararem o corinho. Nisso, nós estávamos na entrada, já do lado de dentro do Olímpio Perim, sendo cercados pelos moradores locais. O Capitão da PM do policiamento entendeu a situação, me agradeceu com um sinal e pediu para os torcedores procurarem os seus assentos.

Eu acho que o Capitão manjava de samba pois ele estava perto observando, eu o vi ... ele me viu e olhou pra baixo na direção da baqueta, "Captei a Mensagem" rsrs e parei. Foi uma ordem telepática. Ele fez um "tinindo" sabendo que parando a marcação o resto da bateria para. Kkkkkk /// Ahhhh, sobre o jogo citado, perdemos por 3 x 2.

Sandro Marins Rauta / Eu fui nesse jogo, Cláudio Adão jogava no Rio Branco. / **José Augusto dos Anjos Araujo** / Exactamente. Atração nos estádios.

Paulo Dias Dias / Sandro Marins Rauta sim fizemos 29 gols eu 14 ele 15 infelizmente foi mandado embora coisas do brancão. Jogo ridículo muita quizumba muita cera / /// Para quem não sabe (grifo meu), Paulo Dias é o Tico Capixaba que fazia gols até dormindo, rsrsrs

Entre trancos e barrancos

Estadual de 1994. Mesmo contando com Cláudio Adão, que por incrível que pareça em sua estreia fez dois gols, um a favor e um contra, o time ficou na metade da tabela (oitavo entre 16 clubes – 11 vitórias, 11 derrotas e 8 empates). Na foto ao lado casa cheia no KA contra o Linhares e Adão tenta chegar, mas o goleirão Hiran segura com tranquilidade.

Mas o pior ainda estava por vir. Já sem chances na última partida com a Desportiva jogando pelo empate para ser campeã (3 de agosto) viu este acontecer (0 x 0) em Pleno KA e pela 2ª vez o rival vencia o campeonato jogando no estádio. A Tiva atropelou todo mundo em 94; foram 30 partidas, 18 vitórias 10 empates e duas derrotas apenas, 47 gols marcados contra 17 sofridos saldo de 30 gols.

Detalhe: No título de 85 o RB venceu no KA (gol de Juarez) mas o jogo final foi no Jardim (0 x 0).

Dinho

Um gol dos que mais vibrei em um jogo do Mais Querido, por vários motivos, lá em Linhares. Primeiro foi a certeza do título para subir do rebaixamento e também que o autor do golaço foi/é de um amigo do Bairro. A viajem já foi uma epopeia pois ao buscarmos os instrumentos no estádio (KA) estava tudo fechado, tivemos que caçar o caseiro kkkk - No gol que eu esperava e veio, Dinho subiu uma barbaridade e decidiu num jogo muito difícil, Difícil como o foi todo o campeonato. Vou continuar a falar sobre a campanha de 2005 onde até de Trem viajamos (Baixo Guandu) para apoiar o time, rsrsrsrs. Um doce para quem disser quem era o técnico, embora apareça na última foto, rsrsrs

Tarcisio Rosario Da Costa Pereira / Técnico era luizinho, ex jogador do América e Flamengo, acho que já faleceu
José Augusto dos Anjos Araujo / - faleceu em 2019 de infarto
Ps: esse Linhares não é aquele; é o Linhares Futebol Clube, fundado depois que o outro foi extinto. Mas a torcida é a mesma, rsrs

Pedra de Coturno na Chuteira

O time da Polícia Militar, Caxias Esporte Clube, que não disputa mais o profissional, já foi pedra no sapato de muitos clubes. Chegou a ser campeão em 1944 eliminando o favorito Rio Branco numa inacreditável virada de 0 x 3 para 4 x 3. Ganhou também dois "Initium", em 55 e 61, mas isso eu não vi; o que assisti ao vivo em cores rubro negras (eu tinha 11 anos de idade) foi uma decisão do Citadino de 1970 quando venceram o Rio Branco no Bley lotado *que foi esvaziando, e o Jipinho enchendo...*

Explico >>> foram 2 jogos para decidir o campeonato de turno e returno entre 6 equipes e como os 2 terminaram com 16 pts. a decisão foi para 2 jogos extras. O 1° ficou empate (1 x 1) e no 2° a porca torceu o rabo. Kkk

Ao lado da arquibancada principal havia um espaço vago, onde eram abertos os portões de saída ao final do jogo. A partida começa e no local estava um Jipinho da PM com uma meia dúzia de policiais trabalhando. O Rio Branco não conseguia marcar numa grande exibição do goleiro George e com a ansiedade aumentando os torcedores do Caxias em sua maioria foram se agrupando ao redor do veículo de onde dava para ver tranquilamente o jogo. Na zaga um ex riobranquense, o lateral Campeão jogava um partidão, defendendo e subindo perigosamente e o central Folheado evitava as finalizações; no meio um tal de Agrimaldo se destacava. Aí começou a tragédia. Alcenir, dispensado do RB sob protestos da torcida marca para o Caxias ... e o jipinho enchendo ao redor ... rsrs – muitos que estavam do outro lado, os antis, rsrsrs começaram a vir pro lado do jipinho .... O Rio Branco partiu com tudo mas tomou outro; um lançamento de Agrimaldo para Alcenir marcar novamente lá pelos 30' do 2° tempo. A torcida do RB começa a ir embora e ao abrirem-se os portões surge mais um monte de gente. O jogo termina com uma multidão que até o Jipe desapareceu no meio da turba. Kkkk / Uma festa e foram a pé comemorar no Quartel que fica na vizinha Maruípe.

Barquinho Vem

Casa cheia no dia 19 de setembro de 1976 valendo pontos para o Campeonato Nacional. Esse jogo não consta no livro do Osmar. Apesar de jogar bem o Rio Branco perdeu para o Santos por 1 x 0 no Jardim, gol do Peixe marcado pelo ponta Capitão que depois seria campeão brasileiro no Guarani. O jogador Capa Preta com o número 2 é o Joubert.

Mesmo com uma campanha irregular (só melhorou depois de perder muitos pontos, rsrs) a média de público no estádio foi de 15 mil pagantes (modesto, mas significativo para os nossos moldes) na 1ª participação Capa Preta no Campeonato. Vaga obtida no Estadual.

Um pequeno equívoco na legenda do quadro. O jogo a data, o placar e os autores dos gols estão corretos, mas a Bola Branca só começou a ir aos jogos quase um ano depois, mais precisamente no dia 9 de maio de 76.

Entre as pioneiras falta o nome de três e ... vemos um espião no meio se aproveitando ... o Rui Monte que é Grená. kkkkkkkk

O KA antigo, sem saudosismos, apenas fatos, era perfeito para tomar uma cervejinha sem preocupações. Dava pra ver o jogo do bar de baixo (administrado pelo Jorge Reis) e do lá de cima, perto das cabines (administrado pelo Édson Flexa); do lado deles banheiros sem luxo, mas amplos e funcionais. Entre o 1° e o 2° lance das arquibancadas existia uma calçada bem larga onde ficavam os churrasquinhos e pipoqueiros além da famosa Baiana do Acarajé.

Eu, na minha busca incessante por caronas dizia (por telefone) aos colegas que eu sabia que gostavam da iguaria: e aí, vamos no estádio? - Vou não, o time está fraco ... Eu >>> Mas o Acarajé tá bom .... <<< segundos depois... que horas que é o jogo? /// **mudando de mastro** ... Tinha um amigo do bairro que tinha tanto medo de roubarem o carro dele que estacionava num morrinho lá em Campo Grande, em frente à casa da tia dele. Longe pra Dedéu. Findo o jogo eu dizia, Ô Meu vai lá buscar o carro que eu vou ajudar o pessoal a guardar as coisas, há há há - Depois de uns 30 minutos ele aparecia. Tudo certo? Partiu Carapebus ... pena que foi morar no RJ ...

Guerra guerrilha briga ... e ... Paz e Amor. **É UMA BRASA MORA?**

Pelos meus alfarrábios os primeiros confrontos contra equipes da "Capital Secreta" foram em 1923 (Rio Branco 3 x 3 Cachoeiro) e 1924 (RB 2 x 0 Estrela, lá). A rivalidade entre as cidades existe até hoje por motivos que aqui não cabem, rsrsrs

Esse aí ao lado foi no Bley nos anos 60

.

Uma coisa eu queria ressaltar: O Estrela nunca foi "time de prefeitura'

ALTO DO SUMARÉ / Um amigo cachoeirense mandou uma foto do estádio do alvinegro sulino, nosso mais ferrenho adversário no interior do estado. *Aproveitei e resgatei algo e rabiscos que tinha escrito em meus caderninhos ... à mão mesmo ... um costume que mantenho desde sempre.*

O estopim ...

_____________ Rapaz, vou contar para vc uma pequena história de nossa relação com a torcida Estrelense. Sou de organizada do RB desde 1974 e já sofremos muito aí em Cachoeiro. Foram muitas derrotas (independentemente da diferença temporal na qualidade das equipes) e poucas, mas saborosas vitórias.

Lembro da 1ª organizada do Estrela, que tinha o estranho nome de Kady Estrela lá no início dos anos 70. Jogos sempre tensos. Em 26-06-1977 a torcida foi em 2 ônibus: um da Capa Preta e o outro da Bola Branca - o problema é que diferentemente de hoje quando fizeram um portão lá no alto para acesso ao fundo da arquibancada onde fica o torcida visitante; só existia o portão principal. Vai daí que quem vem de fora tem que atravessar no meio da torcida estrelense o que sempre gera atritos. Nesta época ficávamos não lá no fundão, mas no princípio da grande arquibancada e a travessia era ao contrário... Pois mal ... vencíamos por 2 x 1 e o time do Kiko (sim, ele mesmo, o ídolo deles) pressionando e um morteiro explodiu perto do braço do lateral do Rio Branco (Marinho) que estava com a bola dominada, ele caiu assustado e o ponta estrelense "lei do ex" Joadir empatou aos 45 e logo o juiz (?) acabou o jogo.

Logo antes, não sei onde arrumaram tantas laranjas pra jogar em campo. kkkkk - A torcida do Estrela, que passara o jogo todo jogando barro (estava chovendo barbaridade) e foguetes em nós (tinha umas 100 pessoas, com mulheres no meio) – as bandeiras estavam marrons, rsrs - com a também conivência da PM local (que até sorria), ao apito final veio em peso na nossa direção. Um cara deu uma porrada do nada no Tião ... magrelinho; quando ia dar outra eu dei uma "surdada" nele que caiu quicando - fizemos um cerco e fomos pegando na porrada os vândalos, que correram - foi a única vez que briguei num estádio de futebol. Nenel foi no comandante da PM e conversou ... diante das ameaças ele providenciou uma escolta (dos 2 ônibus) com três camburões que foram abrindo caminho para gente nas ruas próximas que tinham torcedores (?) atirando pedras a cada esquina ao longo das ruas- imagina se tivessem perdido o jogo. kkk

O troco ...

Pois bem, a retaliação foi portentosa e sem nenhuma "violência porradística". Algum tempo depois do estopim, numa rodada dupla no Jardim, o Rio Branco de forma inesperada aplicou uma goleada no bom time do Santo Antônio (4 x 1) na preliminar e o Estrela tinha que vencer bem a Desportiva no jogo de fundo para pensar no título do 1° turno; o saldo de gols nos favorecia. O RB foi campeão ao final.

A torcida que veio de Cachoeiro (em uns 10 ônibus da Itapemirim, ficou na mesma arquibancada nossa pois do lado de lá estavam as torcidas alvirrubras e principalmente a grená. Ficaram um pouco afastados, mas sem problemas. Ao fim do primeiro tempo 0 x 0 deu pra ver que o Estrela não ia conseguir golear e nos preparamos para ir em caravana pra Praia da Costa comemorar o título, não sem antes um garoto *(nosso guerrilheiro)* ter dito que já tinha checado e TODOS os motoristas da Itapemirim estavam sentadinhos vendo o jogo na arquibancada. Para não levantar suspeitas foi enviado um "grupo avançado" de uns seis moleques que rapidamente esvaziaram TODOS os pneus dos ônibus. Quando deram o OK, recolhemos nossa tralha e levamos pra Praia da Costa.

Ao voltarmos já tarde, noite chuvosa, vimos lá de cima uma enorme movimentação de carros de apoio e funcionários da Itapemirim trocando pneus e uma multidão embaixo das marquises se escondendo da chuva e perguntei aos colegas: que ser espancado? Desce lá de carro e fala "é campeão" kkkkk

O bololô

E teve uma "situação" posterior pois ficamos uns jogos sem ir lá pois sabíamos que o bicho ia pegar, iam apenas alguns de carro, mas sem camisa de torcida e nem do time rsrsrsrs - um belo dia fomos lá 26 de novembro do ano seguinte (1977) e o que aconteceu???? Os locais, cedo fizeram um cercadinho na única entrada e ninguém conseguia entrar, nem eles. Empurra daqui e empurra dali decidimos esperar. As Tias junto, sabe como? Com quase 30 minutos de jogo eles resolvem entrar e nós fomos depois. Quem já foi no Sumaré sabe que a entrada é atrás do gol à esquerda das arquibancadas e quando nós acabamos de entrar sai um gol do Rio Branco (gol do Rogério de cabeça) exatamente nesta trave, a nossa torcida vibra e começa nova confusão, kkkkk - desta vez a PM age rapidamente e todo mundo vai se sentar e ver o jogo, rsrsrs /Ficou 1 x 0 mesmo.

Outras escaramuças pequenas aconteceram lá e cá, até que foi diminuindo, diminuindo e acabou.

Love and Peace

Mas a história ainda não terminou e tem um final feliz. Em 2003 o Rio Branco jogou contra o Cruzeiro pela Copa do Brasil em Cachoeiro pois não tinha estádio disponível em Vitória. De última hora levamos (Bola Branca) os instrumentos todos improvisados, faltando colocar pele, sem ferramentas, sem talabartes apenas para fazer barulho. Pois bem, a rapaziada da torcida Jovem do Estrela nos deu TODO o apoio, arrumou tudo o que faltava (teve gente que tirou o cinto da calça como correia), recuperou os instrumentos (e calibrou as peles com o calor de fogo em jornais) e ainda tocou e cantou com a gente, ,,,,,, foi emocionante. !!!!!!!

Perdemos para o time que foi campeão no final da competição (e do mineiro e brasileiro pela 1ª vez na história); mas foi um jogão e o Rio Branco dominou grande parte do confronto e pressionou bastante. O time quase empatando, o Eric Bomfim soltou uma bomba no travessão e na sequência nosso zagueiro faz um golaço contra. ferrou. // Nosso xerife Fábio Henrique tomou uma entrada dura com 5 minutos, nunca mais jogou - O RB fez um a zero; Alex Carequinha empatou na manha, bateu a falta marota e um atacante mineiro (Mota, o mesmo que machucou o joelho do nosso Capitão) fingiu que ia tocar a mão na bola, tirou a mão e a danada entrou, rsrs - o time do "Luxa" virou com um gol de cabeça numa bola até defensável para o Chico. Como o juiz já tinha expulsado um deles expulsou também um lateral nosso.rs O RB empata ao fim do 1º tempo - No 2º num contra-ataque besta eles abrem 3 x 2. O RB vai pra cima, perde chances, mas toma o gol contra. O Nem foi tirar com um chutão e a bola, pra trasmonte rsrs fez uma parábola cobrindo o "guarda-vala" ...

Nozes lá em cima com faixas e bandeiras assistindo incrédulos o incrível gol contra do zagueiro que substituiu o nosso capitão.

Depois disso acabou o problema e sempre os recebemos muito bem nos jogos em Vitória fazendo mesmo um samba junto antes do jogo - eles sempre trazem umas meninas bonitas para abrilhantar a festa. Rsrsrs

O título estadual recente do Estrela foi muito merecido (na realidade sempre foram competitivos e reveladores de craques) e eu e outros torcemos muito! Deu certo! Abraços Alvinegros!

ps: esta crônica foi escrita em 2015 e o Estrela foi campeão em 2014. Antes tinha sido vice em 5 oportunidades e muitas vezes prejudicado pela arbitragem

A Jovem do Estrela é de 1997 e evidentemente se intitula "A Maior Torcida Organizada do Espírito Santo"

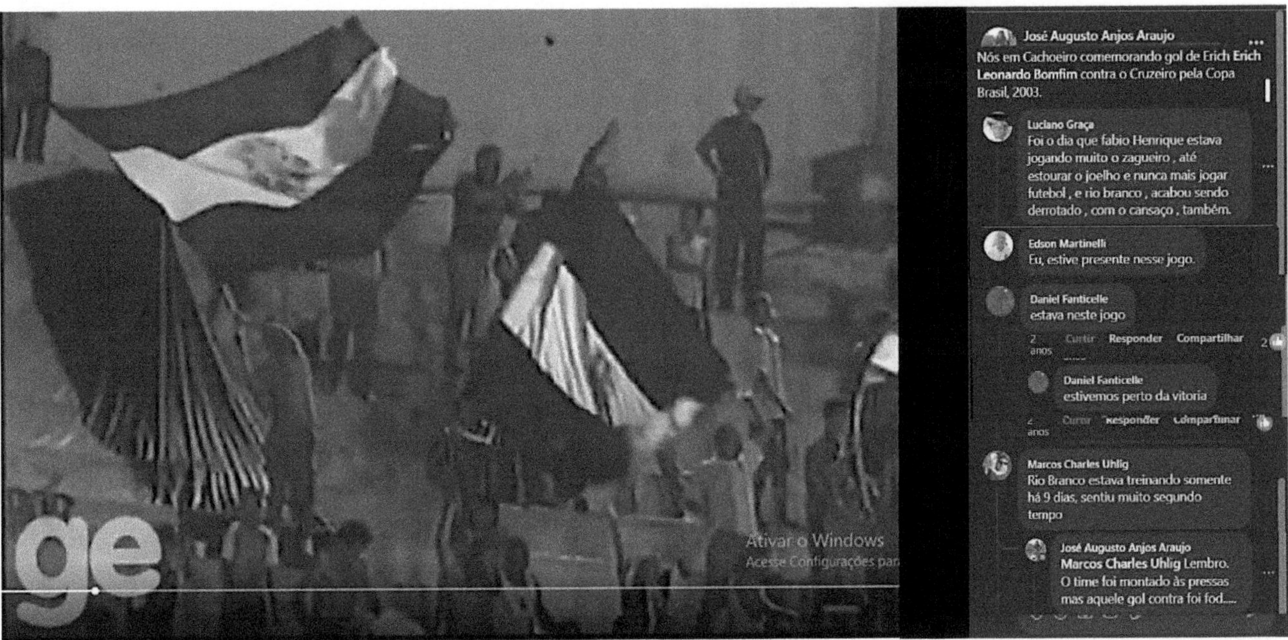

Cacilda! A memória é surpreendente e como uma coisa puxa a outra é inexplicável. Quando eu fui encaixar a última foto dessa página lembrei de um artefato que durante os 1os anos do Velho KA alguns torcedores providenciaram: eram duas pranchas de madeira bem largas, talvez ainda da época da construção que eles mantinham escondidas dentro do estádio mesmo. Era para manter a tradição de invadir o campo depois de conquistar títulos ... que não vieram. Era meio segredo, mas alguns (o Nenel junto) sabiam. A ideia era passar as pranchas entre a geral e o campo, por cima do fosso (onde até tilápias eram criadas e pescadas) para acessar o campo. Realmente não era fácil chegar ao gramado. Tinha que descer no espaço onde chegavam os ônibus dos clubes, descer uma escadaria que dava acesso aos vestiários, pegar uma passagem lateral e subir a escadinha para sair atrás da trave que dá para a entrada principal. Mas nesse jogo aí de baixo o acesso foi facilitado para (poucos) torcedores pois embora valesse uma tacinha esta era de campeão da segundinha e o adversário era o Linhares, não aquele, o novo. O time já tinha vencido lá por 1 x 0 e aí foi só carimbar com 3 x 0; ou seja, não teve explosão, só uma bombinha.

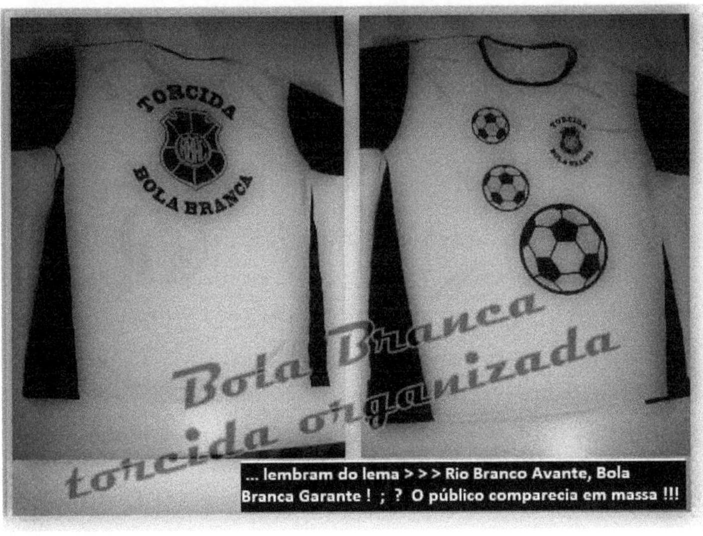

Eu nem invento e nem aumento. Olha a pescaria no fosso

Um Tetra Campeão Mundial mostra pra gente a nossa humilde da segundinha capixaba.

Nos “livros de rostos” das malhas de pegar peixe ... da vida.

José Augusto Anjos Araujo

22 de fevereiro de 2021

Beleza Plástica

Não, o momento mais sublime do futebol não é o gol, decantado em verso e prosa por célebres escritores e cronistas e destrinchado desde sua concepção até como a bola “bateu no filó”, por narradores, repórteres e comentaristas especializados (embora fiquem para a história, não só o placar definitivo, mas também os seus autores - aqueles que deram o toque final na jogada), nem mesmo os gols sem querer e os gols contra e o chamado “gol espírita”; apesar do objetivo principal do esporte ser mesmo passar a bola por entre as 3 traves por movimentação coletiva. O dito gol é motivo para horas e horas de análises até filosóficas nas centenas de mídias esportivas brasileiras e mundo afora também. Todavia o gol sempre envolve um drama pois ao mesmo tempo em que mostra o sucesso de um grupo evidencia um fracasso da equipe adversária; enquanto uma sorri, a outra se lamenta invariavelmente. O futebol tem o fascínio que poucos esportes tem que é o de que *“nem sempre o melhor ou mais poderoso vence”.* Em um jogo de Vôlei ou Basquete, por exemplo, a equipe inferior se contenta se não tomar muitos pontos de desvantagem.

Edinho aos 42, não minutos, mas anos de idade marca o gol do título de 2024. Eder Luciano - o Edinho, que que tem dupla cidadania Iraniana (hummm!) levou o time nas costas durante toda a campanha

Então qual seria o momento mais sublime? Essa é fácil apenas para quem já assistiu uma partida de futebol, com o mínimo de assistentes ou com o estádio lotado: A FESTA que os torcedores fazem quando os times entram no gramado e se preparam para o pontapé inicial. Neste momento os torcedores mais entusiasmados são iguais, mesmo que em um hipotético O Melhor Time do Mundo x O Pior Time do Mundo. O jogo ainda está 0 x 0 e tudo é possível no futebol, não é mesmo? Quantas vezes já vimos aquela minúscula torcida comemorando vitórias improváveis mesmo na casa do adversário? A Tal Caixinha de surpresas sempre está à espreita tal qual a funda de Davi, o bote da onça ou mesmo o descrito inacreditável futebol clube. Rsrs

Rio Branco (pra lá) e Desportiva (pra cá) saúdam suas respectivas torcidas na final em 8 de dezembro de 1985 em Jardim América

Esse lance de entrada no padrão FIFA (todo mundo junto) é a maior babaquice que já fizeram. O bom mesmo é o juiz entrar primeiro e sentir o clima da plateia dos dois lados (um momento onde há um certo congraçamento entre as torcidas para reclamar do árbitro antes mesmo dele dar o primeiro apito) há - há - há - se roubar vai apanhar... juiz ladrão porrada é solução - é claro que apesar dos xingamentos, no fundo é tudo diversão e brincadeira (a não ser na várzea, rsrs... onde se o juiz estiver muito mal, simplesmente o trocam e pode mesmo tomar uns catiripapos). O bonito para apreciação e mesmo para comparar e contemplar o espetáculo das torcidas é entrar um time de cada vez e observar a festa nas arquibancadas. Apenas recentemente as emissoras de TV se deram conta e começaram a apresentar os folguedos e mostrar os torcedores de ambas as equipes mesmo os em pequeno número nos estádios Brasil afora. O antigo Canal 100, no cinema sempre mostrava as imagens das equipes entrando em campo no Maracanã pois entendiam que um espetáculo dessa monta não poderia ficar sem registro.

Pois bem, de olho na hora marcada, todo o arsenal de bandeiras, instrumentos musicais, papel picado, corinhos ensaiados, balões e adereços distribuídos, é hora da contagem regressiva e da expectativa da entrada em campo dos times do coração e dos adversários. A adrenalina vai subindo com os batuques e cantos de guerra das organizadas ou as palmas e assovios de muitos. Já tem gente com o radinho de pilha (são raros os celulares com rádio AM) no ouvido para confirmar as escalações. Algumas torcidas, como as do Rio Branco, costumam cantar o nome dos jogadores, um a um, e ninguém pode ficar de fora. Os jogadores costumam (ao ouvir seu nome) retribuir com um gesto ou um sinal e quando chega nos ídolos sempre tem um corinho especial (ei, ei ei fulano é nosso rei; Ô não sei quem, pode esperar ... fulano vem aí e o bicho vai pegar etc e tal, rs). Os do radinho avisam se alguém ficou de fora e a batucada então canta o nome dele que fica todo feliz pois achava que tinha sido esquecido. Kkk

Outra tradição da torcida do RB é soltar uma nuvem de talco na entrada da equipe e neste item eu dei uma sugestão legal que foi adotada depois de uma reunião da Torcida Capa Preta: o negócio foi o seguinte ---- lá pra 1975 nós conseguíamos grande quantidade de talco numa fábrica na Serra e a rapaziada (meninos e meninas) passavam horas no dia anterior colocando o pozinho nas sacolinhas a serem distribuídas na arquibancada antes do jogo. Além do trabalhão que dava ainda tinha torcedores "sem noção" que jogavam a sacola pra cima sem abrir, kkk. Aí cogitei o seguinte: geeentee, não tem aqueles extintores de incêndio que usam pó químico? Será que não dá para encher com talco? Levanta a mão um camarada que TODOS os Riobranquenses que foram aos estádios capixabas nos últimos 50 anos conhecem: o TATÚ; deixa comigo, do lado de minha casa (morava em São Torquato) tem uma empresa que mexe com isso e o dono é meu chapa. O idealizador da torcida Tião (irmão do Ronaldo e do Rogério) falou: pega então aquele saco maior ali e leva. Dito e feito, funcionou beleza e em alguns jogos levávamos 3 ou 4, mas nunca dava para guardar para possíveis gols (só fizemos isso uma ½ dúzia de vezes), ia tudo mesmo na entrada em campo sob o canto Brancôôô, e as meninas e senhoras cobrindo os cabelos, rsrsrs. Já ia esquecendo dos foguetes que na verdade exigem um capítulo especial que se segue.

No mesmo período os fogos entravam clandestinamente {ou eram barrados pela polícia na revista (se bem que já entramos com eles dentro de instrumentos ou enrolados nas bandeiras ainda dobradas} puxados com cordas na parte de trás das arquibancadas do Engenheiro Araripe para serem soltas no meio das arquibancadas mas era muito perigoso e aconteceram alguns acidentes principalmente quando os fogos batiam nas bandeiras voltando para o meio do povo, fora alguns inconsequentes que guardavam para jogarem em torcedores adversários. Decidiu-se na sequência ... a Bola Branca já existia, em voltar ao que se fazia no passado no Governador Bley e soltar os fogos em uma (ou mais) Giranda que é uma base de madeira onde se instalam vários foguetes ligados por um pavio para detonarem em sequência.

Tem que haver uma boa logística para comprar a quantidade ideal, encomendar com antecedência para o montador (não dá para pedir na véspera) para dar tempo da cola e dos pavios ficarem sequinhos, transportar em um veículo pequeno e não junto com as pessoas e instrumentos para evitar acidentes, e principalmente, dependendo do número delas, deixar pessoas treinadas única e exclusivamente para a tarefa (afastar quem está perto, acender os pavios e depois recolher tudo para jogar fora como combinado com as autoridades. Uma vez num jogo noturno e chuvoso no Jardim pelo campeonato nacional, uma giranda atrás da linha de fundo atrás do gol da estação ficou pipocando e pior, de 3 em 3 ou de 5 e 5 minutos explodia um ou dois foguetes, rsrsrs ... Aquilo já estava dando nos nervos de todo mundo no estádio inteiro e o Nenel desceu, convenceu o policiamento que estava até perigoso (o goleiro, coitado a cada tiro tomava um susto) e um funcionário da Desportiva arrumou um extintor de incêndio para apagar o artefato.

Tem que ter gente também para estender e esticar as faixas (recolhendo-as ao fim do jogo), vigiar, manusear e guardar as bandeiras e não deixar nenhum amigo do alheio sair de perto sorrateiramente com um instrumento na mão, pois no intervalo os batuqueiros sempre vão se hidratar no bar, se bem me entendem. Então, por essas e por outras é que a entrada das equipes (mesmo para quem está fora da bagunça) no campo de jogo é o momento onde por mais difíceis que sejam as condições e mesmo as disparidades técnicas entre os dois times, é um momento de esperança e aplausos (mesmo que se transformem em vaias ou frustrações) para aqueles 11 que representarão no gramado os anseios e expectativas de sucesso de um grupo, é o momento em que todos se entreolham confiantemente e desejam-se boa sorte.

Por fim, já que o texto está grande mesmo vou fazer um relato que aconteceu há muitos anos no Salvador Venâncio da Costa, quando levei meu filho mais novo (4 anos de idade) pela primeira vez no estádio. Ele sempre ouvia aqueles papos de Rio Branco, Rio Branco dos mais velhos, mas sempre foi um cara meio desconfiado, rsrsrs Quando o time entrou em fila indiana naquela festa toda, de camisa preta pelo gramado verdinho parecia realmente um rio. Ele me pede para abaixar (eu no meio da batucada parei de tocar para ouvi-lo) e ele me fala: Ahhh você me enganou, É RIO PRETO. Até hoje (22 anos) rimos muito ao lembrarmos do episódio... /// Tenho 3 filhos e o não citado, o do meio é o que mais vai aos jogos hoje. Eu não gosto do Kléber Andrade Novo. Peço perdão aos outros torcedores pelo "riobranquismo" mas sabemos que nas outras torcidas capixabas os rituais se repetem e outras histórias curiosas existem "por causo da bola". Rsrsr – Saudações!

Desportiva entra em campo. Foto recente

Frames (ruins, mas ...) da decisão de 1985 no Jardim. O goleiro do RB Martineli jogou, com um dedo quebrado sob as luvas.

Fiquei lisonjeado pelos elogios d@s Amig@s à postagem e "truve pra cá". Quem nunca ouviu alguém falando truve no lugar de trouxe? ... ou "gaufo" no lugar de garfo? kkkkkkkkk

2010. Depois de intermináveis 24 anos de hiato veio o título estadual e "para não variar" no Engenheiro Araripe em dois jogos (1x 0 e 0 x 0) contra o Vitória. Ronicley, um dos últimos ídolos do clube, foi peça fundamental da equipe na conquista. Agora a esta altura do texto (meados de outubro de 2024) ele é anunciado para ser o elo de ligação entre o plantel (que se prepara para várias competições em 2025) e o comando do time. Cumpridor de Promessas!

Essa Fiel Capa Preta na faixa não é aquela, mas certamente foi inspiração. Ao lado Ronicley sobe na estrutura do stand e bate no braço, demonstrando raça. Abaixo das duas fotos outras duas com o time levando a Taça bem perto da Bola Branca. Registre-se – não está na ilustração, a linda festa de luzes da Comando. *A foto maior é do Herói, mas em 2019 quando voltou ...*

Finais no Jardim em 9 de maio de 2015. ADF x RBAC / Gol de João Paulo aos 35' do 2º Tempo. Tocar na bola e correr pro abraço... ***Um dos últimos jogos com a presença maciça da Bola Branca****. (Rio Branco 1 x 0). A Tiva perdeu um caminhão de gols e podia ter tomado de 2 pois perdemos ainda um gol feito no final, kkkk Duílio fez um bom trabalho com o plantel /// . Público Pagante no Araripe>>> 4.752 / / No KA no dia 16 deu o triplo do público. 1 x 1, mas seria 2 x 1 ... não estou no chororô. rs*

Eu mostro a cobra, mas mostro o pau também, rsrs (oops) – 1) contra ataque, Pepeta que já quase tinha feito um golaço em um chute no travessão e cavado um pênalti que o juiz não caiu, rsrs – corre para receber o passe que não vem de primeira; 2) a bola é dominada. 3) o jogador que vinha se infiltrando por dentro se apresenta; Pepeta espera para não ficar impedido. 4) o jogador recebe e Pepeta ainda aguarda, mas deixa claro que quer a bola. 5) MOMENTO DO PASSE O lance decisivo do erro da arbitragem – o jogador que recebe faz a assistência e o último zagueiro está quase 2 passos atrás quando o atacante parte para chegar antes da defesa. 6) domina e ajeita o corpo chutando. 7) a bola entra mansamente no cantinho. 8) Pepeta vai pra galera mas como não tinha VAR, ficou por isso mesmo.

*Ressalte-se também o goleiro **Paulo Vítor** que fez milagres no 1º jogo. Depois de passar por Portugal agora está enfrentando o CR7 nazarábia*

2024
38º Estadual
Oito anos;
o 2º
maior
jejum da
história
Foto
dupla

É Rio Preto.

de Bolinhas Brancas

Sempre tem alguém no estádio com a camisa da Bola Branca. Ficou a Marca.

1) Quem não tem colírio, usa ósculos escusos ....2) Essa foto é Flórida. Inheu, só de olho! A original mostrava esse do meu lado; o "do meio"; o mais novo que parou de ir aos jogos, mas quando tinha entre 5 e 12 anos enfrentava até tempestade; minha filha mais velha com o marido (a netinha não estava na foto pois só nasceu 4 anos depois, rsrs; eee ao meu lado só aparece um pedaço do cabelo loiro da minha "Cara Metade".

O jumentinho fez um corte para mostrar nós dois e "estagiou" apagando a foto completa. "Ao Meno", deixou um pedaço da decisão do Estadual.

2015. Estávamos na mesma linha vertical no gol mal anulado do Pepeta. Deu vontade de jogar uma pilha no bandeirinha, rsrsr

Esse rapaz de costas (seta à direita) era o presidente da torcida na época da foto. Neste período a Vale tinha exilado o Nenel em MG para ele não poder vir nos jogos – transferiram-no para trabalhar lá onde o coiso perdeu as botas; os espertos grenás. kkkkk

Na fileira do meio, carteirinha da torcida em seu início – assinada pelo Nenel e pela Célia e na outra ponta a minha carteira onde o rapaz que eu não lembrei o nome me "fichou". Rsrsrs – a 1ª simples e eficiente e até com o CPF e a segunda até sem verso quase sem informação (para demonstrar a institucionalidade da coisa, porém muito bonita. Essa é uma foto daquelas que se procura, com melhor definição, mas não se encontra. Eu lembro perfeitamente. ***O time com Geovani Silva (que já nos tinha feito chorar quando na Tiva) à frente leva buquês de flores para a Bola Branca. Fez o que pode jogando em duas oportunidades no RB, mas ninguém ajudava.***

O da seta à esquerda é o "meu" rsrs, "do meio". Informante da performance da Comando e da Brancachaça. – Pai, a Brancachaça dá umas patinadas mas de vez em quando lembra a Bola Branca e a Juventude e Vigor. / Na foto Central Bola Branca e Juventude no Jardim. Abaixo as mascotes em ação social num Chópi ...

O Barquinho Vai, a Chuvinha Cai ...

...parafraseando a capixabíssima Nara Leão, dona dos mais belos joelhos da música planetária!

Sobre a tempestade/dilúvio citada, era um domingo e o moleque com uns 11 pra 12 anos fala: pai, vamos no jogo? - Rapá tá chovendo muito (mas no fundo eu sabia que a drenagem do KA ia dar conta) - Phoda-se, disse ele entusiasmado pois o time tinha vencido o 1° turno umas semanas antes .... E lá fomos os dois sob protestos da mãe. Transcol para o Terminal de Carapina, e Carapina ~ Campo Grande, mas ao chegarmos perto da rua do estádio chovia até canivete. - Tá cedo, vamos pro Terminal de Campo Grande e de lá decidimos o que fazer. ... a chuva parou e nóis besta "soltamos" do ônibus no centro de Big Field para voltar a pé. A chuva volta forte e nós dois fugindo dos alagamentos até que vem um fusquinha azul e dá um banho na gente. Vamos embora Dany, - e ele >>> não, agora eu fiquei puto e vou até sozinho. Kkkk

Na rota das estrelinhas o caminho deslizante

Paramos um táxi de um Sr. idoso e pedimos para levar-nos ao KA. Nesta época a entrada não era pelo portão principal e sim subindo uma ladeira (na terra) à esquerda com as bilheterias lá em cima. Pouca gente conseguiu levar o carro lá no topo, mas o velhinho foi deslizando e subiu. Pedimos desculpas, mas ele disse: - que nada, foi tranquilo ... - E se o senhor voltar ao fim do jogo, dá um desconto pra fazer uma corrida até Carapebus? - Beleza. Vou colocar o rádio na Espírito Santo e quando terminar eu apareço. Se não estiver aqui estou lá embaixo. Kkkkk

Bem, chegamos e não tinha mais que umas 200 pessoas lá dentro. Nas arquibancadas uns malucos de capa e de guarda chuvas inquietos pois ventava uma barbaridade também. Ninguém de Cachoeiro o que era raro. Descemos os dois lances de arquibancada e depois a escada, ainda e sempre de madeira e finalmente nos livramos da água na cabeça ao nos abrigarmos sob o anel de sustentação das arquibancadas.

Alguma expectativa em relação ao jogo? - Não aconteceu NADA. 1 x 1 e realmente a drenagem deu conta.

Aí o que se sucede? - Lá embaixo, na entrada principal que estava em obras, por isso as bilheterias foram instaladas lá em cima, quase na hora do jogo chega uma meia dúzia de veículos de diretores e cupinchas e estaciona lá dentro. Começa o burburinho ... Pow, essa cambada de FDP não sobe a ladeira, não paga ingresso e vem lá todo sorridentes, rsrsr.

Os caras chegaram e tomaram uma vaia. Ô mané, não vai pagar ingresso não? O Rio Branco tá bancando esses carros pra vocês? - Alguns deles tentaram explicar, mas tomaram mais um monte de xingamentos. - Some daqui cambada de safados! - Os caras iam ficar no bar, mas por conta da quizumba foram passando e começaram a subir as escadas na chuva. Subam, seus cornos! Kkk - Eles subiram e ficaram nas cabines de rádio. E evidentemente ficaram por lá até todo mundo ir embora.

Ahh, o velhinho apareceu e levou a gente para o lar, doce lar.

Nenel agachado com a camisa da Bola Branca em outra foto histórica. // Muitos nomes importantes aí no registro. Nessa época aconteciam grandes bingos (com um automóvel como maior prêmio) e muitos festivais de Chopp.

A Bola Branca colocava barraquinhas com prêmios para quem, por exemplo chutava uma bola no vão de um pneu pendurado em uma corda e outros desafios. rsrsrs

Mais de um ano e meio depois as arquibancadas foram concluídas e o estádio inaugurado.

Adalberto Lopes, Zé Promessa (ao fundo), Dr. Zé Carlos (médico fisioterapeuta) iniciando no clube e o Pofexô Luxa onde conquistou o 1° título da carreira em 1983

Me perdoem, mas do pessoal em campo só reconheço o Dr. Zé Carlos de pé à direita.

Bola Branca presente também nos maus momentos. Ampliando dá pra ver o Tatú sozinho com uma pilha de papel picado esperando a turma chegar no Araripe Vazio, arquibancada das cabines de rádio e TV.

Calma lá, não estou enlouquecendo. *Encomendei esse entalhe em madeira quando há exatos 10 anos (2014) o Rio Branco tornou-se o 1º Campeão Mundial de Clubes de futebol Society. O campeonato organizado pelo Football 7 Worldwide, uma espécie de FIFA da modalidade contou com equipes de sete países e 3 continentes. O RB venceu na final os mexicanos do Sidekicks nos shoot-outs (uma espécie de pênalti) depois do 1 x 1 com a bola rolando. O campeonato foi disputado em São José dos Pinhais, no Paraná. A Tiva depois ganhou um parecido.*

Cantar com a melodia de Madalena do Jucu.

Rio Branco, Rio Branco ooo , você é meu bem querer. Eu vou contar pra todo mundo, vou contar pra todo mundo que eu só quero você.

Meu Rio Branco.

Foi, no Parque Moscoso, que tudo começou. E, em Jucutuquara fez o Zinco e fez o Bley, muito gringo atropelou. Atropelou oo

E lá no Kléber Andrade, ele se agigantou, Nenel, Célia e Pepenha, tão chamando todo mundo, nosso branco decolou.

Meu Rio Branco

Cavaleiro Capa Preta, muita munição gastou, Vitorinha, Santo Antônio, Desportiva mixuruca, Seu Manoel é que gostou.

É que gostou / Rio Branco, Rio Branco ooo Rio Branco, você é meu bem querer. Eu vou contar pra todo mundo, vou contar pra todo mundo que eu só quero você.

Jimmy Cliff em Vitória em 1984.

Animados com o Jamaicano que usou uma camisa do Rio Branco em um Show na cidade compusemos esse Congo adaptando uma melodia conhecida por todos para ser cantada no estádio e deu certíssimo. Bastou ensaiar um pouco, distribuir uns folhetos com a letra e escolher um dia de casa cheia no Kléber Andrade para a mágica acontecer ... mas deu um trabalhinho para juntar os congueiros da Barra do Jucu e arrumar o transporte e um lanche para o grupo. Na hora do Congo parávamos a bateria e deixávamos apenas os tambores do Congo, depois de um tempo com o povão cantando a bateria entrava de mansinho, ia aumentando e parava deixando apenas os tambores.

Como demonstrou o Maestro Jaceguay Lins o Samba é filho dileto e métrico do Congo e no ES ele foi o mais bem preservado do Brasil devido ao isolamento do estado por séculos. Então inspirados no Reggae Jamaicano nós puxamos por nossas raízes e fizemos acontecer. Pena que foi apenas uma vez. Para quem estava no estádio no dia ficou a maravilhosa lembrança. - Pôxa, quando vocês vão trazer o congo de novo?

Barzinho no Kléber Andrade

Embora o bar de baixo (administrado pelo Jorge Reis) fosse mais amplo e sortido era nesse lá de cima que a batucada ia antes e depois dos jogos para se refrescar, mas principalmente era o visado nos "pits stops" nos intervalos das partidas. No barzinho administrado pelo craque Édson havia uma senha. >>> Solta uma cerveja preta de bolinhas brancas! - Na correria dos funcionários para atender a multidão ele fazia um sinal para priorizarem a bateria e dava um "tinindo" de volta. Sabia que se a gente ficasse muito tempo na fila ia atrapalhar a volta. Rsrs - Ele é um dos fundadores da Escola de Samba de São Torquato e me contou certa vez que no final dos anos 60 ele e o goleiro Pereira pegavam uns instrumentos emprestados com o pessoal do Anjinho para animar os outros jogadores nas longas viagens de ônibus ao interior.

O veloz atacante Edson Flecha está eternizado na galeria de campeões

Édson dos Santos Pereira, o nosso **Édson Flexa Negra** era batuqueiro e conheceu o Cartola no Morro da Mangueira onde nasceu. Foi juvenil do Fluminense e como outro ídolo da torcida o João Francisco (Carne Seca) veio jogar em Vitória (1° na Tiva onde foi campeão) e daqui nunca mais saiu mesmo com inúmeros convites. É o 9° artilheiro da história do clube. Já deu uma canja com a Bola Branca e um showzinho no tamborim, mas gostava mesmo era do pandeiro. / É mais um daqueles ex atletas que pegaram amor pelo clube e viraram aficionados e colaboradores do Mais Querido. Outros tempos!

Barraca do Alemão

Vania Ferreira

Na verdade, não é bem uma barraca e sim um carrinho que serve cerveja, refrigerantes e salgados no Calçadão da Praia de Itapuã em Vila Velha. Funciona há muitos anos e sempre com uma bandeira do Rio Branco colocada em um mastro. Seu proprietário é o **Filinho**, antigo membro da Bola Branca e daqueles torcedores exemplares. A 1ª foto é mais antiga e a 2ª (um frame) recente onde a autora das duas imagens, Vania Ferreira - filha do Manoel Ferreira - foi um dia desse e disse que agora o carrinho está bem moderno e reforça o pedido do amigo **Filinho** que quer rever os antigos e conhecer os novos torcedores do futebol capixaba.

Antonio Cesar de Andrade / Ele também faz a barrinha cereais! / É uma delícia! / /// / **Marcos Gumiero** / Grande Filinho! **Ailson Moreira Dias** / Grande alemão, ou Filinho Rio Branquense da melhor qualidade

Filinho

Ofuscando o Anjo.

Uma das raras vezes em que a torcida Grená foi maior que a Alvinegra, no Jardim. Sávio retornando pra casa depois de brilhar mundo afora. O Rio Branco já eliminado e a pequena torcida ouvindo o coro de E LIMINADO, Eliminado... Sávio até tentou, mas muito marcado (conseguiu apenas duas boas jogadas) não fez o que se esperava.

Mas Rigoberto fez. Sofreu um pênalti escandaloso e não marcado (basta ver o vídeo - Desportiva Capixaba 0 x 2 Rio Branco, melhores momentos); fez um golaço de falta, o Kill (o pai dele é de Carapebus) fez o segundo e Andrezinho quase faz o terceiro no apagar das luzes chutando a bola no travessão. A galera grená teve que ouvir calada o **Eliminada** pois com a derrota inesperada perderam a vaga certa no quadrangular final – entre Linhares, Jaguaré, Serra e Rio Bananal.

A torcida grená ocupou a arquibancada onde sempre ficou a do Rio Branco e também o local tradicional, à esquerda das cabines deixando a do RB espremida no lado esquerdo – fora da imagem acima.

Fileira superior acima - Frames da 'Obra Prima". Correu e soltou a bomba, ... a menina entrou no ângulo. Fileira inferior – 1) Rigo corre pra arquibancada. 2) Já apertada e mesmo chovendo uma parte da galera foi pro Tobogã, o Frame mostra (mal) a turma lá. 3) Kill comemora o segundo gol na trave do Tobogã. Barzinho perto ... só pegar a cerveja e cantar ***E L I M I N A D A***

A torcida da Tiva de uma hora pra outra resolveu ficar na tal arquibancada que é para a TV mostrar as faixas e etc. e tal. Coisa mais simples do mundo de resolver, era só combinar com a TV que nunca tem apenas uma câmera nas transmissões para mostrar de vez em quando onde eles estão. Como a torcida do RB é grande o único lugar dela é lá. Teve uma vez que instalaram uma grade lá para separar a arquibancada ao meio ... estopim para brigas e impropérios de lado a lado. - Com o adversário ocupando o lado das cabines quem reclama são os sócios da Desportiva que ficam nas cadeiras ouvindo vaias e xingarias. Falta de raciocínio e desconsideração com o público. Mas pode piorar ...

Uma entrada, vários problemas ...

Essa arquibancada – do lado da Escola Eliezer Batista (nem sei se a escola existe mais) – até os anos 80 tinha o acesso por trás do estádio com amplo estacionamento, bilheterias, entrada com escadarias para a parte superior com banheiros laterais, tudo certinho. Não tinha confusão nem antes e nem depois dos jogos pois as entradas eram distantes e em lados opostos.

Depois, dizem que por conta da crise, fecharam tudo e as pessoas, como é até hoje, tem que entrar todas no lado das arquibancadas das cabines o que já gerou inúmeras brigas, algumas até sérias como em um dia que um bando de arruaceiros – a tal minoria idiota – prefiro nem dizer o nome deles, mas não era a Grenamor; quis sair no tapa com os rio-branquenses. Eu estava saindo com um amigo (carona pra casa, rsrs, mora até hoje aqui no meu bairro) e o filho criança (por sinal o Deco que depois já crescido jogou no Rio Branco) e percebi o pavio acesso. – Encosta aqui irmão. – Por quê? – Vai passar a cavalaria. ... Os alvinegros em maioria começaram a tocar os equinos em direção à BR. Tinha um cara da Força 12, um negão que cada porrada derrubava dois, rsrs – E a cavalgada passou. Como é que você sabia? – Pressentimento... kkkk – E não terminou. Chegando na BR começaram a jogar os caras magrelinhos como bolas de boliche no asfalto ... os carros que vinham e queimavam os pneus para não atropelar ninguém. Uma barbaridade. Desse lado não tem estacionamento e as pessoas tem que parar os carros quilômetros distante o desanima muita gente de ir ao estádio. Isso é um problema no KA novo também e que não existia no antigo. Vivendo e desaprendendo ...

Aqui dá pra ver o tamanho da encrenca. As provocações e ameaças na entrada única e nestas fotos tem a Grenamor sim.

Eis a tal grade citada para separar as torcidas e vejam quem está dependurado e desafiando >>> o Nenel. Kkk Na foto da direita o motivo de ainda ser chamada de Arquibancada do Sol e a torcida do RB já presente na preliminar. Nessa época os grenás não queriam ir pra lá. rsrs

A há - U hú, o Ferro Velho é nosso !!!!

Torcida Grená invade o campo para comemorar o título em 1977

Troco em 1978

Nilson Goleiro / Senti o dessa torcida, comandada pelo saudoso Nenel ⚽ Branca

Buddy Guy e sua guitarra mágica. Vamos cobrar Royalties, kkkk

Palavra de Torcedor

Meu Rio Branco, Meu Rio Branco. Até de tamancos chegarias ao que és

És o maior dessa vida, paixão dessa torcida que te adora, és o nosso campeão.

Contigo estarei aonde for, seremos para sempre mais um jogador

Não haverá retranca. Seremos a alavanca, palavra de torcedor

Brancô / A gente não tem medo de careta Usando a Capa Preta.

Chico Lessa, um dos mais renomados compositores e músicos da MPB compôs essa canção há alguns anos. Amigo desde tempos imemoriais em Vitória conversamos o ano passado sobre um projeto dele fazer um novo arranjo (se bem que o do vídeo Palavra de Torcedor, disponível no You Tube seja excelente, original e com uma banda afiadíssima), com ele cantando e tocando seu inseparável violão e captaríamos o canto da torcida incluindo-o ao final como fez o Pink Floyd na música "Fearless" onde ao fim da composição entra a torcida do Liverpool cantando o tradicional "You will never walk alone". Mas não deu tempo, ele faleceu em abril de 2024. O músico Lula D'Vitória também tem uma composição sobre o clube e um amigo, o Carlos Bona fez o Hino do Vitória. A Desportiva tem um hino que diz: ... é o clube que sabe fazer amigos .... o Estrela tem um bacana ... e por aí vai

Jogos de Botão pela calçada ...

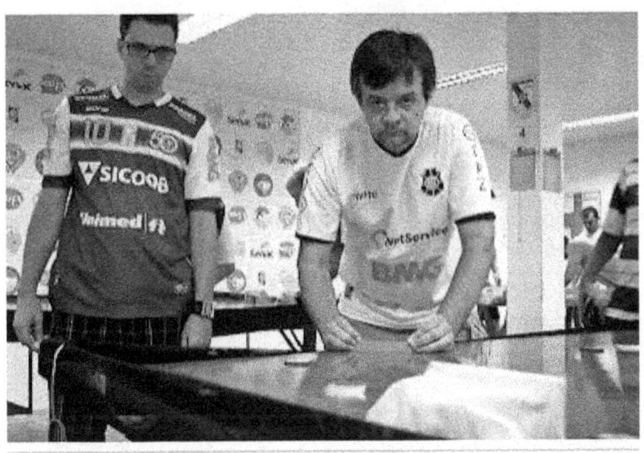

- Clássico dos gramados para o futebol de mesa / Desportiva x Rio Branco -

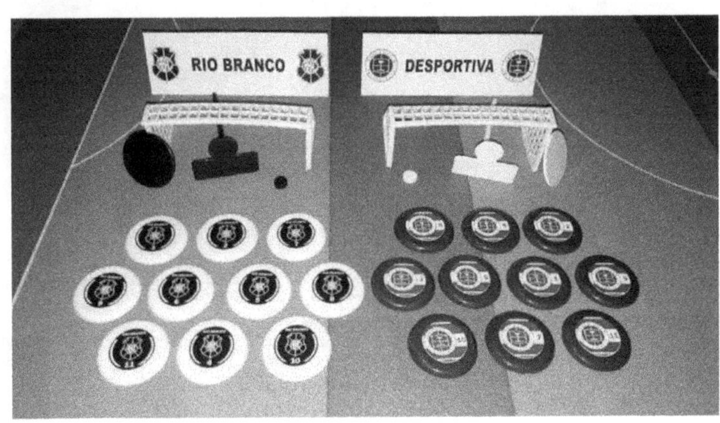

Ao lado times com botões de acrílico num jogo oficial e acima os chamados "botões panela" que "todo mundo já jogou um dia"

*Sob as camisas listradinhas, no canto **meu** surdo. Está guardado apenas pela Memorabilia. A madeira rachou. O antigo mofou guardado nos subterrâneos do antigo KA. Tive que comprar outro, caro pra cachorro. kkkk*

Epitáfio / O amigo Romero Mendonça e o jornalista Jairo Peçanha recentemente aventaram a possibilidade da volta da Bola Branca aos jogos (não sei de que forma ... acho improvável) e eu disse que poderiam contar comigo, claro /// A foto ao lado é num canto na minha casa e menos da metade dos instrumentos são os que restaram da Bola Branca. A outra parte -mas todos em péssimas condições e praticamente irrecuperáveis - eram do bloco do bairro ("Vai de qualquer jeito"), que também parou de desfilar. /// Uma pessoa (genro de Álvaro Benetti - emérito diretor de futebol do VFC), riobranquense, levava as peças numa Camionete aos jogos, mas infelizmente mudou-se daqui. Foram as últimas vezes que levamos os instrumentos, mas depois não precisou mesmo pois o Nenel quando fez a Juventude e Vigor consegui montar uma nova bateria Zero Km.

Palhaço é a Senhora!

Alguém lembra do Tijolinho que parecia mesmo um tijolo? Costumava usar uma camisa do Vasco e ficava ali entre a Praça Oito e a Costa Pereira. Acho que morava no Morro do Moscoso. Cachaceiro que sempre aparecia para gente levá-lo nos jogos do Rio Branco. Arrumava algumas confusões ... Era baixinho e troncudinho; se fosse nos dias de hoje teria umas 200 fotos dele na internet, kkk - / Era maluco, chegava num lugar onde tinha muita gente (principalmente em ponto de ônibus) - colocava o dedo em riste e falava bem alto: - Palhaço é a Senhora, palhaço é a senhora ... como se estivesse discutindo com alguém ... mas não era nada. Só pra chamar a atenção. Mas dava um alvoroço danado. /// Certa vez caímos na besteira de levá-lo em Cachoeiro sob promessa de não aprontar. Paramos na praça onde tinha um painel com a imagem do Roberto Carlos. Enquanto o pessoal esticava as pernas da viagem Tijolinho começa a discutir com os azulejos a ponto de chamar a atenção dos passantes. Nenel foi no cara e disse: Assim você vai atrair a polícia pow, baixa essa bola. kkk

Outro folclórico era o Poeta Otinho que costumava entrar em campo com a Tiva.

Bola Branca em Cachoeiro do Itapemirim, no Sumaré que se chama Estádio Mario Monteiro.

Tem o Moreira Rabelo, do Cachoeiro (Campeão Capixaba em 1948) com vista para a Pedra do Itabira e o estádio do Grêmio Santo Agostinho que disputou em determinado ano, bem bacana e de bom porte. E tem o campo do Ouro Branco também. Mas a maior parte dos jogos foi no Alto do Sumaré mesmo.

Pena que não temos (quase) nenhuma foto em Colatina no Justiniano de Melo e Silva, o Estádio que mais visitamos no interior já que vários clubes da cidade já disputaram o Estadual.

Kléber Andrade. Ele idealizou o Estádio de Todos os Clubes. Na inauguração de 1983 e na acima a Bola Branca esteve presente

O AZARADO RAFAEL

Mesmo tendo nome de milagreiro e um técnico que é pai-de-santo, o Santo Antônio é o time mais azarado do Espírito Santo. Além de ter vencido apenas uma partida em todo o campeonato capixaba, num dos últimos jogos a torcida xingou tanto o ponta-esquerda Rafael que este decidiu brigar. Pulou o alambrado e rasgou o calção, sendo multado por isso pela diretoria. Mas o pior é que, ao dar um pontapé num dos torcedores, Rafael fraturou o perônio e está fora do time.

José Augusto Anjos Araujo

Deu na Placar 5 de setembro de 1980 = Eu estava lá e vi tudo, kkkk Foi no Jardim numa preliminar de um jogo do Rio Branco. O que o jornalista não disse foi que uns torcedores do RB que estavam tomando cerveja no bar do estádio correram e deram um pau nele que pulou de volta, acho que aí que ele se ferrou, e foi expulso pelo juiz, kkkkkkkkkkkkkkkkkkkkkkkkkkkkkk

Realmente ele deu um chute num torcedor antonino, mas tomou uma na fuça e uns 3 pontapés nos glúteos, rsrsrsrsrsr

Rafael já tinha jogado no Rio Branco e aparece em uma foto lá atrás posado com o Santo Antônio

Torcida Organizada Juventude e Vigor

Essas duas imagens abaixo representam uma síntese da Juventude, criada pelo Nenel e que representou uma **simbiose** entre a Bola Branca ainda dos anos 70 (1976) e as atuais deste século, principalmente a Comando (de 2007). Esse **mutualismo** é uma das tradições forjadas no cimento das arquibancadas desde a Jovem que recebeu os líquens da Charanga e forneceu os fungos da Capa Preta (que teve a protocooperação da Riobranquente) que se propagaram na Bola Branca.

Pessoal da Bola Branca ajudando a colocar a faixa da Juventude. Para quem não sabe, Juventude e Vigor foi o 1º nome do clube em 1913 (era Verde e Amarelo) que foi mudado para Rio Branco no ano seguinte. As cores foram modificadas apenas para o 1º campeonato em 1917.

Essa é ainda mais emblemática: Nenel de frente para a garotada típica que criou a Comando anos depois e ao lado deles um camarada com a camisa da Bola Branca. Esse cara era gente finíssima e ia a todos os jogos. Ia na ida e na volta com as tias. Vivia sorrindo!

Já comentamos por aqui (muitas vezes) que por conta de ser obrigado a morar em MG (mais precisamente Governador Valadares) o Nenel sumia por muito tempo e as Tias é que tocavam o barco. Lá vai o fofoqueiro (Eu, rsrs) badalar ... mas essa eu estava "de corpo presente" ... Jogo no KA, início dos anos 2000, e bem antes do horário do jogo vem chegando devagarinho as Tias com dois garotos trazendo duas sacolas grandes de camisas que elas tinham conseguido com patrocinadores; param para descansar antes de subirem as escadas e chega o Nenel como se não tivesse desaparecido há meses. Kkkk / Pede umas camisas para fazer não sei o quê e uma delas diz: Não Nenel, já temos planos para as camisas ... Lógico que ele não gostou e até tenho certeza que esse não foi o motivo principal da política que se seguiu, mas penso que lá no fundo aí foi germinada a ideia de fazer uma outra torcida. Ele só aguardava a aposentadoria ...

E ela veio em breve, não sei precisar a data, mas um belo dia ele apareceu com uma bateria completa >>> 3 surdos, 4 caixas de tamanho diferentes, 3 repeniques idem, tamborins e ganzás com mais alguns amigos convidados de Vila Velha (com camisas brancas da Juventude) mas só uns dois sabiam tocar. Tudo novinho, mas frouxo e desafinado. - Dá uma força aqui Guto ...

Vou falar aqui uma coisa que parece mentira, mas eu juro por Nossa Senhora da Penha que aconteceu. Eu olho pro lado e vejo Tião, aquele mesmo da Capa Preta que há quase 20 anos não aparecia, aliás creio que era a 1ª vez que ia no KA. Tiãozinho meu filho, pega essas chaves, vamos esticar as peles ali. Os meninos da Bola Branca ajudaram, fomos afinando as peças. Carinho especial para o surdo de resposta, mais grave. Sorriso estampado na lata de todo mundo e fomos pra guerra. Devia ser um jogo contra a Desportiva para o Tião aparecer.

A simbiose e o Mistério sempre hão de pintar por aí. Não adianta nem me abandonar. Nem ficar tão apaixonada. Que nada, ...

Então o Nenel convocou aquele grupo mais identificado com ele e foram estruturando a torcida. Ele nunca me convidou pois sabia de minha fidelidade às Tias. Encostou em mim e disse: Guto fiz minhas artes com os amigos e consegui as peças. Só não consegui aqueles pratos que a gente tinha antigamente na Bola Branca e que faziam um barulho danado. (*era um par daqueles de banda mesmo*) - Vem tocar com a gente. Chama a turma!

É claro que fomos, até porque os instrumentos da Bola Branca estavam em "petição de miséria" kkkk e depois de um tempo só restavam uma ou outra peça de cada naipe. Os amigos levavam de carro uma caixa, um outro um repenique e outro os tamborins e ganzás e por aí vai. O genro da Tia Pepenha comprou um surdo Maracanã depois que o meu (era meu mesmo), estragou num jogo em Linhares e levava na Van que elas alugavam para jogos mais distantes mesmo aqui na Grande Vitória como no Robertão ou na Estiva na Serra. Gente fina ele, que aparece em algumas fotos por aí com a tia. Tinha tanto ciúme da peça que deixava só eu botar a mão

Abro um parêntese aqui para dizer que eu NUNCA furei um Surdo na minha vida, mas já vi muita gente fazer por puro desconhecimento de causa. Ôô vontade de xingar, e eu xingava. rsrs Uma vez um cara pediu para tocar; disse que era da bateria do Boa Vista ... Primeiro eu fiz ele colocar uma camisa da Bola Branca por cima da que ele estava vestindo, do Curíntia e depois deixei tocar. Pegou duas baquetas e fez uma "baianada" achando que era o Olodum. Em menos de um minuto o cara rasgou a pele do Surdo. Ficou sem graça e eu pensei ... Coitada da Boa Vista, kkk

Gostaria de deixar claro que o Nenel continuou com o carinho e respeito de sempre com as tias e que as duas torcidas conviveram por muitos anos e com o passar dos tempos a Bola Branca levava apenas as faixas, mas mantinhas es excursões para os jogos no interior e tanto lá como na Grande Vitória as torcidas ficavam lado a lado nas arquibancadas. Simbiose perfeita apesar da política, rsrs

Então começou o mutualismo com a garotada que fazia um cordão atrás da batucada e iam cantando e agitando, se abraçando e fazendo trenzinho até que um dia, segundo um dos fundadores, por divergência de ideias com o Nenel (prefiro omitir o nome dele) resolveram fazer uma torcida própria. Mas como ninguém sabia tocar só faziam o tum tum tum argentino com um surdo. Não sei se aprenderam, mas prefiro não dar mais detalhes pois mal os conheço. Apesar do respeito que tinham e do reconhecimento pelo "aprendizado" é uma geração sobre a qual prefiro não comentar para não suscitar polêmicas desnecessárias. Já a Brancachaça que veio pouco tempo depois é uma torcida mais raiz assim como a anterior Força 12. Todas conviveram por um período e outros grupo apareceram também. Tudo OK !!!!!

Tem uma coisa comum a todas >>> Essa turma toda comeu os quitutes que as tias preparavam para comer nas viagens, rsr

Rescaldo do "Ofuscando o Anjo" ... só achei esses frames agora, não estão bons, mas vale o registro apenas para provar que eu não invento e nem aumento. Bola Branca no ¼ reservado no Ferro Velho e a Juventude e quem não coube lá, no Tobogã. Até Cheerleaders tinha para animar os grenás ... mas não contavam com nossa astúcia... / Ahhhh, tinha esquecido de dizer: depois choveu. Daquelas chuvas de lavar a alma.

Juve e   Bola

Bola e Juve

Causo rápido ...

Tenho um amigo que é sócio grená. Contou-me ele, que mora perto do estádio em Jardim América que certa vez, chegando em casa do trabalho lembrou que o seu Fluminense em péssima fase jogava contra o Serra. // Pois bem, chegou no intervalo, foi pra cadeira e sentou ao lado de um cara de terno e papo vai, papo não vem, ele dizia: puxa vida, como o Flu está mal ... mas que time ruim, está sendo pressionado pelo Serra... olha que vacilo da defesa... e o cara de terno só balançava a cabeça afirmativamente, rsrsrs - depois de um tempo, o tricolor marca um gol e um monte de gente vai cumprimentar o cara ao lado dele. Só aí ele reconheceu: era o Presidente do Fluminense ... **kkkk** /// O Sérgio ia comigo nos jogos do Rio Branco, mas só até entrarmos e depois da saída e eu retribuía indo aos jogos da Desportiva. Nestes; sem compromissos (de labuta nos couros) a gente comprava uns mistos quentes e umas cervejas e ia lá pro Tobogã. O tobogã agora demolido era uma mistura de geral com arquibancada atrás de um gol, uns degrauzinhos baixinhos, uma droga ... mas bom de assistir um jogo do alto (era comprido) quando o estádio não estava cheio. Se cheio tinha que ficar em pé. Projetista burrinho... kkk

Lembrei de outra sensacional, ele vai ler e lembrar. Jogo da Desportiva pelo Brasileiro de 1980 contra o Remo. Desta vez na arquibancada... Botelho (bola de prata da Placar), ponteiro grená domina uma bola na intermediária e o Sérgio grita:" Chuta Botelho"! Todo mundo ao redor olha espantado para ele, mas o Botelho chuta e bola entra no ângulo, indefensável ... e aí todos comemoram e batem palmas para ele ...rsrs - também exímio jogador de futebol de mesa.

Algumas Torcidas mais ou menos organizadas apareceram (fora as já citadas **Dragões da Vila** e **Riobranquente**) como a **Raça Alvinegra** que eu conhecia o Presidente (acabou por não ter batucada, em minha opinião), e a famigerada Torcida Familiar Brancabral que levava uma multidão, talvez a maior em número de pessoas de todas, mas tudo gente ligada a cabos eleitorais de dezenas de bairros de Cariacica quando determinado prefeito e seus edis dominavam a política do município (e do clube). Todo mundo entrava de graça e era uma farra total. O tal Cabral era o braço direito e alcaide mór do prefeito. Nas fotos abaixo, como os fotógrafos não dão o foco nas torcidas e, portanto, não coincidentemente, aparecem apenas parte das faixas como de praxe. Mas já é alguma coisa ....

Raça no KA em 1997. Casa cheia num RB x Capixaba

Faixa da Torcida Brancabral, a que "torrava dinheiro" em 1998

Nas fotos seguintes o mestre do fotojornalismo: Antônio Moreira vai buscar a amigo Romero Mendonça, de folga (em dias diversos) no meio da muvuca em um RB x ADF no KA e de quebra "pega eu" na bagunça da Bola Branca na 2ª foto com um círculo em destaque.

Juventude e Vigor e Bola Branca no KA. Na segunda foto também aparecem uns caras da 1º geração da Comando. Na setinha Romero com a camisa da Bola Branca. Braço pra cima é atração de energias positivas!!! /// Grato a A Tribuna

Bola Branca ///

Juventude ///

Comando ///

e

Força 12 ///

na Área.

Não sei dizer exatamente quando a Juventude pendurou as baquetas.

Tem também a **"Turma do Bandeirão"** que sempre fazia bandeiras grandes, daquelas de estender. A Cada ano faziam uma diferente. Penso que são eles que levam ou levavam a faixa com Fiel Capa Preta escrito. A informação que tenho é que se intitulam hoje como **Torcida Capa Preta de Jardim América** e conheço alguns deles. A concentração é em um bar tradicional no Bairro onde já os vi algumas vezes "de passagem".

Força 12

Na 1ª imagem Bola Branca e Força 12 prestigiando a base no Araripe deserto. Nas fotos seguintes penso ser do auge da torcida. Era um grupo muito grande ... acho que alguns depois formaram na Brancachaça. Pelo que me lembro não tinham batucada o que em minha tese é motivo de perenidade de uma organizada. ***O furdúncio une as pessoas****, rsrs*

Chegam os Cachacistas juramentados ... **O nome da torcida é "Torcida Alcoolizada Brancachaça"**

Brancachaça

Observem o seguinte, como dizia 50 vezes por aula, um professor de Matemática que eu tinha >>> Na foto ao lado (por volta de 2011), o camarada da esquerda de bermuda amarela (acho que não vai ficar legal no livro em P&B) o atual presidente do clube, o Paulo Pacheco em seus tempos de cachaceiro, rsrs / Ele assumiu em 2021 e faz um trabalho exemplar.

Um presidente que já sentou em uma arquibancada é um ótimo sinal. Empresário de sucesso tem amor ao clube e o preserva.

A caravana da Brancachaça sai às 11h, do Estádio Kleber Andrade, em Campo Grande Cariacica. O ônibus ainda passa pela Praça de Jucutuquara, em Vitória, e tem uma parada no Supermercado EPA, de Laranjeiras, na Serra, antes de seguir viagem. O preço por pessoa, sem o ingresso incluso, é de R$ 30. A diretoria da torcida ainda informa que haverá sorteio de dois ingressos e de uma passagem grátis. Além do sorteio, a Brancachaça vai realizar uma rifa de um barril de chopp de cinco litros. Contatos para os interessados: (27) 99865-7845 (Everton), (27) 99755-5447 (Bruno Mian) e (27) 99738-3781 (Henrique).

A tradicional Torcida Bola Branca também vai marcar presença no Joaquim Calmon. O preço da excursão, sem o ingresso, sai por R$ 30 por pessoa. O ônibus sai no sábado, às 9h30, de São Torquato, em Vila Velha. Na sequência passa às 10h, na Vila Rubim, e às 10h15, em Jucutuquara, em Vitória, e a faz a última parada às 10h40, em Laranjeiras, na Serra. Quem estiver interessado em acompanhar a Bola Branca entrar em contato no (27) 98813-8079 (Célia) ou no (27) 98863-6276.

Ao lado **Brancachaça** em treino no tradicional Bley, na época do Loco Abreu. /// Antes, em 2015 viajamos para Linhares. Bola Branca e Brancachaça, mas não vi ninguém tomando pinga, rsrs

EXCURSÕES BB

TORCIDA BOLA BRANCA

No mesmo ano teve uma excursão (Poços de Caldas) pela Serie "D", mas não deu para eu ir. Vencemos cá, mas perdemos lá. A Bola Branca (Tia Pepenha organizou) saiu no dia anterior às 19hs da Pracinha de Jucutuquara

Existe também um grupo chamado União Capa Preta que aparentemente engloba outro chamado Império – Já vi as faixas deles. O amigo Ninil (Ronison Servare) lembrou de uma que eu tinha esquecido, a **Branco Grande** de Campo Grande.

Pra onde for lá também estarei
Mosaico
COMISSÃO TECNICA E JOGADORES A TORCIDA
Em Itapemirim
Tia com o Comando
FORÇA ALVINEGRA
ASSENTO
Observem esse artefacto na mão do genro da Tia Pepenha / Antigamente, meados da década passada, os torcedores levavam essas almofadinhas para sentar nas arquibancadas. As pecinhas tinham os escudos dos clubes.
BOLA BRANCA

Torcida da Desportiva no KA na final de 2015 confirmando a máxima de que ela é grande, mas só aparece em peso em finais.

Vitória saúda sua torcida provavelmente no dia que ela compareceu em maior número a um estádio em toda a sua história. Foi na final da Copa ES em 2022 vencida pelo alvianil nos pênaltis.

E foi a última vez que fui no Kléber Andrade.

Eu estava aí neste círculo, mas devia estar sentado. Reconheço amigos do meu filho que foi junto. Pode ser também que não me encontrei, pois, andando no looongo trajeto de ida e volta ao distante banheiro do Kléber Andrade. Kk

Foi o 1º jogo com VAR no ES e evidentemente fomos infelizes com a anulação de um gol que seria o gol da virada. A bola ia entrando, mas um jogador nosso, fora da jogada, mas impedido, correu e botou o pé na bola ...

Esta foto eu mesmo bati. Creio que a única em todo o Livro.

Recordações do futebol de Vitória

01/01/2016 por Estação Capixaba em EC, Futebol, Ivan Borgo, Memória

De "compactos"

A saudade sempre nos permite elaborar uma espécie de "compacto". O jogo da vida pode ter a duração do "tempo regulamentar", mas esses "compactos", em geral, não passam de poucos minutos. Há os que se impacientam quando uma pessoa de mais idade começa a falar dos "bons tempos". Se lhes fosse explicado que se trata de um mero "compacto" em que são eliminadas as bolas fora, os tiros de meta, etc., enfim lances que podem ou devem ser esquecidos, talvez fossem mais indulgentes.

Rio Branco

Feito o necessário nariz-de-cera, passo ao assunto que surgiu numa conversa com o Miguel Depes Tallon: o futebol de Vitória "naquele tempo".

Começo com uma determinada lembrança do meu time, o Rio Branco. Em 1952, vejo-me como membro da diretoria do Rio Branco presidida por Alaor de Queiroz Araújo, mais tarde reitor da Ufes.

Mas a memória mais antiga do Rio Branco vem de 1946, talvez porque me tenham perguntado sobre glórias do futebol capixaba e fui tentando encontrar louros de antigas batalhas em imaginários baús quase esquecidos. Seja também explicado antes de tudo que não sou um conhecedor da história do nosso futebol — como um Grijó Neto — e estas notas têm sobretudo um nítido cunho impressionista. Detalhes podem estar desfocados mas, no conjunto, creio, fica um painel que procura revelar certos episódios, frise-se, na visão de um determinado espectador.

Mas por que 1946? Recordemos. Nesse ano o Fluminense do Rio havia conseguido um título inédito no futebol brasileiro, o de supercampeão. Hoje em dia são fabricados supercampeões em série (releve-se o saudosismo). Mas o supercampeão de que vos falo possuía craques como Ademir Menezes, o Queixada, o Orlando Pingo de Ouro, Rodrigues, o ponta-esquerda que tinha um canhão nos pés, Pedro Amorim, o médico-jogador, e outros astros de semelhante quilate.

Em pé: Pascoal, Pé de Valsa, Gualter, Robertinho, Haroldo e Bigode. Agachados: Pedro Amorim, Ademir, Rubinho, Orlando e Rodrigues.

Num momento de extrema audácia, o nosso Rio Branco resolveu desafiar esse Fluminense, supercampeão de 1946, para uma partida no Estádio Governador Bley, em Jucutuquara.

Nessa época eu morava a uns duzentos metros do Estádio. Pode-se calcular a alegria de quem apenas podia imaginar os lances de seu time no Rio através do rádio, em especial pelo Oduvaldo Cozzi — também tricolor — e que de repente via a possibilidade de ver as jogadas desses supercraques, ao vivo e a dois passos de sua casa. Mas nesse momento instalou-se também uma espécie de conflito cultural. Como torcer contra o Fluminense apesar de todo o meu amor pelo Rio Branco? Nesses casos, a província se divertia e, sádica, aguçava o dilema. E agora?

Sinceramente? Na hora do jogo torcia para os dois. Como? Torcia para quem estivesse no ataque. Mas quando o Fluminense fez 2 x 0, passei a torcer apenas pelo Rio Branco. A verdade é que toda minha flama provinciana não foi capaz de deter a admiração pelo futebol do Ademir. O Queixada era um bólido que partia de seu campo e parecia deixar um rastro de fumaça em sua vertiginosa escalada em direção ao gol. Na meia-esquerda, o Orlando Pingo de Ouro produzia filigranas, trabalhando jogadas da mais pura ourivesaria do "esporte bretão", como era denominado o futebol nos discursos de antigas solenidades esportivas. Como ignorar isso em nome da fidelidade ao time da terra? Um doloroso dilema parcialmente resolvido apenas no final do jogo, que terminou mesmo nos 2 x 0 para o clube carioca. A solução veio de riobranquenses como Ruy Benezath que não eram torcedores do Fluminense. Ou eram?

RB em 1947 >>> Walter, João Pedro, Neide, Brandolini, Haroldo e Dudúlio. Agachados: Tom, Alcy e Zezinho (3 dos melhores jogadores capixabas de todos os tempos), Neném e Romeu. O melhor ataque da história do clube; Tom brilhou depois no Santo Antônio e o Alcy que citamos várias vezes no livro – apesar das propostas de fora nunca saíram de Vitória – e Zezinho – aí com 16 anos - que depois foi artilheiro no Botafogo, Flamengo, São Paulo, Corinthians e Seleção Brasileira. Quando a imprensa certa vez perguntou ao Pelé como ele cabeceava tão bem o Rei respondeu: é porque vocês não viram o Zezinho cabecear. rsrsrs

Fica a dúvida. O que importa é que nos descobrimos relativamente satisfeitos porque o Rio Branco havia perdido apenas por 2 x 0. Esperava-se uma goleada e aquele placar reduzido passou a ser uma espécie de vitória moral. Não é preciso acrescentar que, salomonicamente, embora com um leve traço de remorso, passei também a comemorar nossa modesta derrota.

Aquele jogo da seleção capixaba

Mas, e as glórias? Será que não existiram? Preciso avisar que estas recordações coincidem com uma fase de grande crise no futebol capixaba. Foi a época em que o Rio Branco ficou sem o Estádio Governador Bley e teve até que mudar de nome, passando a chamar-se Riobranquinho, vejam só. Voltou a chamar-se Rio Branco A. C. alguns anos depois, quando também pôde reaver o Estádio, construído com muito sacrifício pelos associados daquele tempo. É verdade que no período em que assistia a futebol em Vitória, entre os anos quarenta e sessenta, falava-se de uma época anterior muito feliz de nosso futebol. Não sei se se trata de referências às invariáveis idades de ouro da história de todos os povos e que correspondem apenas a uma conhecida necessidade psicológica, sem relação com os fatos. Não sei. Falava-se de muitas glórias e de grandes craques. Não duvido. Apenas não sei. Limito-me a escavar as glórias do meu próprio tempo como espectador. Talvez não muito retumbantes. Mas são as que a memória torna disponíveis.

Seleção Capixaba

Naquele dia aguardávamos ansiosos o trompete do Harry James que anunciava o programa "Focalizando os Desportos" na Rádio Espírito Santo. Um programa apresentado pelo Mickey, dublê do jogador Darly, excelente meia-esquerda do escrete capixaba. Aguardávamos a descrição da façanha de nosso selecionado em terras estranhas onde havíamos derrotado o time dos temíveis papa-goiabas, os fluminenses. Adolescentes ilhados em Vitória, imaginávamos esses papa-goiabas travestidos de ferrabrases então subjugados pela perícia de nossos craques. Ainda mais, esses nossos inimigos, ora derrotados pelo arrasador placar de 2 x 1, moravam em Niterói, uma cidade que, em nossa imaginação, aparecia como uma espécie de Nova Iorque. Claro, esses nossos adversários deviam viver como nababos naqueles arranha-céus que seriam gigantescos. Não trabalhavam. Viviam de jogar futebol, o que na época não era nada recomendável. "Nossos rapazes", como eram chamados pela imprensa, nossos humildes rapazes, ao contrário, não eram assim. Trabalhavam de sol a sol. Treinavam ao clarear do dia para pegar no batente às oito da manhã. Mesmo assim, nossos heroicos rapazes haviam infligido essa acachapante derrota aos nababos fluminenses, desprezíveis profissionais da bola. Argh.

No domingo seguinte, seria a revanche no Estádio Governador Bley. Para os papadores de goiaba, bem entendido.

E o domingo veio. Estádio repleto. O orgulho da terra pelo seu escrete explodia nos risos de todos, sentíamo-nos mais conterrâneos do que nunca.

Entra em campo a representação fluminense.

"Papa-goiaba", "Papa-goiaba"... nós, da **Camisa 12** (aparentemente aquela do Rubinante Bacurau citada na página 13 do livro – grifo meu) procurávamos fazer a nossa parte a fim de minar a autoestima dos inimigos. Afinal, ali estavam os ferrabrases, os argentários, pretendendo vingar a derrota que lhes impusemos em seus próprios domínios. Pois sim. No calor das manifestações das hostilidades — uma hostilidade esportiva, e os aficionados sabem do que estou falando — fazíamos espaço para observações. Para falar a verdade, a maioria daqueles jogadores era de estatura bem menor do que imaginávamos e ao invés de bíceps hercúleos muitos deles traziam a marca de um quase raquitismo. Não importava. Eram nossos inimigos e seriam massacrados (na bola, é claro).

Uma figura se destacava entre eles. Era um jogador depois identificado com Cleveraldo, ponta-esquerda do selecionado fluminense. Para espanto de todos, esse jogador tinha entrado em campo simplesmente com a perna esquerda totalmente enfaixada em gaze.

O que foi, o que não foi. Ficou-se sabendo que o jogador havia se machucado no jogo anterior com o nosso escrete. Imediatamente formou-se um consenso de que a contusão havia sido acidental porque "nossos rapazes" seriam incapazes de machucar alguém de propósito. Isto é, numa fração de minuto, todo o estádio, embora sem informações prévias, concluiu que a contusão se dera num lance da maior casualidade. Ora, se assim era, pensando bem, aquilo até que representava uma vantagem para nós. Não sendo culpados pela contusão, só nos restava aceitar a vantagem inesperada. Ia acontecendo isso no jogo. Até os trinta minutos do segundo tempo, Cleveraldo, o ponta-esquerda de perna enfaixada, cumpria o seu papel de inválido com espaço privilegiado para assistir ao jogo. Arrastava-se pela extrema esquerda do campo como uma tartaruga conformada. Mas por volta dos trinta e cinco minutos do segundo tempo, a tartaruga vestiu uma roupa de lebre e todos nós prendemos a respiração porque ia se materializando uma leve suspeita que, desde o princípio, nos incomodava: aquela faixa na perna não seria mero embuste, um truque, para nos enganar, uma traição ignominiosa? Cleveraldo corria pela ponta como se tivesse nos pés as asas de um lépido Mercúrio. "Infame, traidor", era um pensamento tão unânime na arquibancada que quase podia ser tocado com as mãos.

Nos segundos em que tais coisas aconteciam, Cleveraldo acelerava mais a corrida com a bola dominada até que do bico da área desfechou um canhonaço histórico. A bola-bala descreve uma curta e descabida parábola e, em cima do gol, caprichosa, despenca como uma folha seca. Goleiro batido, já que havia se jogado para o canto errado, enganado pela trajetória da bola temperada com um veneno mortal (também não sei se o chute saiu assim por acaso), só nos restava erguer lamentos aos céus. Mas não foi nada disso. No último instante, como se também estivesse revoltado contra as transgressões à lei da Física perpetradas pelo chute que muitos diriam desengonçado, mas nós considerávamos traiçoeiro, apareceu, não sei como, o ângulo de junção das traves do canto direito que deu um quique na bola jogando-a pela linha de fundo.

Perplexos e felizes vimos a bola morrendo no fundo do campo, talvez aliviada por não participar daquele conluio com o falso inválido. Falso? Talvez não fosse fingimento porque após aquela corrida que durou alguns segundos, mas para nós teve a duração de um século, o Cleveraldo caiu pela lateral do campo e parecia, como se ouviu, "completamente falecido". Os dirigentes do selecionado fluminense foram até lá e trouxeram o Cleveraldo nas costas porque naquele tempo ainda não era usada a maca. Nova farsa? Tivemos a certeza que não, porque dali a poucos minutos o jogo acabava com nossa vitória por um a zero. Foi assim que, com duas vitórias consecutivas, eliminamos os terríveis papa-goiabas, aqueles que viviam à tripa forra, ganhando salários astronômicos e morando em arranha-céus de luxo, como era maquinado pela nossa fértil imaginação. A comemoração varou a madrugada e os bares do Guaracy e do Heráclito, em Jucutuquara, venderam cerveja como nunca.

27 de outubro de 1946
Espírito Santo 2x1 Rio de Janeiro tempo normal
Espírito Santo 1x0 Rio de Janeiro na prorrogação
Governador Bley, Vitória/ES
Juiz: Mario Viana
Rio de Janeiro: Milton, Hermogenes, Totonho, Valdir, J. Alves, Hugo, Heitor, Cesar, Djalma, Santa e Cleveraldo.
Espírito Santo: Dias, Clodoaldo, Betinho, Baiano, Rodrigo, Alcino, Lacour, Didi, Alci, Darli e Milton

No mês seguinte o Vitória contratou o ponta-direita desse mesmo selecionado fluminense, de nome Heitor. A partir daí fomos obrigados a fazer uma revisão histórica, como está em moda hoje em dia. Heitor, ex-atacante do facinoroso escrete fluminense, na verdade, em sua identidade secreta, era uma excelente pessoa que se casou com uma moça de Jucutuquara onde foi morar, na rua Augusto Calmon, e passou a fazer parte de nosso grupo que ficava batendo papo na beira da antiga vala até altas horas da noite. Claro que durante algum tempo foi obrigado a aguentar nossas brincadeiras, mas a tudo respondia com sorrisos e uma calma de sábio.

Não demorou a ser um dos nossos.

Os mineiros

A sequência de jogos nos remete aos adversários seguintes no Campeonato Brasileiro de Futebol: os mineiros. Passado tanto tempo, o garoto que mora em minha lembrança não me permite brincar muito com a frustração decorrente do jogo contra esse escrete. O som da bola batendo no alambrado do fundo do gol que dá para o morro, depois do pênalti batido pelo Marmorato, persiste até hoje em meus ouvidos. Acontece que o futebol mineiro, com todo o seu poderio, seus Kafunga, Ismael, Zé Carlos, Mário de Souza, não, Mário de Souza entrou em outra ocasião, mas afinal com todo o poderio de estado rico, não estava conseguindo nada com nosso intrépido selecionado até o começo do segundo tempo. Jogávamos no mesmo nível deles até o momento em que o árbitro resolveu mudar as regras estabelecidas pela International Board e alterou o tamanho do campo durante o jogo. Foi o que aconteceu. O atacante mineiro veio vindo e saiu com bola e tudo pela linha de fundo. Então, para surpresa de todos, mais de metro e meio fora do campo, ele cruzou para a área e outro avante mineiro fez o gol de cabeça. Gol nulo? Nada. Sua Senhoria começou a caminhar lentamente para o centro do gramado a fim de validar o gol. A ira da massa de patriotas que se comprimia no Governador Bley era imensa. Tentativa de invasão de campo. Adolescentes, olhávamos para aqueles senhores circunspectos que sempre iam aos jogos usando terno, gravata e chapéu. Nunca pudemos compreender bem, mas eles sempre assistiam aos jogos sentados nas cadeiras, observando-os com frieza e aparente isenção. Seriam eles portanto nossa instância superior. Podíamos estar enlouquecidos pela paixão, mas ninguém melhor que eles para avaliar a situação e dar um sinal qualquer, indicar a atitude a tomar. Mas eles não falaram e nem fizeram nada. Permaneceram frios e isentos. Todos nós nos sentimos órfãos e vazados por uma cruel injustiça. Sua Senhoria, inexorável, ordenou nova saída tirando qualquer possibilidade de anulação do gol.

MINAS x E. SANTO — Em um dos ataques da seleção mineira, defende Pastor acossado por Fanjoni

O jogo prosseguiu sob a indignação geral. Dispensável detalhar o conceito que a multidão fazia do senhor juiz, aquele... aquele... fechem janelas e portas, senhoritas. O ribombar dos palavrões fazia corar as cinzentas estruturas do Estádio.

Mas, de súbito, Sua Senhoria tem um momento de clarividência. Embora um espião traidor ao meu lado tenha dito que não viu o lance direito, é claro que tinha sido pênalti contra os mineiros. Um pênalti claríssimo como soem ser os que beneficiam nossos times.

E lá vem o Marmorato do fundo da memória para bater outra vez o pênalti. Era um Destróier vingador navegando pelo meio do campo em direção à meta adversária, como já disse o cronista Luís de Almeida. Marmorato, um gigante de quase dois metros, prepara-se para esfarelar com seu chute destruidor o amedrontado goleiro das Gerais. Vai goleiro e bola para dentro do gol. Era o pensamento unânime do Estádio. Tum. O som da bola batendo no alambrado, como disse, rói meus ouvidos até hoje.

Empatamos o jogo e saímos do campeonato brasileiro daquele ano, já que havíamos perdido em Belo Horizonte.

[BORGO, Ivan. Recordações do futebol de Vitória. Publicado em forma de livro em 2001. Reprodução autorizada pelo autor.]

Ivan Anacleto Lorenzoni Borgo é cronista e nasceu em Castelo, ES, em 21 de fevereiro de 1929. Formado em Direito pela Faculdade de Direito do Espírito Santo (Ufes), com especialização em Economia pelo Conselho Nacional de Economia em convênio com o MEC. Foi professor da Ufes de 1961 a 1989 e diretor regional do Senai/ES de 1969 a 1990.

Juiz de Fora

Autor: João Bonino Moreira

Tudo era grande, mais adiantado e melhor no Rio de Janeiro. A Avenida Rio Branco e a larguíssima Presidente Vargas embasbacavam a nós, capixabas, mas uma coisa era certa: o que acontecia no Rio não demorava a acontecer em Vitória. "Traque no Rio faz eco em Vitória," dizia meu pai. Tudo aquilo que os 2,5 milhões de moradores do Distrito Federal faziam, logo repetíamos aqui, na condição assumida de miniatura da metrópole carioca.

Estávamos em 1947 e eu, deslumbrando-me com férias cariocas, fui assistir a um jogo de futebol no Estádio do Vasco, em que a Seleção do Rio massacrou (em todos os sentidos) a de São Paulo. Percebi, boquiaberto, que, um pouco apertadinha, quase caberia ali, no Estádio de São Januário, toda a população da minha capital. A partida foi marcada por um inglês, Mr. Smith, que participava de uma equipe especialmente importada para atuar no eixo Rio/São Paulo, tendo em vista as incontáveis patifarias que vinham sendo praticadas pelos apitadores locais.

Só não sabia eu, naquela ocasião, que as autoridades futebolísticas de Vitória já vinham acalentando, há tempos, a ideia de também patrocinarem um juiz britânico, embora não tivéssemos maiores problemas com a prata da casa. Era mesmo a vontade de macaquear a Cidade Maravilhosa, de ombrear-se ao grande centro. Não ficar para trás.

Retornei das férias. E, aqui, a oportunidade de usar um árbitro inglês não demorou a aparecer. O campeonato da cidade fervia e a diretoria da Federação resolveu que os excelentes Gabino Rios, Leão Dionísio e Dionísio Abaurre eram suspeitos para apitar a final do certame, a ser disputada entre as equipes do Rio Branco e do Santo Antônio. Estava então ali a justificativa para termos um súdito de Sua Majestade bufando e soprando o apito no Governador Bley. Promoveu-se logo a chamada do homem, que já vinha atuando no Rio: Mr. Arthur Ford, que tinha fama de fera, autodenominado "Rei dos Pênaltis". O que foi dito até agora talvez dê a entender ao leitor que o tiro saiu pela culatra, que o gringo decepcionou, pisou no tomate, como se diz hoje. Nada disso aconteceu, como veremos. Tudo teve um final feliz, apenas com a ressalva de certos exageros e algum provincianismo, que devem ter provocado discreto e irônico sorriso de Mr. Ford.

A Federação contratou-o por uma quota de Cr$ 5 mil (!), livre de despesas, mandou as passagens e o dito Mr. Ford chegou em avião de carreira às 10 horas de 9 de outubro de 1949, pouco antes do clássico. No Rio, os estudantes haviam lançado a candidatura do brigadeiro Eduardo Gomes à Presidência da República. Evento relevante, mas que não fez lá muita sombra ao desembarque do **referee** que, pela imprensa local, foi recebido no "original", assim:

"Welcome Mr. Ford! In the name of the Capixaban Sportsmen, we greet you with all good wishes and sincerely trust that your action in today's game will reflect, once again, the prestige enjoyed by the referees of Great Britain in every corners of the world. Welcome!"

Clube Vitória. "O Aristocrático" no centro da cidade

Na noite anterior à do prélio, dia 8, sábado, uns foram ao Bingo Musical no Clube Vitória, com Vito Nisticó e sua orquestra, lá bebericaram uísque Cavalo Branco com "Guaranaprado" e flertaram castamente... Outros preferiram a **soirée** do Glória, que exibia **Na cova das serpentes** ("A história patética duma pobre mulher, lutando para recobrar a razão"), com Olivia De Havilland e Mark Stevens, ou ainda a do Carlos Gomes, que levava **Nem tudo é ilusão,** com Betty Hutton e Macdonald Carey. Os menos favorecidos enfrentaram a sessão do Politeama, que projetava **Ironia do destino**, com Rex Harrison e Lilli Palmer. E o festejado escritor e poeta Miguel Depes Tallon, então com um aninho de idade, ainda não havia revelado sua preferência pelo Flamengo.

No domingo, dia 9, depois de lauto ajantarado, fez-se a romaria ao Governador Bley (o terceiro do Brasil, dizia-se), em Jucutuquara, para a finalíssima. A Avenida Alberto Torres ficou coalhada de Austins A 40 (representados por Carlos Larica), Hillmans, Vauxhalls, Pontiacs, Buicks e Mercurys. O bondinho, que trazia o povão, vinha amarelo e rangendo nas curvas. Cadeiras numeradas a Cr$ 20,00, arquibancadas laterais a Cr$ 12,00, gerais a Cr$ 5,00 e estudantes e militares Cr$ 7,00. Às 15 horas, com a bola em movimento, o Rio Branco formou com Radaeli, Dudúlio e Hélio, Walter, J. Pedro e Mauro, Miguel, Careca, Nenen, Ênio e Milton. E o Santo Antônio com Adjalma, China e Rela, Jarbas, J. Castro e Hamilton, Didi, Patesquinho, Ormandino, Paulo Maia e Alcemir. Pela primeira vez jogou-se em Vitória com camisas numeradas. Renda: Cr$ 20.645,00. Final: Rio Branco 3x2, campeão da cidade. Mr. Ford, como se esperava, esteve impecável no uniforme e na atuação.

Foto do Estádio Governador Bley por volta dos anos 50 ou seja próximo ao ano dos acontecimentos da crônica. Construído em 1936, realmente era o 3º do Brasil atrás das Laranjeiras e de São Januário, mas em 1949 já havia diversos outros maiores

Minutos antes do embate distribuiu aos jornais simpática saudação, que foi publicada nas edições de terça-feira:

"Distintos desportistas de Vitória: é para mim um momento feliz e também uma honra aqui me encontrar como juiz oficial num match nesta cidade. Espero que o jogo tenha como vencedor o melhor. Que seja esta tarde para todos feliz, principalmente para os desportistas aqui presentes. Apreciei imensamente a vossa cidade cuja hospitalidade é marcante. Felicidades e progresso para o futuro. A. J. Ford — 'O Rei dos Pênaltis'."

A imprensa, por sua vez, derramou-se em elogios à atuação do inglês e o cronista Reynold comentou em A Gazeta de 11 de outubro a segurança de Mr. Ford, que trouxe:

"... tudo controlado, sem estapafúrdio, sem gesticulações grotescas, ou apitos por futilidade. Por isso mesmo, S.S. teve subordinados ao seu honroso apito, não só os litigantes como também o público que compareceu ao estádio."

No mesmo domingo da partida, à noite,

"Mr. Ford foi convidado à residência do Sr. Dionísio Abaurre, que aniversariava, unindo-se à alegria que reinava no lar do distinto aniversariante," nas horas vagas seu colega de apito. E até ajudou, meio canhestramente, a cantar o "Parabéns para você".

Na hora de retornar ao Rio, no dia seguinte, deu rápida entrevista aos jornalistas e

"... quando perguntaram a Mr. Ford qual era o seu clube ele, rápido, respondeu com outra pergunta: na Inglaterra? E calou-se. Quando insistiram, ele fez nova pergunta aos presentes e obteve de cada um: sou Flamengo, sou Fluminense, sou Botafogo, sou Vasco, sou América etc. Como não houvesse aparecido quem fosse Bonsucesso ele aí entrou... 'no Brasil sou Bonsucesso'. Todos sorriram, gostando do rico humorismo britânico." (sic)

Nada mais havendo para dizer e com os Cr$ 5 mil no bolso, entrou no DC-3 da Cruzeiro do Sul, cuja passagem já fora marcada com o Heraldo Brasil, e voou para o Rio, ainda a tempo para um chopinho na Galeria Cruzeiro.

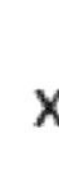

Muito mais para o pitoresco do que para o sério, mesmo assim valeu a vinda de Mr. Ford a Vitória. Pois que, no mínimo, "S.S." confirmou o autoproclamado título de "Rei dos Pênaltis": o gol de empate do Rio Branco, quando o Santo Antônio vencia por 1x0, foi de penalidade máxima...

Tarefa meio complicada mostrar torcedores de municípios entre os 77 capixabas (principalmente pelo motivo de que das poucas informações existentes, essas só abordarem os times e não os torcedores) mas na medida do possível vamo incluir alguma coisa até para não dizerem que falamos só sobre o Rio Branco, rsrs – como já mostramos alguns anteriormente, agora vão só os faltantes ... **prometo** (e minto) **que não tem mais Rio Branco.** Kkkkk

Corrigindo,78 municípios

Afonso Cláudio / O Botafogo teve apenas um destaque em 1983 quando foi campeão do Centro Sul. Seu grande rival é o **Ipiranga** (ao lado) que foi campeão da segundinha capixaba em 1991 com vários jogadores emprestados pela Desportiva.

Embora o Memória não cite, o Ipiranga jogou a Série "A" em 1992. Venceu duas, perdeu sete e empatou 8 vezes

Água Doce do Norte (nada)

Águia Branca / Fundado em 2008, vencedor de 4 Copas ES e de 3 Estaduais o **Real Noroeste** tem o problema de seu estádio ser longe da cidade tanto que na recente série "D" nacional mandaram os jogos em uma cidade vizinha, Barra de S. Francisco.

Diz-se em Águia Branca que o Guarany, clube amador da cidade tem mais torcida do que o Real Noroeste

Alegre / ao lado comemoração dos torcedores do **Alegrense** pelo Bicampeonato Capixaba (2001 / 2002). Seu grande rival na cidade é o **Comercial** que também disputou várias competições estaduais.

Embora fora do profissional ainda existem na cidade torcedores do **Rio Branco** local que no passado já revelou craques para o nosso ...

Alfredo Chaves / Cidade que foi a primeira a ter um clube de futebol no estado: o Alfredense Foot Ball Club de 1910, teve também o **Esporte Clube Alfredo Chaves** que disputou o profissional de 1991 a 1996 (Campeão da 1ª fase). Num desses jogos no caminho pra lá ficamos imaginando como seria o canto da torcida do time... Chegamos lá naquele cantinho da foto, lá no fundo e fizemos um sambinha. Sabe como foi a resposta deles? Chaaaves! Chaveees! Rsrsrs - Tinham uma batucadinha legal.

Posso estar cometendo uma injustiça, mas acho que é aí mesmo. Em 96 o estadinho enchia e só dava pra ver o jogo do outro lado sob fogo cerrado de uns mosquitinhos pretos infernais que eu nunca tinha visto antes. Eles apareciam de tardinha e iam logo fazendo a festa. kkk

Essa parte da pesquisa teve grande colaboração de dados do Memória do Futebol Capixaba (datas, estádios, etc.),

... todavia buscamos também informações nos Facebook's das cidades, clubes, Internet e em nossos próprios alfarrábios.

Alto Rio Novo / O Rionovense embora antigo, de 1939, nunca se aventurou no futebol profissional, mas tem orgulho do seu *Estádio José Silveiro Colnago.* Pode até ser modesto e chamado de campo, mas quantos te dão o privilegio de ver o jogo sentado de dentro do carro? Deve ter um boteco arrumado aí ...

Anchieta / Destaque da cidade o Vila Nova Futebol Feminino já ganhou vários campeonatos no ES e nos representou nacionalmente

Talvez o maior cigano de todos o clube já mandou jogos em Vitória, Cachoeiro, Serra, Guarapari e São Mateus. Perdeu totalmente o vínculo com Anchieta

Já no masculino, embora não esteja mais situado no município o **Espirito Santo Futebol clube** (adquirido por um grupo de empresários) foi criado lá e chegou a ter boas participações tanto no Estadual (2 vices) quanto na Copa ES (Campeão em 2015) e também na "D" (disputou 3) e Copa Verde representando o estado e conquistando muitos torcedores porém encerrou suas atividades em 2019.

Orgulho da cidade também é o time de Beach Soccer, um dos melhores do Brasil com Bruno Xavier (cria de Carapebus) e outras feras. Areia pesada !!!

Apiacá / (nada)

Aracruz / com 2 vices e o título capixaba em 2012 o **E.C. Aracruz** tem um rival local, o **Mariano** que também já disputou o estadual.

Gostam de uma confusãozinha básica.

Também do município de Aracruz é o Esporte Clube Riachuelo, aquele perto do mar e do rio. *No começo dos anos 2000 disputou a Série A estadual. Em 2002 um índio com arco e flecha adentrou o gramado querendo atacar a arbitragem* ....

Atílio Vivacqua / A rivalidade na cidade é entre o Felipense e o Nacional Beira Rio. Ambos amadores se bem que o segundo já foi campeão em 1991 do difícil Campeonato Sulino que sempre tem a participação de times profissionais do Sul do ES.

Baixo Guandu / Ao que se saiba o Esporte Clube Guanduense que manda seus jogos no Estádio Municipal Manoel Carneiro disputou duas vezes a Segundinha sem conseguir subir, em 1998 e 2005. Fomos lá de Trem e já contei a história por aqui.

Barra de São Francisco / Embora já tenha comentado até um causo ocorrido na cidade, já tinha desistido de encontrar uma boa foto quando encontrei essa em AG. O eterno prefeito Enivaldo dos Anjos com as senhoras planejando outra volta do "Terror do Norte". O **Santos** disputou o Estadual em datas espaçadas: 70, 77, 79, 92 e 98. Contratava pontualmente craques como Donizete, Túlio, Adílio, Viola e Odvan e alguns destaques locais.

Boa Esperança / (nada, embora se saiba que um time com o nome da cidade dispute a Copa Norte)

Bom Jesus do Norte / ... que é no Sul

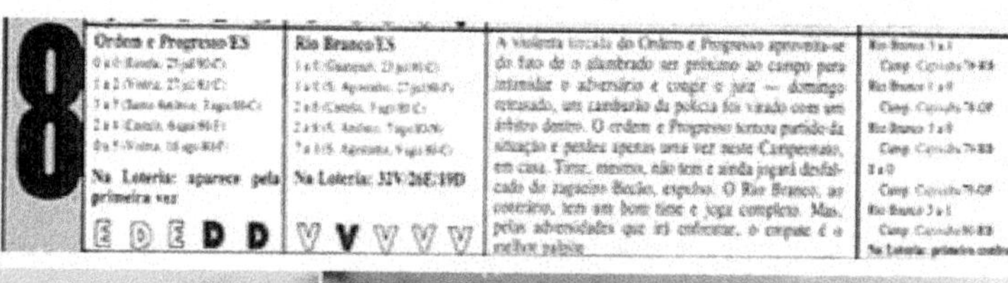

8

Ordem e Progresso/ES	Rio Branco/ES	[illegible]	[illegible]
[illegible]	[illegible]	A violenta torcida do Ordem e Progresso aproveita-se do fato de o alambrado ser próximo ao campo para intimidar o adversário e coagir o juiz [illegible]	[illegible]
Na Loteria: aparece pela primeira vez	Na Loteria: [illegible]	[illegible]	[illegible]
E D E D D	V V V V V	[illegible]	[illegible]

Tradicionalíssimo pois fundado em 1914 tem como maior rival o Olímpico de B.J. do Itabapoana no RJ, atravessando a ponte que liga as duas cidades.

Disputou dezenas de Campeonatos Capixabas entre os anos 50, 70 e 80 e tem um tri-vice campeonato incrível: em 51 perdeu para o Santo Antônio, em 52 para o Rio Branco e em 53 para o Vitória. O Canarinho tem uma sala de troféus recheada de vários campeonatos e torneios no Sul, mas hoje só funciona com as escolinhas.

A sequência correta no lado é RBAC (51), VFC (52) e SAFC (53)

Naquele jogo no quadro lá em cima no prognóstico de loteria na Placar deu, no dia 17 de agosto de 1980, 4 x 3 para o Ordem e Progresso. Dois anos depois a reportagem histórica da mesma revista revelava o esquema da Máfia da Loteria Esportiva com o goleiro Jair (do RB) tendo sido acusado de vender o jogo. ***Na ultima foto, cantinho gostoso na sombra, de onde assistíamos as partidas***

Esse Jair era bom goleiro, fazia uma cera como poucos e sofreu um frango aos 44 do 2º tempo num sábado à noite no Jardim num gol de empate do SAFC, na loteria. -E eu defendi o cara... poxa gente, estava chovendo e a bola escapou, rsrs – FDP, kk //// Outros jogadores de clubes capixabas, árbitros e dirigentes foram citados na Placar. Não deu em nada...

Brejetuba / (nada)

Dois outros clubes Cachoeirenses disputaram a "A": o **Ouro Branco** em 1963 e o **Grêmio S^to^ Agostinho** em 1980 – Eu fui

Cachoeiro de Itapemirim / ... do Estrela, eterno rival (ambos de janeiro de 1916) já falamos mas do Cachoeiro ainda não. Foi campeão estadual em 1948, depois da bater na trave duas vezes (em 1930 contra o RB e em 44 contra o Vale) e sulino em 44, 50, 51, 52, 53, 69 e 71. Nesse interim disputou muitas vezes o Estadual, mas sem a força de outrora. Em 2006 fomos em um jogaço lá em vencemos num incrível 6 x 4. Um bom resultado foi obtido em 2013 na Copa ES quando depois de eliminar os favoritos, perdeu a taça em um empate com o Real fora de casa no jogo final.

Bom, mas bom mesmo é ganhar do Estrela. Nessa foto acima a torcida invadindo o campo no Estádio do Ouro Branco após a final do Sulino. Quem deu a dica do estádio foi a amigo e Fidalgo Lucimar Fernandes Machado

Em 2001 vendeu caro a derrota para o Fluminense por 2 x 1 no Maracanã. No mesmo ano disputou a Série C nacional no mesmo grupo do Estrela e os os jogos entre os 2 terminaram empatados. O clube está licenciado, mas luta para voltar com o apoio da torcida Fidalga que é como os alvirrubros se chamam carinhosamente.

Cariacica /

Tirando a Desportiva todos são amadores.

Os dois maiores estádios do estado localizam-se no município e tem gente que fica brava se dizer que são em Vitória.

Campo do Espiritosantense no Bairro em Campo Grande

Os mais antigos e tradicionais estão acima, mas cite-se também o Porto Alegrense, o Ajax, o Bom Pastor, o Itanguaense e o Faec...

Estava esquecendo do Ferroviário Sport Club que disputou a "A" capixaba entre 1958 e 1962. Venceu a "B" em 1953, 54 e 56. Como aqui não dá mais, lá na frente colocarei o escudo dele quando for falar (em Vitória) sobre o coirmão Vale. Os 2 e mais alguns amadores participaram da fusão que gerou a Tiva

Castelo / // Já fui em alguns jogos na cidade famosa pela festa de Corpus Christi sem nenhum problema -time duro de ser batido em casa- mas o amigo César Fernandes contou recentemente que uma das maiores confusões em que a Bola Branca se meteu foi em um jogo lá onde tiveram que sair do Estádio Emilio Nemer escoltados pela polícia. Na última foto da ilustração ao lado observa-se o clássico da cidade entre Castelo (fundado em 1930) e comercial (de 1927) em **1949.** Terminando o jogo era só pular no rio ao lado do campo pra tomar banho. kkkk

O Castelo Futebol Clube (oriundo do Alfaiate FC) é de 1930 e seu mais tradicional adversário, o Comercial é de 1927. Na foto abaixo do clássico, no mesmo local foi construído o Estádio Independência nas margens do Rio Castelo. Mas existem outras rivalidades antigas como as com o S. C. Castelo, América de Castelo e o Caxias Castelense

O Castelo disputou 13 edições do estadual (tirou o RB em 89 nos pênaltis) desde 1967 até recentemente, mas sempre voltando ao amador. Já o seu maior rival, o Comercial disputou menos, mas foi vice (ambas para o Rio Branco em 1936 e 1949. Também venceram em algumas oportunidades o difícil Campeonato Sulino.

Deixando claro aqui que a Copa Sul e o Campeonato Sulino são competições diferentes e o 2º no passado, dava vaga para e Série A do Capixabão. ///

Na "B" agora em 2024 o EC Castelo perdeu a semifinal para O Vilavelhense e não conseguiu subir

Colatina. /// Muitos clubes da cidade já disputaram o Estadual desde o **Atlético Colatinense** (fundado em 1917) passando pelo Vila Nova em 1949 (venceu o RB nas semifinais em Colá mas tomou uma surra em Vitória, ainda disputou em 64, 66 e 69; o **São Silvano** (um verdadeiro saco de pancadas) até o atual **CTE Colatina** que em 2024 na segundinha não conseguiu subir.

Um grande clube da cidade foi a **UACEC** (*União Atlética Colégio Estadual de Colatina*) que durante os anos 50, 60 e 70 revelou uma penca de bons jogadores para os clubes da capital e mesmo para o futebol nacional. Foi vice campeão capixaba em 1961 (para o SAFC) e em 1962 (para o RB). No jogo da final de 61 um fato curioso. O time tinha perdido em Vitória por 2 x 0 e em Colatina depois de muito pressionar marcou seu gol e aconteceu o inacreditável: a torcida invadiu o campo achando que era o gol do título ... dezenas de minutos depois até sair todo mundo o time da casa perdeu o ímpeto e o jogo sendo vice no saldo de gols.

De 2003 até hoje o **CTE** representa a cidade

O time de maior sucesso da cidade foi a **Associação Atlética Colatina** que jogou entre 78 e 96 sendo Campeão em 1990, disputado a Série "A" nacional em 79 (empatou com o Corinthians por 1 x 1 no Pacaembu), outras séries e Copa do Brasil e entre outros feitos derrotou a Seleção Olímpica antes da viagem desta para Los Angeles quando ... o Brasil foi medalha de Prata

Acima um amistoso do RB contra a Uacec com a presença da Miss Colatina em 1955 e a ao lado o time Campeão Capixaba em 1990.

Em 94 o **Real Madrid** de Colatina disputou a Série "B"

Conceição da Barra /

O Sul América time da casa, disputou 3 vezes a segundinha sem nunca ter conseguido o acesso. Em 2005 no martírio, o Rio Branco jogou lá e venceu por 4 x 1 com o mesmo placar no jogo de volta. De bom mesmo naquela longa viagem com a Bola Branca foi que ao lado do estádio, pertinho da praia tinha um estabelecimento chamado Academia da Cachaça com pingas famosas. Quase nos afogamos. kkkk

Conceição do Castelo / (nada)

Divino de São Lourenço / (nada) apenas times amadores, mas sem fotos

Domingos Martins / O Sport Clube Campinho de 1923 sempre foi amador, mas chegou a revelar valores como goleiro Carlos Germano. Sua rivalidade é com times de Marechal Floriano desde os tempos em que faziam parte do mesmo município no passado.

Estádio Dr. Arthur Gerhard em momentos distintos / JeanKarlo, ex RB, Fla e outros clubes

Dores do Rio Preto / (nada).

Ecoporanga /

Sem participações em confrontos conhecidos ou mais detalhes. Encontrei apenas essa foto do Estádio Municipal. Na verdade, apenas um local murado e com alambrados ao redor do campo. Nas páginas do facebook da cidade as pessoas tem saudades, e fotos (mas sem torcedores) do Atlético de Ecoporanga.

Fundão / Totalmente amadores os clubes mais conhecidos são o Comercial Fundão Clube e o Cruzeiro de Timbuí.

O palco de esportes do município é o Estádio Manoel de Almeida Matos.

Governador Lindemberg /

Amadores, Nacional (de 1967 e conhecido com Azulão) e Atlético Esporte Clube fazem o grande clássico da cidade. /

Geraldo Vargas Nogueira, o Geraldão em dia de confronto entre os principais oponentes locais.

Guaçuí / Aparentemente (por falta de mais informações) as maiores torcidas da cidade são do **Olímpico** fundado em 1950 que sempre foi amador e também conta em seu currículo uma conquista do Sulino recente (2018) e o **Sport Club Capixaba** bem mais antigo, de 1917 e maior vencedor regional. O Capixaba disputou a Série B, e foi campeão em 1995. Estreou na "A" em 97 e teve quedas tendo obtido um bom desempenho na Copa ES de 2011. Voltou ao profissional em 2020, mas jogando em Vargem Alta. Depois foi para Vila Velha e atualmente disputa os campeonatos da federação. Tem uma organizada, a Santo Forte. O Tubarão (SC Capixaba) subiu em 2024 para disputar a "A" em 2025 CAMPEÃO

Estádio Francisco Lacerda de Aguiar, anos 50 /// Olímpico e sua torcida em foto recente /// Capixaba em campo com foguetório, anos 60

Guarapari / Fundado em 1930 o **Guarapari Esporte Clube** disputou o Estadual desde 1976 sendo Vice em três ocasiões (82, 86 e 90), chegando perto em 1980 e sendo Campeão em 1987. Parou em 1995 e tentou voltar em 2003, mas sem sucesso. Dono de uma torcida apaixonada e por vezes abusada, para dizer o mínimo. O Estádio Davino Matos, palco de algumas decisões estaduais foi criminosamente demolido para a construção de um Shopping Center recentemente. Um verdadeiro absurdo contestado por muitos.

Essa é do Balacobaco. Torcida feminina tricolor da Cidade Saúde.

Violência no futebol na decisão capixaba

VITÓRIA – Um muro caiu sobre dois homens e uma mulher e muitas pessoas saíram feridas no encerramento do returno do campeonato capixaba de futebol, no estádio "Davino Mattos", em Guarapari, quando a torcida do time local, vencedor por 1 a 0, atacou com paus e pedras os 800 torcedores da Desportiva Ferroviária.

Em meio a confusão que se formou no pequeno estádio quatro mil pessoas queriam deixar o local, um muro desabou sobre José Luís Pereira, 34 anos, Nilson So Souza, 25 anos, e Marta Mendonça, 55 anos. As vítimas foram retiradas de sob os escombros por soldados da PM e transportadas, com ferimentos graves, ao hospital Nossa Senhora da Conceição.

Os 30 policiais destacados para a segurança do estádio não puderam conter a violência. Os torcedores do Guarapari, aos gritos de "é campeão", também apedrejaram os ônibus que levavam a torcida do rival. Heitor Vieira, 28 anos, que se encontrava no interior de um dos veículos, teve o pulso aberto por uma pedrada e, enquanto perdia sangue, protestava contra a falta de segurança no local. Segundo o tenente PM Paulo Cesar Batista, responsável pelo destacamento, o número de participantes do jogo de quarta-feira surpreendeu a todos. A polícia esperava um movimento menor e não se preveniu para violências em campo. Os soldados, armados de revólveres, ao final do jogo, corriam atrás dos jogadores, enquanto veículos da 2a. Companhia da PM transportavam feridos ao hospital local.

O Guarapari foi o clube que enfrentou o Rio Branco na inauguração do antigo Kléber Andrade e por conta dos incidentes da reportagem ao lado, virou inimigo da Desportiva que retribuiu em Vitória apedrejando os ônibus de jogadores e torcedores do clube da Cidade Saúde. Ahh um novo estádio está sendo construído no bairro Aeroporto.

Ibatiba /

Embora existam outros registros de times de futebol na região desde a década de 40 o clube que vingou na cidade é o ***Associação Atlética 1500** de Ibatiba*, fundado em 1974. // Em 1993 (única experiência profissional) jogou a Série "B" e por pouco não subiu, mas não deu. Penso que desanimou e dedica-se apenas à Copa do Café disputada por clubes do ES e MG da região do Caparaó. /// Disputa também a chamada Copa Centro Serrana // Na foto ao lado casa cheia na final da Copa Café 2013 / 1500 x Mutum/MG placar de 2x2, como havia perdido por 1x0 na partida de ida o 1500 ficou com o vice, mas foi campeão depois em 2015.

Estádio : Municipal Heitor Batista Miranda "Mirandão"

Na boa, como diz a garotada de hoje; o melhor lugar para ver um futebolzinho em Ibatiba é nessa varanda de onde a foto foi batida.

Ibiraçu / O Calhambeque Bí Bí

Embora já existisse antes um clube chamado Ibiraçu (anos 40) o **Esporte Clube Ibiraçu** é de 1959. Chamado inicialmente de Congregação Mariana o Ibiraçu veio de uma rara união entre os dois rivais antigos o Vitória e o América que tinha um campo onde é hoje o Estádio Marcão.

O clube teve uma ascensão meteórica depois de vencer a Copa Norte em 81, ser campeão da segundinha capixaba em 82 de forma invicta e a partir de 1983 até 1992 na "A". Em 1988 venceu o campeonato de forma brilhante com um time de rejeitados pelos "Grandes" Rio Branco (2 jogadores nossos injustamente dispensados: Daniel e Marinho), Desportiva e Vitória. O chamado Calhambeque ainda contou com os dispensados Auri, Dário, Marcelo, Valdecir e o próprio técnico, o Zuza. Mas o maestro do time foi outro velhinho que já estava lá o Carola. Só perderam uma para o RB

Na decisão (e vitória sobre o Estrela) em 1988 todo o público do pequeno estádio invadiu o gramado para comemorar

Mas como nem tudo são flores falemos também dos espinhos. O principal articulador e presidente do Ibiraçu, Sr. Marcos Vicente depois enveredou-se na política e ainda enfiou (fato público e notório) a política no futebol. Elegeu-se ele e sua turma diversas vezes e não coincidentemente os times "de prefeitura" começaram a ser campeões. Basta ver um mapa do ES e fazer uma linha temporal. Caímos dos 10 melhores estados no ranking para antepenúltimo. Lamentável

A Torcedora do Círculo é uma "Ibiraçucrete"

Em homenagem à torcida do Ibiraçu, o JJ decidiu escolher uma "Ibiraçucrete" como a Torcedora do Círculo desta semana. Ela vai ganhar presentes das Casas Santa Terezinha, Café Praça Oito, Casas dos Desenhistas, além de ginástica e sauna grátis no Instituto [illegible]

Ibitirama / (Nada)

Iconha / O Iconha Futebol Clube de 1977 tentou duas vezes disputar o Sulino. Nada mais se sabe ...

Estádio de Irupi

Irupi / Sabe-se apenas que disputa a Taça do Café. Amador.

Itaguaçu /

O **Nacional Futebol Clube** de 1933 é um multicampeão amador tendo sido campeão da Centro Sul (85 e 86), Centro Serrano (2012) e da Copa Norte em 2013.

Nas bananeiras,

No profissional disputou em 1980, 1999 e no ano 2000. Time difícil de ser batido no Estádio Aniceto Frizzera.

Na foto ao lado um empate contra o Rio Branco em 2 x 2 em 1999. Duro mesmo foi a viagem pois o motorista do ônibus da torcida errou o caminho duas vezes e só chegamos lá quando o jogo já tinha começado. Kkkk

Itapemirim /

No KA torcedores de todos os clubes apoiando – veio muita gente de lá também. Nas fotos abaixo Estádio José Olívio Soares onde até já vencemos, mas perdemos a maioria.

Fundado em 1965 o **Clube Atlético Itapemirim** ganhou alguns Sulinos (2006, 2007 e 2010) e virou profissional em 2011. Em 2014 subiu e na "A" fez boas campanhas a seguir culminando com o <u>Campeonato Estadual de 2017</u> de forma invicta e no mesmo ano venceu a Copa ES obtendo vagas para "D" nacional e Copa do Brasil pelo 1° e Vaga para a Copa Verde no 2° respectivamente. Na Verde foi surpreendentemente Vice perdendo a final para o Payssandu (1 x 1) no Mangueirão lotado, mas tinha perdido em Vitória, ou seja, dever de casa mal feito, mas deu orgulho aos capixabas. Atualmente parado ou melhor, parece ter uma parceria com Sport Club Capixaba, o Cigano, como outros, ... rsrsrs

Resgate do Flamengo Itarana quando ainda se chamava Figueira Santa Joanna foto 1934

Itarana / Amador o time local é o Flamengo de Itarana que, todavia, já foi Campeão do Interior em 1951 e ganhou também o Centro Sul em 2006 e a Copa Norte de 2019. Uma briga generalizada com óbito, numa "negra" contra o Ferroviário de Aimorés (MG) em 1971 quase traz de volta a Guerra do Contestado. O Sta Terezinha venceu a Copa Norte 2014

Iúna / Time encardido que era praticamente imbatível jogando no pequeno *Estádio Municipal Antônio Osório Pereira, o* **Rio Pardo Futebol Clube** (Rio Pardo era o antigo nome da cidade) fundado em 1917, disputou a série B em 1989 e de 1991 até 1997 a série A capixaba. Em 91 ganhou o 1° tuno, mas caiu na semifinal para a Desportiva / Em 92 foi destaque disputando a série C do Brasileiro passando de fase (só passava um time por grupo e os capixabas eliminaram o Guará e o Tiradentes do DF e o Atlético GO) invicto. Na fase seguinte uma derrota e uma vitória contra o Flu de Feira e uma decisão cruel do regulamento: os baianos (que foram vices ao final da competição para a Tuna Luso) passaram por ter feito um gol a mais na fase de grupos. /// Lembrando que 1991 foi provavelmente o pior ano da História do RB, rebaixado com 9 derrotas, 6 empates e uma vitória apenas. Se livrou de jogar a Série B pois a federação resolveu que não haveria rebaixamento em 1991.

Um clube chamado Iunense disputou a "B" em 1995

Estão vendo aquelas arvorezinhas lá em cima? Lugar ideal para assistir o jogo. Ficamos ali na sombra. Tem muitas árvores ao redor. Em 96 eles diziam-se satisfeitos por terem eliminado o rival cachoeirense no ano anterior

O Pardo, no estadual, continuou bem em 93, mas em 94 escapou do rebaixamento na última rodada (o Vitória caiu). Voltou bem em 95 passando na fase de grupos tirando das finais um rival da região, o Estrela, mas não foi bem nas finais. Em 96 também chegou ao quadrangular final, mas uma derrota para a Desportiva encerrou as chances. / Em 97 terminou mal, em 9° lugar entre 12 equipes. Perdeu mesmo para outro grande rival, que tinha se tornado freguês, o Comercial de Alegre; em 24 de maio, mesmo mal das pernas venceu o Rio Branco por 1 x 0 no KA, jogou mais duas partidas e perdeu para o São Mateus e para o Aracruz. Fechou as portas no ano seguinte e ficou só futebol amador tendo vencido em 2011 a Copa do Café com clubes capixabas e mineiros.

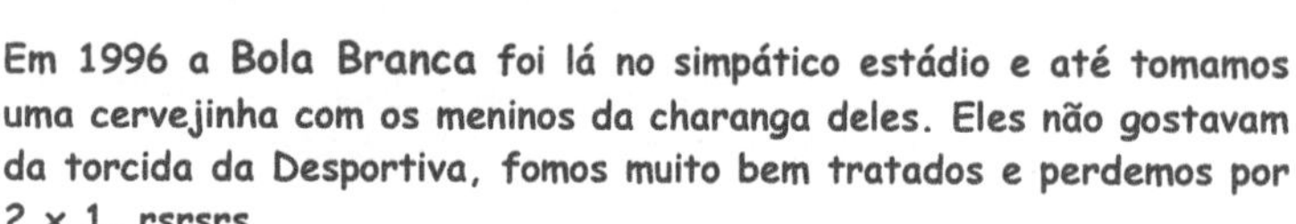
Em 1996 a Bola Branca foi lá no simpático estádio e até tomamos uma cervejinha com os meninos da charanga deles. Eles não gostavam da torcida da Desportiva, fomos muito bem tratados e perdemos por 2 x 1. rsrsrs

Jaguaré / *O Estádio Municipal Centro Esportivo Conilon*, é um dos melhores estádios do interior do estado. Amplo e com arquibancadas dos dois lados atende bem ao público da cidade que ama o futebol. O clube mais antigo (de 1958) é o **Botafogo**. Profissionalizou-se nos anos 90 e subiu em 2011 quando trocou o nome, as cores e o escudo para disputar a "A" no ano seguinte se tornando o ***Conilon Futebol Clube***, nome escolhido para apaziguar divergências políticas e investimentos da prefeitura visto a rivalidade entre os torcedores dele, Botafogo e os do Jaguaré. O Conilon apesar de vida efêmera (disputou a "B" em 93 e 94, mas bateu na trave, foi mal em 97) venceu em 2011. Na "A" foi vice campeão capixaba em 2012 (título do Aracruz) e terceiro em 2013. No ano seguinte acabou a grana dos "empresários" e da prefeitura, o clube abandonou a competição e foi rebaixado. Não voltou mais. Fomos lá em 2013, um jogo sofrido que perdemos por 2 x 1 e nos aproximamos do rebaixamento no ano do centenário do Rio Branco. Naquela partida todas as esperanças foram "por café abaixo" kkk

Já o **Jaguaré Esporte Clube**, fundado em 2001 obteve grande sucesso e atualmente disputa a "A" tendo ficado em 5° lugar em 2024. Conquistou a Copa ES em 2007 (invicto) sendo que no 1° semestre foi vice estadual, ano em que o Linhares foi campeão. Disputou a B entre 2003 e 2004 e subiu em 2005 quando ficou em 4° no estadual e no ano seguinte foi semifinalista (saiu para o VFC).

Com o vice de 2007 o Jaguaré foi destaque nacional na série "C" num grupo com América-RJ, Tupi-MG e Guarani-SP. Venceu em casa o Guarani por 2 x 0 e perdeu fora apertado para os mineiros e cariocas, mas um inesperado empate em casa contra o Tupi deixou tudo para a última rodada. Apesar de jogar pelo empate acabou perdendo no Brinco da Princesa por 2 x 1. Perdeu a vaga, mas ao contrário do que se previa não fez feio, muito pelo contrário. Após acabar o dinheiro em 2011 ... mesmo sendo semifinalista (saiu para o Real Noroeste) no ano anterior o clube para e só volta ao vencer a "B" de forma invicta em 2003. Uma torcida apaixonada e que manja de samba.

Já tomamos de 5 e de 4 (duas vezes) deste time. kkkkkk

Jerônimo Monteiro /

O Atlético Futebol Clube de Jeronimo Monteiro é de 1938 e disputou os Estaduais de 1991, 1992 e 1993. Depois voltou a disputar apenas o Sulino. Perdemos lá por 2 x 1 em 83, mas eu não lembro de detalhes, apenas do "consolo" na volta onde no ônibus esvaziamos o estoque comprado em um barzinho local perto da Igreja Católica, a famosa pinga Monte Cristo. Rsrs

Charanguinha comemorando gol pelo Sulino no Estádio José Carneiro.

Sim, na 2ª foto é o Romário com a camisa do time local. O pai dele é da região e Romarinho quando criança passava as férias na casa dos tios e adorava as bolas de meia feitas pela tia. Jerônimo Monteiro também é a terra natal de um ídolo eterno do Botafogo: o zagueiro Sebastião Leônidas que faz parte de todas as seleções de todos os tempos do alvinegro carioca e só não foi na Copa de 70 por ter se machucado poucos dias antes.

João Neiva / O tradicional Sul América Futebol Clube de 1915, conhecido como Esquadrão de Aço (a cidade sempre teve uma forte metalurgia por conta de uma grande oficina de trens desde o início do século passado) era amador, mas muito forte pois sempre fazia amistosos contra os profissionais do estado. Na época que amistosos eram confraternizações entre atletas. Essa foto representa o fim de uma era romântica no futebol capixaba e para "não variar" ocorrida décadas depois do que em centros maiores. Assim também o foi no passado com o profissionalismo, iniciado em 1935 e que aqui só "pintou" em meados dos anos 50.

Pouco mais de oitenta quilômetros separam Vitória de "John in the Navy" um local mágico e cheio de histórias fascinantes

Na foto anterior um amistoso certamente em 1968 (pelas escalações do ano). Não conheço os jogadores do Sul América, mas do Rio Branco temos Paulo Afonso, Wilson Pereira, Gato, Edilson, Édson, Ely, Carlos Jones, João Francisco, Lula e Itamar. mas posso estar enganado com um ou dois. O cabeludo pode ser o Castilho e o último o Cariacica. O jogo não consta no livro do Oscar. Na mesma foto dá pra ver os pés de Eucalipto que fazem com que até hoje, mesmo ampliado e batizado com Artêmio Sarcinelli seja conhecido como Estádio dos Eucaliptos. Pois bem, no mesmo ano (e talvez essa tenha sido a última apresentação da equipe) a empresa controladora da ferrovia propôs do mesmo modo que na Desportiva Ferroviária a fusão do **Sul América** com o rival **Independente** e o apenas social **Clube Nolasco** e estava montado um clube muito forte que foi a ***Associação Atlética Ferroviária de João Neiva***, um clube que guardo na memória pelo motivo de ser o único do interior realmente bom ... isso nos 60's quando eu era menino pequeno .... rsrs

Acima um time espetacular da Ferroviária de João Neiva. Vou dar a escalação pois quem conheceu os nomes saberá por que o adjetivo >>> Cará, Ercy, Tião, Luis Carlos, Tota, Urbano, Jerônimo, Zezinho, Neguinho, Lima, Cariacica.

O objetivo aqui é falar sobre a torcida, mas permitam-me falar mais um pouco sobre o clube que ficou famoso em todo o Brasil nos anos 70 por contar em suas fileiras com o Padre Carlos, um espanhol que se dividia entre a batina e os campos de futebol. E o barbudo jogava muito bem. Era uma atração em todos os locais e alvo de reportagens nacionais nas TV's e revistas. Uma vez eu e meu pai desavisados quase não conseguimos entrar no Bley de tanta gente querendo ver o camarada.

O padre (Carlos Bascaran) em 1974 jogou na Desportiva – ele aparece naquela foto lá atrás (pág. 89) jogando no Bley e dividindo uma bola com o Xerife Dirman.

Voltando ... embora o Memória F.C. afirme que o time estreou na Série "A" em 1969 ele estreou mesmo no ano anterior, 1968, pois jogou 3 vezes contra o RB com dois empates em João Neiva, tendo perdido no Bley. É o time da foto acima. Em 69 uma tragédia aconteceu com o clube que era favorito absoluto ao título liderando e tendo inclusive vencido o Rio Branco (futuro campeão) em Vitória. Numa madrugada chuvosa voltando do Jardim onde tinha vencido o Atlético de Vila Velha, o ônibus com a delegação bateu de frente com um caminhão em uma curva de má fama próximo ao Mosteiro Zen Budista em Ibiraçu. Na colisão morreram quatro pessoas, entre elas o quarto zagueiro Tota, que estava sentado na poltrona que seria do técnico Sarcinelli (o mesmo craque do passado que jogou no SPFC e CRF e que dá nome ao estádio) que ficou na capital. Outros que faleceram foram o diretor do clube e ex-jogador, Benício e um torcedor que voltava no ônibus, além do motorista do caminhão. Outros jogadores se feriram também. Tota é o 5° em pé na mesma foto acima. /// O time deixou de disputar as últimas partidas. Vida que segue, entrou com tudo em 1970 ganhando sempre em casa, mas perdeu o fôlego no 2° turno. Em 71 e 72 não foi tão bem, mas sempre ganhava em casa. Em 73 (ano em que o Padre jogou) só perdeu uma no estádio que tem outro apelido: "Manelis". Em 74, o fim com uma má campanha. O clube ainda é ativo nas competições amadoras no *norte capixaba, futebol de máster e categorias de base. Tentou um retorno em 1993 quando disputou o estadual da segunda divisão, mas sem sucesso dentro de campo retornou ao amador onde segue em atividade até os dias de hoje. / O que se diz é que a tragédia de 1969 atrapalhou o crescimento do clube nos anos seguintes a ponto de não conseguir firmar-se depois no futebol profissional.*

Laranja da Terra /

Dois amadores na cidade, o Joatuba (distrito onde existia uma famosa fábrica de telhas), de 1990 (10 títulos municipais) e campeão da Copa Norte em 2016 e tri Centro Serrano e o mais antigo, o Fluminense, de 1951, campeão da Copa Norte em 2018. Possui 15 títulos municipais e tem o estádio Wilherme Tesch (foto). Na mesma foto os garotos na competição chamada de Laranjinha. Bacana!

Linhares / Da fusão entre os tradicionais América (1951) e Industrial (1953) surgiu em 1991 o **Linhares Esporte Clube** que teve uma ascensão fulminante sendo vice campeão estadual em 1996 e Campeão em 1993, 1995, 1997 e 1998 (sobre esse último já comentamos). Depois de 10 anos de sucesso o clube acabou por divergências entre os dois formadores; os sócios do elitista América não aceitaram a fusão dos patrimônios com os do Industrial.

Guilherme Augusto de Carvalho "Guilhermão"

Time duro de ser batido tanto no Guilhermão como no Joaquim Calmon (estádios vizinhos que hoje viraram supermercados) e apoiados pelas Organizadas Raposões da Fiel e Mancha Azul. Como o time era muito bom, jogava fora com a mesma desenvoltura.

Linhares x Mimosense no Guilhermão

Fez bonito na Copa do Brasil de 94 ao eliminar Fluminense, São José e Comercial-MS, na semifinal empatou no Castelão com o Ceará, mas pelo velho problema do dever de casa (0 x 1) acabou em 3° quando se encaminhava para decidir contra o Grêmio. Em 96 e 98 também boas campanhas, mas eliminado pelo Flamengo e Grêmio.

Torcida Capixaba apoiando o Linhares na Copa do Brasil - Eng. Araripe

Depois foi criado o Linhares Futebol Clube, sem relação com o antigo que disputou 9 estaduais, foi vice em 2011 e 2014 e campeão em 2007 eliminando o Atlético Colatinense nas semifinais e ganhando a taça nas finais contra o Jaguaré com festa da Torcida Império Bicolor.

Tanto o antigo quanto o novo Linhares tem uma grande rivalidade no norte do estado com o São Mateus.

Sou torcedor de um time campeão / Vou com o Linhares porque é do meu coração / Na terra, no céu, ou no mar / Em busca da vitória com o Linhares chego lá. /// Esquadrão Azul, bravo guerreiro / Faz mais um gol e confirma a sua glória / Da multidão que ri, da multidão que chora / Linhares eôôô eôôô traz a vitória. – Autor Brás.

Mantenópolis / (nada)

Marataízes / O Esporte Clube Ypiranga (de 1956) conhecido como "Tubarão da Barra" já disputou 4 vezes a Série B (1998, 1999,2000 e 2002) mas sem conseguir o acesso. Em 2009 e em 2010 venceu a Copa Sul. Ao lado Túlio Maravilha jogando o amador em 2012

– No martírio da segundinha em 99 jogamos lá e empatamos por 2 x 2; pelo menos deu para pegar uma "praiana" kkk

Marechal Floriano /

O mais antigo é o **E. C. Araguaia**, no Distrito de mesmo nome, fundado em 1918. Joga no Elias Bravim.

Estádio Elias Bravim e os trilhos "cortando" uma de suas laterais

Estádio José Henrique Pereira

Na cidade é o América (Campeão do Centro Sul 1982) que tem uma curiosidade lá de 1957. Na reunião de fundação do clube que tenderia a se chamar Esporte Clube Marechal Floriano alguém quis homenagear o conhecido "Piaba" dono do Bar América, que existe até hoje e é um dos ícones da cidade.

Para se ter uma ideia de como são esse campeonatos nas montanhas capixabas vamos a uma relação dos times que enfrentaram o Araguaia em um titulo conquistado em 1982 também »»

Brasil de Paraju, Vila Isabel Esporte Clube, Associação Esportiva Santa Maria Futebol Clube, Estrela de Ouro Futebol Clube de Ibitiruí Alfredo Chaves e Pedreiras Futebol Clube de Pedra Azul.

Um tradicional adversário dos dois rivais é o Sport Clube Campinho de Domingos Martins

Acho que já é a 3ª vez no livro que trato dessas sugestões aceitas imediatamente e que duram, rsrs

Marilândia / Não existem muitas informações sobre o futebol no município vizinho a Colatina, apenas sabemos que existe o amador Marilândia Futebol Clube e um Time de Colatina Chamado ESSE já representou o município na Série "B".

A cidade tem um estádio bacana e bem cuidado, o Cléber Roque Bertoldi, que é utilizado em alguns jogos e amistosos por clubes de Colatina e outros. O Linhares sem casa já mandou partidas lá.

Mimoso do Sul /

Terra do 1° capixaba a integrar e Seleção Brasileira, o zagueiro Hélcio Paiva, Mimoso do Sul tem uma grande tradição no esporte e nos anos 20 existia um antigo Mimosense e em 1936 foi criado **o Independente Atletico Clube** (foto ao lado em 1970). O clube ganhou o Sulino de 1937 e na cidade teve um tricampeonato em 44, 45 e 46. As cores e o escudo são inspirados no argentino Club Atletico Independiente.

O RB perdeu um amistoso lá em 1936 (1 x 0) no ano da fundação do clube. O time do Rio Branco era tricampeão da Cidade (que equivalia ao Estadual, na campanha do Hexa de 1934 a 1939.

Seu grande rival era o **SC Ypiranga** (1926) dono do Estádio Manoel Paiva que teve relativamente maior sucesso vencendo várias vezes o Sulino (*1962, 1979, 1980 e 2015)* que dava vaga para disputar as finais do Estadual da série "A". Embora o Memória F. Capixaba diga que não; ele disputou sim o Estadual pois está nos meus alfarrábios. O Ypiranga jogou em 1962 contra o Rio Branco (2 x 1 e 5 x 3), Ordem e Progresso, UACEC, Vale, Atlético Colatinense e Santo Antônio. Ficou em 5° lugar.

Da união dos dois oponentes foi criado o atual **Mimosense Futebol Clube** em 1993. O clube disputou a série "A" em 95, 96 e 98 sendo que subiu campeão na "B" em 94 vencendo o Mateense e em 97 sendo vice estadual para o Serra. Resolveu parar com o profissional em 98, mas prossegue no amador com relativo sucesso.

O clube revelou o Zagueiro Odvan. Mimoso também é a terra natal do Ézio falecido em 2011 e que jogou no RB também.

Montanha /

A Associação Atlética Montanha é apenas amadora, mas tem um bicampeonato da Copa Norte (2011 e 2012). Tem um estadinho muito simpático, o *Otto Reuter Lottar*. Terra da pinga "Cabocla".

Mucurici / (nada) a não ser que existe lá o Tatu Futebol Clube.

Muniz Freire /

A GAZETA

Muniz Freire é o campeão capixaba

O Muniz Freire Futebol Clube (de 1930) tem como rival local o Comercial Sport Clube de 1954, que sempre foi amador e que tem como maior feito a taça da Copa Sul de 1996. O Muniz que disputou a "A" capixaba entre 1990 e 1997 foi bem mais à frente. Ganhou a "B" em 89, Foi campeão capixaba em 1991 ao vencer a Desportiva na final no Jardim com uma grande caravana da torcida local engrossada tremendamente pela massa alvinegra riobranquense presente. Na Copa do Brasil em 92 bateu de frente com o poderoso Internacional, perdeu de 3 x 1 no ES e tomou uma "caceitada" no Beira Rio por 5 x 0. Depois de 1997 voltou ao futebol amador ... a torcida do Muniz Freire recebeu um troféu concedido pela imprensa como a "mais inflamada" em 1996

Muqui /

Outro berço do futebol capixaba. O Muquiense de 1919 e o Nacional (1929) faziam o grande clássico no passado remoto e depois houve a ascensão do Sport Club Commercial, com 2 M's mesmo (de 1924), campeão do Sulino de 1931.

1915 A História do Futebol Muquiense - Gráfico de Clubes 2015

Alavanca FC
Muquyense FC
SC Commercial
Nacional CM
SC Muquy
Muqui AC
Operario FC
Comercial SC
Muqui FC

Achei depois ... esse Muqui Atletico Clube, em 1967 foi citado como 3º colocado no Estadual, mas não há como conferir, pois, nem na LUA existem registros completos do campeonato vencido pela Desportiva. Tenho minhas dúvidas pois tomou duas goleadas do RB. 6 x 0 e 4 x 1... isso é certo /// disputou em 68 também. Ficou em 5º à frente do Estrela

ANTIGO CAMPO DO OPERÁRIO EM DIA DE JOGO

1929

Final1992 - 1o jogo em Muqui

Final 1992 no Jardim com apoio da torcida capa preta

O destaque "no profissa"; posteriormente, foi o Comercial Sport Club fundado em 1988, campeão do Sulino em 1989 e 1990 e que chegou à Série "A" capixaba em 1991 e no ano seguinte foi supreendentemente "Vice Campeão Estadual" numa final contra a Desportiva no Engenheiro Araripe (1 x 2 e 0 x3)

Nova Venécia / O ***Sport Club Veneciano*** de 1952, Campeão da Copa Norte em 77 e 79 e o ***Leão de São Marcos*** (o Time do Padre Emílio) são os rivais históricos na cidade até os dias de hoje mesmo não existindo mais e ainda depois de outros clubes terem surgido através dos tempos. O 1° disputou o Estadual em 1977 e 1979 e o 2° de 1977 a 1980 com campanhas regulares e vitórias surpreendentes sobre os favoritos. O clássico aconteceu pela Série "A" e 1979 (0 x 0) com mais de 9mil pessoas no Zenor, onde mal cabem 5mil.

Leão x Veneciano 1971

Inauguração arquibancadas

Veneciano na partida do título de 1976 sobre o São Gabriel da Palha

Outro extinto foi a Associação Atlética Nova Venécia, de 1983 e que disputou o Estadual entre 93 e 95 (em um amistoso contra eles Romário marcou seus 1os gols da carreira) bem como a Sociedade Esportiva Veneciano um projeto que não deu muito certo pela rivalidade antiga já citada; mesmo assim disputou 2 estaduais, em 2002 e 2003 e acabou.

Destaque mesmo é o recente **Nova Venécia Futebol Clube** que venceu a Série "B" no ano de sua criação, em 2021, e de lá pra cá chegou perto do título da "A" algumas vezes. Foi vice estadual em 2023 (deu Real Noroeste que conseguiu mandar os 2 jogos da final em casa alegando que o Zenor era pequeno) e venceu brilhantemente a Copa ES no ano anterior. O time tem o apoio do Richarlyson que é da cidade e virou SAF com um belo futuro pela frente, mas informações que vem de lá dizem que a velha rivalidade entre Leão e Veneciano tem feito o clube perder apoio. Penso que se isso não for contornado poderão acontecer problemas pois a união é que dá forças!!!

O Nova Venécia por conta do título da Copa ES disputou a Copa do Brasil em 2022 eliminando o Ferroviário-CE, mas saindo contra o Atlético-GO.

Na Série "D" nacional passou num grupo com Inter de Limeira, Ferroviária de Araraquara, UTR-MG, Caldense, Bahia de Feira e Real Noroeste. Depois bateu o Brasiliense (num jogo que a torcida Candanga invadiu o campo para agredir os jogadores) e saiu já nas 8as contra a Portuguesa carioca tendo perdido por 2 x 1 no Rio e empatado em casa por 2 x 2.

Pancas / Apenas amadores como Guarani, Nacional, União e Democrata, este Campeão da Copa Norte 2023

Pedro Canário / A ***Associação Atlética Canário*** de 1975 jogou diversas vezes a "B" como em 1993, 94, 95, 97 e 2002. Na única vez que foi vice em 1995 por falta absoluta de recursos não disputou a Série "A" no ano seguinte.

Em 97 foi mal e parou 5 anos, e em 2002 a coisa estava tão feia que abandonou faltando suas rodadas para o fim da competição. Agora joga apenas no Amador e nas categorias de base.

Estádio Osman Santana Moura

Pinheiros /

O **Pinheiros Futebol Clube** fundado em 1993 e tri Campeão da Copa Norte (2002, 2003 e 2004) disputou a Série "B" em 2006, 2019, 2020, 2022 e 2023.

Jogou a "A" em 2007 (escapou do rebaixamento no fim), em 2008 (foi rebaixado) e em 2021 (marcou apenas 1 ponto) e foi rebaixado. Teve também 5 participações na Copa ES (2010, 2013, 2019, 2022 e 2023). Saiu nas semifinais nas 3 últimas em suas melhores participações.

Não lembro o ano nem a competição, mas foi uma das últimas viagens que fiz ao interior. O jogo (acho que o campo do "Verdão do Norte" estava em reformas) foi no Conillon em Jaguaré. O RB vencia por 4 x 1 e tomou uma virada para 5 x 4 e empatou no último lance da partida num incrível 5 x 5. /// O Pinheiros saiu agora (2024) na semifinal para o Capixaba não conseguindo o acesso para 2025.

Acima Pinheiros x Rio Branco no João de Sousa de Moura Filho. A foto é recente

Piúma / // O Piúma Esporte Clube, amador, manda seus jogos no simpático estádio Florêncio Serafim dos Anjos (meu parente? rsrs) também conhecido como o Estádio das Conchas. Não tem ligação com outro time chamado Piúma que levava o emblema da cidade, montado pelo empresário Armando Zanata em 2014 e que venceu a Copa Sul no mesmo ano.

Ponto Belo / Existe um clube amador com o nome da cidade, mas sem mais detalhes na internet.

Presidente Kennedy / - cidade com o maior PIB per capta/ES devido o Petróleo

Encontramos apenas os amadores Presidente Kennedy, o Santo Eduardo e o Marobá (nome de uma praia quase na divisa com o Rio de Janeiro), que jogam no estádio Zezão na sede do município. Me parece que disputam apenas o campeonato municipal.

Rio Bananal /

Da fusão dos rivais Grêmio E.C. e E.C Santo Antônio. Foto antiga do clássico ao lado no "O Clementão" (esse mesmo o nome) surgiu o **Rio Bananal Futebol Clube** que mandava seus jogos no estádio Virgílio Grassi que era do Grêmio.

Foi mais um meteoro no futebol capixaba. Depois do vice na "B" em 2007 (para a Desportiva) subiu e nunca foi rebaixado. Uma boa campanha em 2008 e um incrível Vice campeonato vencendo o Linhares na semifinal e decidindo contra o Serra, venceu em casa, mas perdeu no Jardim com presença maciça da torcida do Serra - faltou apenas um gol para ser campeão da série "A". Teve boas campanhas em 2009 e 2010 (nas semifinais fomos lá e vimos os locais passarem o braço pelo alambrado para pressionar o bandeirinha - ainda bem que vencemos - 2 x 1 pois perdemos em Vitória - 2 x 1, mas passamos pela melhor campanha e fomos campões logo depois), mas em 2011 acabou o dinheiro e o clube desistiu do campeonato.

Acima Sávio com a Desportiva. Acostumado a jogar nos maiores estádios do Mundo ele, bem como outra cria grená, o Giovani Silva descobrindo como é jogar no Virgílio Grassi onde mal cabem 2.200 pessoas

Das coisas que acontecem no ES ... em 2011 um empresário adquiriu os direitos do moribundo Castelense, de Castelo (que disputou duas "B" em 2010 e 2019, sem sucesso), e criou um clube chamado **Forte Rio Bananal** para representar os ribanenses e que foi até bem na "B" de 2011, mas acabou ficando fora do quadrangular final. Voltou em 2023, mas foi mal na competição. Não tivemos notícias dele em 2024, mas sabemos que mantem times de base e inclusive disputaram a Copa SP de futebol Junior.

Rio Novo do Sul /

Existem 3 rivais locais, todos amadores: o Rio Novense, o Nova Cidade e o mais antigo e tradicional, o **Itapoama**, de 1952 - foto do time e torcida ao lado no Estádio Jones dos Santos Neves - que vez por outra disputava o Sulino. Seu escudo representa uma imagem da famosa Pedra O Frade e a Freira um ícone do sul do estado. Acho curioso não ter existido um clube forte na cidade (em nível estadual) que foi muito importante desde o período colonial. Sua população foi formada por descendentes de portugueses, africanos, italianos, alemães, holandeses, franceses, suíços, belgas e espanhóis. Creio que a vida era tão dura para todos que não sobrava tempo para "bater uma bolinha"

Santa Leopoldina /

Mais um berço esplêndido e pouco conhecido. **O Aliança Football Club** de data de fundação incerta foi pioneiro do interior ao disputar o Citadino de Vitória em 1928 (junto com o Terezense de Sta Teresa). Uma época de incalculáveis dificuldades para jogar na capital pois todos os jogos eram em Vitória. Jogou também em 1929, aliás as duas únicas participações do município na "Zelite" capixaba, rsrs ++ O **ALEA** (Associação Leopoldinense de Esportes Atléticos) que tinha também o tênis, vôlei, basquete, atletismo e até remo, eram elitistas na então pujante cidade que chegou a ter na época uma população semelhante à da capital.

O 1° realmente popular foi o **Cachoeirano Futebol Clube** fundado em 1933 até hoje na memória dos moradores como nos conta o historiador ***Adriano Lima Neves.***

" Todos jogaram no Campo do Maxafango, a mesma área onde hoje estão localizados o Complexo Esportivo Hermínio Bráz e o Estádio Municipal Laerte Neves. Atravessava-se uma corda na estrada de acesso ao campo, em frente à entrada do cemitério, e as pessoas só passavam dali em diante após o pagamento do ingresso, mas outras iam pros lados da cachoeira ou atravessavam o córrego. Mudaram a corda de lugar para barrar os espertinhos pelos 2 caminhos e mudaram o local de cobrança dos ingressos. Rsrsrs

Além de se aventurar pelo Córrego Crubixá, outra opção que os garotos da minha geração tinham era contar com o coração generoso do sr. Dalmácio Nascimento, o apaixonado técnico do time, que, quando estava de bom humor, liberava a entrada de todos nós dizendo: - O quêêê!! Pode deixar entrar, são o futuro do Cachoeirano! /// E em alguns casos ele acertou na previsão."

Estádio Laerte Neves

Cachoeirano em 1919

Campo do Moxafango

Santa Maria de Jetibá / Muita confusão nas fontes, talvez má influenciadas pela altitude do lugar ... rs; um tal EC Industrial (de 1976) disputou o Capixabão em 1991. Esse clube é confundido com o de Linhares quando falam nacionalmente sobre a biografia do Edilson Capetinha em seu 1º contrato, mas "na minha cabeça" era um clube conhecido como Santos de Sta. Maria pois eu lembro claramente com ele novinho trocando passes com seu irmão na época mais famoso (vindos da BA) jogando em Vitória. Cacei, mas não encontrei uma entrevista do presidente que ficou até famoso depois pela contratação dele. Ele diz que contratou o irmão que disse: só vou se o meu irmão for junto, joga muito o moleque. Eu contei essa história nas páginas da torcida, mas como devo ter dado um nome maluco na publicação, não encontrei também. Se resgatasse uma das duas esclareceria o mistério. Um Site de transferências diz que o contrato valeu de 88 a 1990.

Sabe-se que o **Sociedade Esportiva Santa Maria**, fundado em 1953 por pomeranos e batizado inicialmente como Fluminensinho (mudou de nome em 1980) (e em 2006 mudou novamente o nome para **Sociedade Esportiva Pomerana)** é o mais popular da região. Como Santa Maria disputou a "B" em 1992, 94, 98 e 2003. // Na 1ª Divisão disputou em 1999, 2000 (boa campanha) e 2001.

Em 2001 sua última participação na Série A, foi sem brilho o time acabou sem nenhuma vitória nesta competição, sua despedida foi em 06 de maio no Centro Esportivo Pomerano em 1º de maio de 2001 na derrota de 2x0 para o Serra. Muito frio lá em cima como diz quem foi. Eu não fui!

Mas não fica por aí, tem vários amadores por lá como o Guarani e o São Luiz

Santa Teresa /

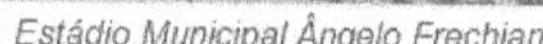
Estádio Municipal Ângelo Frechiani

O *Therezense Football Club* de 1927 teve na sua história a façanha de disputar o Capixabão em 1928, 29 e 30. Seu rival próximo era o Aliança de Sta Leopoldina e ambos faziam trajetos inimagináveis para poder jogar no Governador Bley, como já comentamos. O último registro do Terezense é de 1937, mas na cidade, berço dos irmãos Fontana existiram também o Barra do Rio Perdido, São Roque, Várzea Alegre e Patrimônio de Santo Antônio conforme a cronista Sandra Gasparini. Outra fonte cita um EC Imigrante de 1977

Existe uma homenagem ao José de Anchieta Fontana no estádio municipal. Ao chegarmos lá reverenciamos a memória de nosso ex-atleta e obtivemos a simpatia dos torcedores locais. Isso foi em 1995 quando outro clube da cidade a Associação Atlética Santa Teresa disputou a Série "A" depois de subir no ano anterior - vencemos por 3 x 1. *Em 2002 um outro Santa Teresa disputou a Série "B", mas sem ligação com este Santa Teresa que foi extinto pouco depois do fim do estadual de 1995.*

São Domingos do Norte / Amadores, o clube mais tradicional, de 1957, é o Grêmio Esportivo São Domingos (Bicampeão da Norte em 2006 e 2007 com vários jogadores profissionais emprestados pelo Serra) mais antigo que o próprio município que antes pertencia a Colatina, e o mais recente, a Associação Desportiva Rancho Fundo de 1992, também campeão da Norte, mas em 2022. Sim, a letra da música Rancho Fundo foi feita por Lamartine Babo, nos anos 30 exatamente no local que depois ficou conhecido com esse nome. Ele se recuperava de uma cavalgada desde Sta Leopoldina para uma caçada e ficou de molho 3 dias na beira do Rio; foi quando fez a letra da música do amigo Ary Barroso que também convidado para a aventura declinou. Kkkk

Embora amadores existe uma grande rivalidade com os clubes das vizinhas São Gabriel, Águia Branca (o Guarani é oponente histórico), Pancas, Vila Pavão, Governador Lindemberg e Rio Bananal. Quem é da região cita verdadeiras batalhas que mobilizam as cidades.

São Gabriel da Palha / O **São Gabriel Esporte Clube** (fundado em 1997) e conhecido como Azulão Cafeeiro, aventurou-se no futebol profissional ainda em 1997 na série B e esteve bem próximo da vaga. Entretanto no ano seguinte foi campeão (1988) com até Trio Elétrico fazendo a festa na cidade. // Entrou na "A" em 1999 e ficou em penúltimo; uma má campanha, mas venceu a Desportiva no Gabrielão (*Antônio Ferreira da Fonseca)* e na sua melhor partida na história aplicou sonoros 5 x 0 no Vitória. Foi rebaixado ao fim e jamais voltou a jogar uma competição oficial. Mas segue no amador.

São José do Calçado /

Unidos x Rio Branco pela Série B de 2014

Na primeira foto (antiga) casa cheia no Ernesto Guimarães, estádio do **Americano AC** (de 1953) em dia de clássico contra o **Motorista FC** (de 1955), o "Leão da Serra". Essa rivalidade é histórica e a casa do Motorista é o Ernesto Campos da Fonseca onde nossa torcida já foi algumas vezes na segundinha. Estádio muito bem cuidado por sinal.

A 1ª vez em 2005 contra um clube chamado **Unidos Esporte Clube** (que disputou 3 vezes a Série B). Tinha uma camisa verde e branca. Vencemos apertado por 2 x 1.

A outra eu não fui. Foi em 2014 contra outro Unidos, o **Unidos de Calçado Esporte Clube** que foi uma fusão (2013) entre os antigos rivais Americano (azul e branco) e Motorista (vermelho e branco) – virou tricolor para agradar a todos. Não ouvi mais falar do clube / Existe também o União Calçadense de 2017, mas só disputa competições amadoras locais e contra clubes do RJ e MG, próximos

São Mateus /

Na 1ª foto (1950) num campo onde hoje é uma praça, o Mateense enfrenta um adversário do passado, o desconhecido Tamandaré. Em 1922 foi fundado **o Matheense Football** Club que disputou a "B" em 1994, passou, mas abdicou de disputar fundindo seu elenco ao do São Mateus. /

Entre 1996 e 1997 o São Mateus fez uma espécie de fusão com o Matheense e durante estes dois anos se chamava São Mateus Futebol Clube. / O **Centro Esportivo e Recreativo Associação Atlética São Mateus** de 1963, já foi chamado de Associação Atlética Paroquial e foi Campeão Capixaba em 2009 e 2011. O chamado Pit Bull vive num sobe e desce constante.

São Roque do Canaã /

O ABC - Associação Beneficente e Cultural Esporte Clube é uma agremiação amadora. Fundado em 1962, tem um uniforme semelhante ao da Desportiva. Manda seus jogos no simpático Idelfonso Roldi e em certos momentos do ano parece que o campo está situado na "Zoropa" como na 2ª foto acima. Muito focado nas crianças e adolescentes o melhor momento dos titulares foi na Copa Norte de 1917 quando só parou nas finais para o Bicampeão Montanha.

Serra /

Sobre a **Sociedade Desportiva Serra Futebol Clube** já comentamos sobre os seis títulos estaduais (1999, 2003, 04, 05, 08 e 2018). Com isso por várias vezes representou o ES nacionalmente com boas e más campanhas na "B", "C" e Copa do Brasil, sendo que foi roubado escandalosamente em 1999 (na "C") quando poderia chegar à final numa maracutaia da CBF com o Fluminense. Em 2.000 aconteceu uma tragédia no Robertão (último título da Desportiva Capixaba -que tinha virado empresa): uma arquibancada móvel quebrou e uma menina que assistia ao jogo com a família caiu e faleceu alguns dias depois; o estádio estava liberado para receber 3.800 pessoas, mas mais de cinco mil estavam no Robertão naquela trágica tarde de domingo. O Serra que por ter feito melhor campanha jogaria a 3ª e decisiva partida em casa perdeu o mando de campo e o campeonato em campo neutro que foi o Kléber Andrade.

Torcida do Serra em grande número no Jardim no 1º jogo da decisão de 2.000

O ***Grêmio Esportivo Laranjeiras**, ou simplesmente Gel foi fundado em 14 de maio de 1980* no bairro de mesmo nome e que é o mais importante centro comercial do município. Jogou diversas vezes a "B" e só jogou na "A" em 2009. Seu estádio era aquele que citamos lá atrás, o da churrascaria onde o RB já mandou jogos. O time tinha até torcida como mostra o (péssimo) frame na parte superior. No outro uma rara imagem do estádio num jogo de futebol amador. Hoje tudo foi demolido e o clube ainda existe, mas virou mais um cigano (sem casa) jogando na Estiva, no Robertão, na Toca em Vila Velha e no Salvador Costa em Vitória. Em 2021 mudou-se para Ibiraçu num projeto que não deu certo (seria um tal Gel Shalon). Há 3 anos consecutivos (2022, 23 e 24) tenta subir, mas sem sucesso. O Gel foi a Portugal em 2007 jogando contra vários times de ponta lusos.

Achei o resultado do jogo do RB lá contra o Gel em 1990 que eu queria lembrar: foi 3 x 3. O time do Gel neste ano foi prejudicado ao perder 6 pontos pela suposta escalação irregular de um jogador. Acho que a única cria da casa que despontou foi o Rhayner que fez sucesso no Fluminense e outros clubes brasileiros e japoneses. Esteve no Rio Branco na Copa ES de 2024.

Amadores >>> Serra (até 1996), campeão serrano em 1985, 87, 89 e 1996; Grêmio Jacaraípe (1984, 88 e 2000); MEC (Serra sede - campeão em 1986), antigo e maior rival do Serra, São Diogo (campeão em 1991), Nova Almeida (venceu o Serrano em 1992,93,94 e 95); Barcelona (campeão em 1998); Juventude de Novo Horizonte (campeão em 1999); Sete de Setembro de Carapebus (o mais tradicional do bairro, dos anos 50 e extinto - tricampeão Master 2000, 2001 e 2002) e o Tiradentes também de Carapebus e campeão serrano em 2001- campo acima -onde o RB e o Gel já treinaram e onde treina a base do Porto Vitória. Excelente gramado com irrigação automática.

O Rio Branco, campeão em 2015, treinou aqui na Praia de Carapebus

Já vi esse campinho lotado numa final contra O Nova Almeida devidamente garfada para o visitante, fato comum na Serra. rsrs

Sooretama /

Apenas amadores. Ao lado, imagem de um torneio com vitória do time da casa (de verde) que tem o nome de "Chumbado" Futebol Clube. Kkkkkkk - Seu adversário foi o Coqueiro Futebol Clube ...

Vargem Alta / Os amadores Vargem Alta FC (de 1939 e campeão sulino em 2008 e 2009) e o Prosperidade (de 1946, campeão em 2016, 2017 e 2018) do distrito de mesmo nome, rivalizam com o também distrital Jaciguá (de 1970). O Almiro Ofrani foi casa do cigano Espirito Santo FC há alguns anos

Mas **quem manda mesmo** é o Prosperidade Feminino que desde 2017 disputa a hegemonia da categoria com o Vila Nova de Vila Velha. Este ano - 2024 - foram Campeãs Capixabas e vão representar o estado nas competições nacionais. Não Provoquem!

Venda Nova do Imigrante /

O Rio Branco Futebol Clube, de 1945 também é conhecido como "Brancão Polenteiro" graças à Festa da Polenta, uma tradição secular na cidade considerada o berço do agro turismo nacional. Suas cores são as da bandeira da Itália de onde vieram os colonizadores que a fundaram.

Vice campeão capixaba em 1995, 2001 e 2024, venceram o Estadual em 2020 (contra o RB da capital) com méritos. Equipe difícil de ser batida no Estádio Olímpio Perim nome de um dos fundadores do clube

Já representaram o ES na Série "D" (33º colocado), Copa Verde (oitavas de final) e Copa do Brasil (eliminado na 1ª fase) todas em 2021.

Decidiram o título deste ano contra o xará da capital, mas foi uma pedreira. O alvinegro venceu o Tricolor Serrano apenas nos pênaltis. Com sofrimento não é mais gostoso *powa* nenhuma, kkk

Viana / Apenas amadores, os mais conhecidos são o Sport Club Cosmos, de 1976 ("o Orgulho Vianense) e o União Jucu Viana, de 1972 e que tem até um campo bem iluminado (o Roque Gera) e foi campeão do Interligas em 2019. Trata-se de um campeonato que envolve os melhores amadores da região metropolitana, ou seja, equipes de Vitória, Vila Velha, Cariacica, Serra, Viana, Guarapari e Fundão. O município tem agora o seu 1º estádio, o Arlindo Villaschi - foto ao lado - onde o Rio Branco já jogou umas duas partidas. Foi inaugurado em 2020.

Vila Pavão / Exclusivamente amadoras encontramos as seguintes equipes: Atlético Pavoense, Santos, Todos os Anjos, São Gonçalo, Todos os Santos, Praça Rica e Cruzeiro do Córrego das Flores que jogariam um torneio em 2002.

Me parece que o time mais importante é o Vila Pavão que disputa contra o Pinheiros, Jaguaré, Pedro Canário, São Mateus, Boa Esperança, Conceição da Barra, Jaguaré, Ecoporanga, Ponto Belo, Mucurici, Montanha e Nova Venécia uma tal Copa Noroeste pela Liga LDC, com o apoio do Governo do Estado do Espírito Santo. O Pavão esteve nas semifinais em 2024, mas não sabemos dela o resultado final.

Vila Valério / Municipal "Jose Maria Mantovanelli" frevendo no bom estilo amador. Veteranos, aspirantes e titulares. Equipes >>> Na categoria Veterano, o Dourado sagrou-se campeão, conquistando o título diante do Tesouro, que ficou com a vice colocação. Na categoria Aspirante, o Padre Francisco brilhou, conquistando o primeiro lugar, enquanto Vargem Alegre ficou com a segunda posição. Já na categoria Titular, novamente o Padre Francisco se destacou como campeão, deixando Duas Barras como vice.

Lá na página 49 falamos dos times que não existem mais e disputaram o Citadino até 1949, clubes de Vitória e de Vila Velha. Vamos falar um pouco sobre eles e dos posteriores, mas agora apenas os Canelas Verdes.... pena que não existem imagens dos pioneiros ... /// Como dissemos lá atrás, mesmo pequenos existiam torcedores nem que fossem apenas os dirigentes e parentes dos atletas.

Vila Velha / por ordem de "aparição" ...

Campos Salles Football Club de 1916. Esse não estava na lista anterior que só continha os da 1ª Divisão. O Clube só não a disputou por ter faltado às últimas reuniões para criação da liga em 1917, mas jogou e foi campeão da 2ª no mesmo ano. Todos os outros eram da capital. Diga-se que foi o primeiro campeão do na época chamado suburbano. O clube construiu o 1° campo oficial na cidade em um terreno (Campo Bom Retiro) onde é hoje um Hospital no bairro Olaria bem próximo ao centro. Lá, no terreno da família Araujo o RB treinou e fez alguns amistosos até que o Zinco estivesse pronto em 1919. Não se sabe quando encerrou as atividades, mas na memória de antigos torcedores ficou um verso, porém incompleto quando o time veio a Vitória e venceu os Azuis >>> *"Campos Salles, Campos Salles,/ É um team de memória / [verso não encontrado] / Deu fumaça no Vitória"*, *fumaça era equivalente a goleada hoje em dia. Pena que o placar exato não foi encontrado, foi um 4x2 provavelmente segundo o Memória do Futebol Capixaba.*

O Botafogo Football Club (verde, rsrs), fundado em 1926 na Toca, atual bairro Divino Espirito Santo foi amador durante boa parte de sua existência, mas disputou na 1ª divisão em 1930 segundo o Memória FC, mas em 29 segundo meus dados jogou também (perdeu para o RB por 1 x 0 no Initium e por 5 x 1 no Citadino). Em 1930 outro 5 x 1 e 2 x 0. Em 1931 também jogou e tomou uma atropelada de 10 x 0. Deve ter desanimado. O Memória cita uma participação no Suburbano de 1959 que era a 2ª; todavia não existem registros do torneio no ano de 1959. Achei outra: disputou o Initium em 1928.

Confusões ... de dados vascaínos ... foram 2 Vascos e quase nada se sabe (datas, localização, etc.) apenas que o Vasco Coutinho certamente é mais antigo e citado por historiadores canela verdes como o José Anchieta Setúbal que conversou com jogadores do time que manteve a mesma formação entre 1931 e 1934. Nos meus alfarrábios ele aparece num amistoso contra o RB em 1935. Creio ter sido apenas amador e cita-se que seu rival era o Campos Sales.

Já o Vasco da Gama disputou a 1ª divisão em 1940 (o Memoria não cita, mas investiguei -venceram até o futuro campeão Americano por 2 x 1 no returno), 1941 e 1942... // Foto ao lado, em 1942, mas valendo pelo campeonato do ano anterior. Casa cheia no Governador Bley em um Americano x Vasco na preliminar de um VI RIO. Não abrolharam mais.

Mais 2 dos quais quase nada se sabe. O Vilavelhense, que não tem ligação com o atual, disputou na elite de 1941 a 1947 (e antes o Initium de 1940) e o Leopoldina Railway que aparece em amistosos contra o RB em 1939 e 1940, competiu em 1942 e 1943. Seu campo ainda existe em Paul, mas não é o mesmo local onde foram disputados os Citadinos de 1917 e 1918. Nele os trilhos passam bem ao lado. Hoje faz parte de um projeto educacional da Prefeitura de VV. Um amigo citou o clássico que era jogado no estádio no passado >>> Leopoldina x Atlântico. / Encontrei também uma foto do Leopoldina com a legenda: Campeão da L.E.M.E.S. de Vitória em 1950 com 9 vitórias, 3 empates e 2 derrotas. A camisola (como dizem os portugueses, rs) era tricolor na vertical.

VILAVELHENSE F. C. x LEOPOLDINA RAIL-WAY F. C.

Os dois quadros entraram em campo assim constituídos:

Vilavelhense — Miguel; Joiredo e Julio; Djalma, Faustino e Brasil; Pelota, Jersel, Darly, Carlinhos e Milton.

Leopoldina — Mica; Joel e Justiniano; Antonio, Alcino e Celso; Juventino, Oswaldo, Bituca, Sebastião e José.

Otimo jogo e muito movimentado. As defesas inutilizam todos os ataques, não dando oportunidade aos dianteiros de fazer nenhum ponto. A vanguarda do Vilavelhense obriga Mica a fazer belas defesas, criando situações perigosas para a defesa adversaria, muito embora os ataques empreendidos pelos leopoldinenses fossem de menor intensidade. Com a vitoria do Vila por 2 corners a 1 corner terminou o 2.º jogo, consignando-se belas jogadas por parte dos litigantes.

Quadro do Leopoldina, posto fora do combate pela equipe do Vilavelhense.

Santos Futebol Clube, de 1921. História com lacunas, mas aparece no Cidade em 1938 e 39. Em 36 foi vice na 2ª divisão (para o Recreio de Vitória) e em 37 jogou um amistoso contra o RB. Outro registro é o de um amistoso em 1955 contra o Ideal, esse ainda mais misterioso, mas também de Vila Velha. Aí voltou à 1ª Divisão em 1962 e foi até 1967. Amigos de VV via FB dizem que tinha uma boa torcida em São Torquato, Paul e Argolas, sem contar os de Aribiri onde era rival ferrenho do América

Apesar de ser chamado Santos de Aribiri a sede do clube era mesmo em Paul, mas seu estádio era no bairro vizinho. Iam treinar e jogar de bonde. A foto acima é no Governador Bley.

Sua maior glória foi o Cidade em 1963 com um time recheado de craques vindos do Ypiranga de Mimoso do Sul. No mesmo ano esses jogadores com os que o Vale, já tinha foram contratados pela nascente A. Desportiva F.

Atlético Esporte Clube, de 1944 erroneamente citado como de Aribiri talvez por mandar alguns jogos lá na década de 60; na realidade tinha o seu estádio no valorizado (hoje) centro de VV e o amigo o Joel Vieira disse que o time jogou aí por 5 anos pelo Suburbano. O estádio foi inaugurado nos anos 50 num amistoso (0 x 0 contra) contra a Portuguesa-RJ. Eu vi o time alvirrubro jogar algumas vezes. Venceu a "B" em 1957. Disputou o Cidade de 1962 a 1967 e sua última participação foi no Estadual de 1969. Sua sede social no centro de Vila Velha virou um supermercado. Teve um timaço em 67 com 3 jogadores emprestados pelo Rio Branco.

De 63 a 67 e em 70 e 72 houve um clube chamado Corinthians do bairro São Torquato que disputou o Cidade apenas. Pouco se sabe sobre o clube (mas em 1945 ele aparece nos jornais na disputa do Suburbano) a não ser que ele tinha uma animada sede social que era a única fonte de renda para pagar os jogadores. Venceu a "B" capixaba em 1960.

O Esporte Clube Tupy, amador desde a sua fundação em 1938 e auto denominado o "Mais Querido de Vila Velha" ou "Índio Guerreiro" resolve se profissionalizar apenas em 1988 e de lá pra cá foram 13 campanhas na "B" - venceu 2; e 4 na "A" em 2002, 2004, 2017 (4° colocado) e 2019. Seu estádio histórico é o Gil Bernardes conhecido como Toca do Índio que sobrevive bravamente à especulação imobiliária entre prédios e conjuntos habitacionais.

Os fiéis torcedores são da região e realmente tem uma torcida razoável que leva faixas e muita animação aos jogos. Esses 2 camaradas ao lado lembram-se até hoje da conquista do Metropolitano de 1966 quando bateram seus mais tradicionais adversários. Tem um trabalho muito bom na base também.

O Vilavelhense, fundado em 2002 manda jogo em tudo quanto é lugar: no KA, no *Gil Bernardes, Salvador Venâncio da Costa, Engenheiro Alencar Araripe, Campo do SESI de Araçás - **Já fomos lá e eu contei uma historinha**, Manoel Araújo de Oliveira (em Aribiri) ... / Disputou 11 vezes a Série "A" (a partir de 2006), 10 vezes a "B" e 11 vezes a Copa ES - vice em 2007 e* ***campeão em 2006.*** *Disputou também uma copa do Brasil.*

Torcida do "Maior de Vila Velha no Engenheiro Araripe durante as boas campanhas na Copa Espírito Santo.

Nunca esqueceremos que em um momento difícil foi o coirmão canela verde que deu a mão para o Rio Branco não ser afastado do futebol... // ---->> No final de 2004, alegando problemas financeiros, o Capa-Preta desistiu de disputar o Campeonato Capixaba de 2005 - a Desportiva tomou a mesma decisão.

No início de 2005, porém, a diretoria do Rio Branco tentou reaver, sem sucesso, a vaga no Capixabão. Como a equipe não tinha sido inscrita na competição, o clube se livrou de tomar uma suspensão de dois anos, mas a punição seria a disputa da Segunda Divisão.

Para a disputa da Série B Capixaba, o Rio Branco contou com muitos jogadores emprestados do Vilavelhense. No primeiro semestre, os atletas disputaram o Capixabão pelo Vila e depois da participação na Segundinha eles retornaram para o clube de Vila Velha para a disputa da Copa Espírito Santo.

O Vilavelhense acaba de subir em 2024 e vai disputar a "A" em 2025

O Glória FC de 1948 tem excelentes instalações no bairro Darly Santos depois de mudar de casa várias vezes ao longo da história. Disputou a "B" em 1991, 92 e 93 sem conseguir subir, mas sempre teve uma torcida apaixonada. Seu grande rival no passado foi o quase desconhecido Tabajara

Amadores >> Primeiro as meninas. O Vila Nova fundado em 2007 no Vale Encantado é a grande papona de títulos no futebol feminino. Nas dez edições da competição o clube alcançou a final em oito ocasiões e venceu seis vezes o campeonato, sendo o maior campeão da história. Representou o ES por 5 vezes em competições nacionais.

Temporalmente temos a criação do Paulense (disputou a 2ª em 1919 e 1920), do América de Aribiri em 1927; do Social FC de Vila Garrido em 1945 (2ª em 1956); do Olímpico em 1947; do Barrense da Barra do Jucu em 1948 (Campeão da Liga em 2006); da AR Garoto (da fábrica de chocolates) em 1950; do 138 Unidos da Vale no IBES em 1957 (maior vencedor regional com pelo menos 8 títulos); do Unidos da Vila, de Vila Garrido em 1970 (4 títulos da Liga); do Guarani de Sta Mônica (venceu 5 campeonatos da Liga) e do São Paulo de Santa Rita fundado em 1977 e vencedor da Liga em 2004.

Recorri aos amigos Canela Verdes e ao Celson, ex craque do RB que confirmou grandes torcidas do Barrense, Glória e 138 além das do *São Paulo* e do Boca Juniors do Vale Encantado e disse que o Aliança de Alvorada (campeão em 2000 e 2001) também tinha grande torcida enquanto existiu. O amigo Bigo Alvarenga lembrou de outro de grande torcida. A do o SEFA, da Glória. Me perdoem os que não citei

Estádio Manoel Araujo de Oliveira. O Campo do Santos onde todo os clubes já jogaram um dia, inclusive RBAC, ADF e VFC.

Desbravadores. /// Ao contrário do senso geral, o futebol em Vitória não começou em 1912 e sim em 1906 conforme o escritor e jornalista Álvaro José Silva.

Gênese >>>As crianças da *Escola Parochial* e os do *Gynásio Espirito Santense* já o praticavam, mas existia um probleminha: a área improvisada era no Alto São Francisco e ficava entre 2 cemitérios ... e aí nem sempre havia coragem para buscar a bola quando ela ultrapassava os muros dos tais Campos Santos. rsrs / Lá embaixo, na região da atual Rua Sete numa área particular conhecida como Pelame alguns jovens começaram a "bater um racha" após os exercícios físicos. Foram os rapazes que na década seguinte fundariam o Vitória. / O futebol era muito mal visto pelas famílias e considerado um esporte baixo, violento e próprio de "gentinha" (Silva, Álvaro José -1998). Quem ia, ia escondido dos pais, mas aos poucos o preconceito foi diminuindo.

A organização do esporte com regras, uniformes e arbitragem para evitar brigas veio mesmo com as equipes escolares "Sul América", do Colégio Estadual (que depois inspirou as cores do Rio Branco em 1917) e do "XV de Novembro" da Escola Normal (Gomes Filho, O, 2002). O primeiro campo oficial conhecido foi o do Moscoso em Jucutuquara que uns dizem ter sido ao lado da Igreja Católica e outros onde existiu o Cine Trianon. O segundo campo feito pelo Foot-ball Club Victoria, era conhecido como Stand que por sua vez pode ter sido no Bairro Santa Lúcia ou no Bairro de Lourdes. Há controvérsias entre os relatos. O "time dos meninos ricos", fundado em 1912 comprava bolas inglesas importadas na capital federal ou as adquiria diretamente no Fluminense, sua inspiração. O que se pode chamar de torcida na época era no Remo e a cor escolhida pelo Vitória foi o Azul pois os torcedores do Álvares Cabral não aceitavam o vermelho do Saldanha da Gama e estes por sua vez não aceitavam o alvinegro do rival. rsrsrs

A partir daí foram surgindo os clubes organizados, os primeiros amistosos onde havia discursões sobre as regras, o que podia ou não, já que embora rude, o esporte era praticado afinal de contas por "cavalheiros" e não se sabe de grandes problemas. Eram encontros brejeiros, mas já havia a rivalidade entre o VFC e o Rio Branco, de 1913. Apenas em 1917 após inúmeras tentativas foi organizado o primeiro campeonato oficial que ... que deu Xabú, rsrsrs / Já contamos a história no começo do livro... por alegações diversas algumas equipes simplesmente abandonavam o campo ou mesmo o campeonato como neste em 1917.

Outros problemas de abandonos, reclamações e confusões aconteceram ao longo da história, mas imbróglio mesmo foi em 1971 já como Campeonato Estadual e desta vez entre Rio Branco e Desportiva que reclama até hoje a perda do título. O Rio Branco, mesmo não tão bem como nos anos anteriores (era tricampeão) venceu o turno e seria campeão direto se vencesse o returno, mas perdeu o jogo final sendo o adversário o ganhador da etapa. Então foi tudo para uma melhor de três. A Tiva ganhou o 1°, no 2° deu empate e no 3° novo 1 x 0 para os grenás. Aí o "jurídico" do Rio Branco entrou com um recurso mostrando que dois jogadores da Desportiva, Walter e Nelson não poderiam ter atuado, pois, jogavam também o Campeonato Mineiro pelo Valeriodoce (também controlado pela Vale). O caldo engrossou e foi parar no STJD no RJ onde houve ganho de causa para o RB (por unanimidade). A Federação marcou então nova partida e a Desportiva como já havia anunciado não compareceu só restando à Federação entregar o título ao Rio Branco. Sem "choro de vencedor" houve uma grave acusação antes contra os Grenás, praticamente impossível de provar, mas que as "bocas de Matilde" afirmam que aconteceu. Antes das finais o Cachoeiro teria recebido um cheque gordo para não comparecer em campo contra a Desportiva e tal aconteceu mesmo. Ganharam os pontos do jogo no WO (tão comum no passado) e ainda receberam da Desportiva de graça para disputar o Sulino pelo Cachoeiro os jogadores Gato e Noquinha.

Vitória / por ordem de "aparição" ...

1917 - Sobre o Rio Branco e sobre o Vitória já falamos o suficiente. Outros 3 clubes participaram do Campeonato Citadino (América Campeão) e do Torneio Início (Vitória), bem como é conhecido que aconteceu no mesmo ano o campeonato da 2ª divisão vencido pelo Campos Salles, de Vila Velha disputado também pelo Ypiranga (de 1916), Christóvão Colombo, Tiradentes, Guarany e São Cristóvão, todos de Vitória. Existe uma ata de uma reunião da Liga no Clube Boêmios com a presença de vários clubes citados aqui e os desconhecidos (não se sabe se tiveram equipes) como o Benjamin Constant, Domingos Martins e Americano, que não tem ligação com o posterior. Evidentemente não existem imagens sobre torcedores; mas mesmo se poucos, eles existiam com certeza...

- Moscoso Football Club fundado em 1914 no centro da capital que embora aristocrático aceitava negros e pobres ao contrário do VFC. Não é perseguição de minha parte este relato, está na história do clube e de outros. O Moscoso disputou a 1ª Divisão entre 1917 e 1925. Na sua história consta uma grande rivalidade com o Tiradentes da Vila Rubim. Ganhou apenas alguns torneios não oficiais.

- Barroso Football Club, fundado em 1917 no bairro da Fonte Grande e um dos fundadores da liga, disputou o Campeonato de 1917 e segundo o Memória FC parou e voltou em 1919, mas isso não é fato; jogou em 1917 e 1918 apenas. Pelas suas cores a torcida do RB o apoiava para "secar" os adversários. A história do clube cita alguns hiatos onde o clube retornava e parava e apenas se reergueu nos anos 40 e 50, mas tão-somente jogando futebol amador. A bem da verdade os dois clubes eram constantemente goleados pelo RB, VFC e América, mas mesmo assim de vez em quando aprontavam também abrindo a sempre viva "caixinha de surpresas", rsrsrs

- América Futebol Clube, fundado em 1916 de uma dissidência nunca explicada de sócios do Rio Branco (eu imagino que por motivos políticos) o América foi o primeiro campeão capixaba em 1917. O alvirrubro era uma grande força e até hoje, 79 anos após sua extinção ainda é o 4º maior vencedor do ES junto ao Santo Antônio e o Serra. Venceu também em 1922, 1923, 1925, 1927 e 1928 e tem as Taças do Torneio Início de 1922, 1923, 1926 e 1943. Seu campo, no bairro Paul em Vila Velha sediou as duas primeiras edições do Citadino.

Sede do América no Clube Bohemios no centro de Vitória. Já tecemos antes alguns comentários sobre o alvirrubro, sua torcida e sobre sua Gafieira, rsrs

O perdido no esquecimento São Christóvão do qual não se sabe nem mesmo o nome completo, sua fundação, as cores ou o escudo aparece no Initium e no Cidade, mas por falta de dados só sabemos que venceu o 1º jogo (1 x 0 no Moscoso) no Cidade 1919. Disputou também em 1920 e aparece em 1946 e 1956 na 2ª Divisão.

- Tiradentes Football Club. Também aparece no Initium de 1919, 1920 e 1921, mas nunca disputou na 1ª divisão. A história só registra dois fatos sobre o clube alvianil: a sua sede era na Vila Rubim e alguns de seus dirigentes, outra fonte diz dissidentes, foram fundadores do Santo Antônio futuro hexacampeão. Além disso a já citada rivalidade com o Moscoso.

De minha parte acrescento que eram tempos difíceis por conta da Gripe Espanhola que ceifou muitas vidas no estado e no Brasil inteiro. Na época, quem podia ia morar no interior para escapar da terrível epidemia.

- Floriano Futebol Clube. De todos os enigmas dos anos iniciais esse é o mais lamentável e mesmo injustificável. O clube foi campeão em 1926, mas nem no Sol se sabe como aconteceu o campeonato. Fazendo buscas em jornais antigos até consegui a tabela, mas sem nenhum resultado - o campeonato foi do dia 23 de abril a 19 de setembro e alguns jornais chamavam o esporte de "Balípodo". O clube entrou no Cidade de 1919; em 1920, apenas registro no Initium e depois disputa o Citadino ininterruptamente de 1921 a 1927; depois 3 Initium (29, 30 e 31) e o cidade 1930. E mais nada. Alguns jornais também abrasileiravam Initium para Inicium, rs

Tenho minhas dúvidas se era esse mesmo o escudo do Clube

- Uruguayano Football Club. Desse se sabe um pouco mais graças ao valoroso trabalho do Memória do Futebol Capixaba (MFC) que transcrevo >>> Fundado em 11 de setembro de 1916 em Vitória, também conhecido como Uruguaiano Futebol Clube, disputou por várias vezes o Campeonato Capixaba entre 1923 e 1932.

Não conquistou títulos expressivos, mas deixou marcado o seu nome na histórica futebolística capixaba pois juntamente com Fluminense, Palmeiras e 7 de setembro fundou a Liga Suburbana (antes era só o 2ª Divisão) em julho de 1921, sendo assim os clubes de Vitória, Vila Velha e Cariacica poderiam organizar competições e ter intercâmbio maior com um órgão gestor. Em algumas ocasiões os times da 2ª jogavam no Initium principal, foi o caso do Uruguayano em 1934

Posso estar enganado, mas .... só percebi agora ... me parece ser o primeiro clube tricolor conhecido. Existem fotos dos anos 20 com o time posado com uma camisa muito parecida com a listradinha na vertical do São Paulo FC e uma belíssima, vermelha com 3 listas pretas e brancas na horizontal à altura do peito. Alguns jogadores usavam gorro na cabeça.

- Santo Antônio Futebol Clube.

Extremamente carente de imagens o Santo Antônio, hoje extinto, escreveu uma das mais belas páginas da história do Futebol Capixaba. Fundado em 1919 no bairro de mesmo nome tem pelo menos 50 participações na 1ª Divisão apenas atrás da trinca Rio Branco, Vitória e Desportiva. A 1ª disputa do alvirrubro foi no Citadino de 1923 e não antes. Confio nos meus alfarrábios!

Hexacampeão em 1931, 1953, 1954, 1955, 1960 e 1961 ganhou também por 3 vezes o torneio início (1952, 1954 e 1965) e no campeonato de 1953 obteve um êxito talvez inédito no Brasil: foi campeão ***com zero ponto perdido***, ou seja, venceu todas, nos 2 turnos, e nem teve final; sofreu 4 gols e marcou 36 goleando implacavelmente o Caxias, Americano e Rio Branco; só o Vitória não foi humilhado na competição. Teve um hiato devido a uma crise nos anos 60, voltou nos anos 70 e prosseguiu até 89, mas sem o brilho de antes. Na volta em 74 fez uma campanha intitulada "Um Grande Amor Nunca Morre", mas sua grande torcida que era a segunda da cidade já havia debandado.

O amigo Aldo José Barroca, Escritor, pesquisador e articulista fez uma crônica na Revista do Instituto Histórico e Geográfico do ES (do qual é membro) no ano de 2014 com boas histórias da trajetória do clube e atualmente, incentivado por amigos está escrevendo um livro sobre o saudoso alvirrubro. Dei uma pesquisada para ajudar e encontrei fatos interessantes com reportagens dos anos 50 quando enfrentou em amistosos em Vitória (duas vezes) o Fluminense de Castilho, Pinheiro, Jair Santana, Batatais, Escurinho, Waldo e Telê; o Vasco da Gama de Belini, Orlando, Laerte, Vavá e Pinga e outras reportagens de jornais cariocas como quando o clube por pouco não contratou o famoso Heleno de Freitas quando ele estava no América do Rio. Ofereceu além de um bom salário a possibilidade de ele atuar com Advogado na cidade ... ... outra que não deu certo, mas aconteceu como confirmam pessoas da época foi que o clube em busca de um bom atacante foi em São Paulo e o Santos ofereceu um jovem chamado Edson Arantes do Nascimento, mas o SAFC preferiu um mais experiente que realmente veio e depois brilhou também no RB. Foi o Ciro. Se forem pesquisar na internet verão que o Santos, como forma de promoção ofereceu o moleque a pelo menos mais 3 clubes Brasil afora, mas evidentemente era apenas uma jogada de marketing que nunca aconteceria, não é mesmo? ... mas existem relatos como uma negociação com o Brasil de Pelotas e também uma história comprovada com o Sport-PE.

Em 1954 devolvendo a cortesia de um amistoso em Vitória (1 x 1) no Bley, o Flamengo convidou o time antonino para a entrega de faixas de Campeão Carioca no Maracanã. Imagine como isso seria impensável nos dias atuais com nosso hiper desvalorizado futebol ... A delegação foi de trem para a Capital Federal. O placar final de 3x0 para o time de Dida, gols de Evaristo, Joel e Índio, foi construído apenas após a metade do 2° tempo, pois o Santo Antônio sem suplentes estava esgotado em campo e a melhor forma física do clube carioca desequilibrou. Após esta partida o Santo Antônio ficou conhecido como clube Maracanã e seus jogadores apelidados de Maracanãs.

Em 1958 o clube inaugura o seu estádio, nomeado de Rubens Gomes, seu mais famoso presidente. O time convidado foi o Botafogo recheado de campeões mundiais como Nilton Santos, Didi, Zagallo e Garrincha e outros craques como Servílio, Pampolini, Paulinho Valentim e Quarentinha venceu por 3 x 0. *Não tem jeito ... vou ter que gastar mais de uma página com o time Maracanã ... kkk*

Aldo Barroca viu o jogo >>> *Um torcedor gritou: "Entra no jogo, Zagallo!". Sorrindo, o jogador mostrou a perna esquerda, assinalando que estava jogando com cautela, por estar machucado. Realmente, ele estava mais para expectador privilegiado do que pra jogador. /*

A torcida cobrando: "Garrincha, queremos o seu gol!". "Vai entortar todo mundo ou não?". De fato, ele "entortava" até as torcidas! O deficiente eficiente das pernas tortas, conhecido como "Alegria do Povo", com direito a livro e filme, gesticulou, como quem diz: "Calma!". / Não demorou, fintou "todo mundo", foi à linha de fundo e, quando esperavam seu famoso cruzamento, voltou um pouco e fez o gol, quase sem ângulo. Até a torcida antonina foi ao delírio. Garrincha era amado por todas as torcidas.

Didi parou a bola exatamente no meio do Campo, todos na expectativa de um lançamento, ele mandou uma folha seca, a bola bateu no travessão e voltou. Famoso pela chamada "folha seca", justificou a fama. / Didite deu um lençol em Nilton Santos. Que alvoroço no estádio. Que ousadia! Um lençol em Nilton Santos! O campeão mundial, tranquilo e desportista, sorriu e bateu palmas. Mas, ficou "beirando" o mesmo. A oportunidade surgiu, Nilton Santos deu um lençol em Didite, esse foi em cima, levou outro lençol de volta. Deu um lençol, levou dois em sequência. Foi o momento de mais palmas e gritos da torcida! (Barroca, 2014)

Embora juvenil do Vitória e profissionalizado no RB quem vendeu Fontana para o Vasco ao contrário de um engano (entre outros) repetido "*at nauseum*" por sites e biografias, foi o Santo Antônio e não o RB. Sobre aquele jogo da reinauguração do Rubens Gomes nos anos 70 - o jogo que a Capa Preta levou mais gente nos ônibus fretados do que a própria Viação Alvorada, ficou faltando falar sobre a barbaridade que ventava no estádio. Ventos Uivantes. Simplesmente impossível levantar as bandeiras grandes sob pena de sair voando com elas. O nordestão soprava da direção do mar e no jogo, totalmente sob controle do RB, 1 x 0, gol do Baiano, lá pelo fim o "nosso" goleiro pega a bola com as mãos e dá aquele chutão tentando colocar lá pro meio de campo ... só que o vento leva a bola no cocuruto de um zagueiro de costas para ele, ela pinga no gramado e sobra limpinha pro atacante antonino empatar o jogo, kkk

Além de jogos pelo Capixaba o Santo Antônio também jogou em seus domínios duas Taças Brasil a de 1961 (perdeu de 2 x 1 para o Cruzeiro e 2 x 1 em MG) e a de 1962 (empatou em casa 1 x 1, mas perdeu em Campos-RJ para o Rio Branco de lá - 2 x 1). O estádio mostrou-se inviável por ser relativamente distante de Vitória, em um bairro de Vila Velha (Santa Inês) no meio do município e com transporte coletivo precário na época; mas esse não foi o problema principal do clube e sim um amistoso contra o Santos de Pelé acontecido em 1965. O Santos venceu por 3 x 1 e o que teve de melhor no jogo foi o gol do Santo Antônio onde o Ciro - aquele mesmo - marcou um golaço depois de dar um chapéu em Gilmar e o 3° gol do Santos do próprio Rei numa cabeçada indefensável quando a torcida já começava a vaiá-lo. O Santos veio com todos seus craques, sendo 5 bicampeões do mundo: goleiro Gilmar, zagueiro Mauro, volante Zito, atacantes Coutinho e Pelé.

O problema foi que depois do lenga lenga (visto nos jornais da época) do Pelé vir ou não vir e o Santo Antônio dizendo que assim não topava, o peixe veio, mas cobrou uma taxa altíssima, a mesma que cobrava de clubes europeus quando o time saia de Santos para fazer uma partida apenas na Europa. Devido à demora na definição o jogo não pode ser marcado para o Rubens Gomes (que não tinha iluminação) e restou o Governador Bley. Esta partida foi o grande vilão da falência do time, as dívidas deste amistoso foram exorbitantes causando enorme prejuízo. O Santos recebeu 1 milhão de Cruzeiros pelo amistoso e devido ao alto valor cobrado o Santo Antônio repassou o valor nos ingressos deixando-os extremamente caros para a época. Resultado: público baixo e enorme prejuízo causando um buraco que jamais foi tampado. O próprio presidente do clube na época, grande comerciante na Av. Jerônimo Monteiro, no Centro de Vitória quebrou por botar dinheiro do próprio bolso no clube tentando fechar o rombo do amistoso com o Santos de Pelé. Outro problema levantado por torcedores na época foi que muitos que podiam pagar entraram de graça, com convite: empresários e políticos! Se a cota não fosse tão alta, não houvesse tanta indefinição sobre dia, horário e local do jogo, o ingresso fosse acessível ao bolso do torcedor fiel e não dessem tantos convites, o Santo Antônio teria seguido em frente com as finanças equalizadas. Dizem que deu mais gente no Morro do Rio Branco do que dentro do estádio. Foi o início do fim!

- Bangu Football Club. Fundado em 1922 nasceu com o nome de Bataelan Football Clube e pouco tempo depois se tornou Bangu. Há registros do clube tricolor participando do Campeonato Capixaba Série "A" por duas vezes, 1928 e 1929, e mais seis na Série B ou Campeonato Suburbano como era conhecido na época, isso entre as décadas de 40, 50 e 60 antes de ser extinto. O uniforme do time era branco, vermelho e preto.

Bangu no Bley em 1941

Logo nos primeiros anos de vida o Bangu começou disputar as competições da federação de futebol. Sua estreia foi no Torneio Início de 1926 e a equipe não fez nada feio. Na primeira fase avançou eliminando o Vitória por 2x0, na fase seguinte 2x0 novamente agora sobre o Floriano, e na final acabou perdendo para o América devido a quantidade de cobranças de corner que era o primeiro critério desempate em caso de igualdade no torneio relâmpago como bem o definiu um cronista da época.

- São João Futebol Clube.

Fundado em 1931 logo no ano seguinte disputou a Série "A" e nela prosseguiu de 1932 (não deu mole ao RB, venceu uma e empatou duas) a 1935. Em 34 sua melhor campanha ficando atrás apenas do RB, VFC e SAFC. Em jogos menores jogava no Campo do Forte de São João aos pés do morro que foi removido (o campo) para construção de casas. Lá dificilmente perdia e tinha boa torcida segundo fontes, embalada pelos festivais religiosos promovidos pelo clube. As coisas começaram a não dar certo com a mudança do escritório da diretoria de Jucutuquara para o centro de Vitória, prosseguiram com a mudança nas cores (de amarelo e preto para verde, vermelho e branco) e culminaram com a perda do seu campo depois de um imbróglio com os proprietários. O caso rendeu páginas nos jornais.

- Associação Viminas de Esportes.

Outro que apareceu no Citadino de 1932, mas que foi fundado em 1930 (segundo o Memória) por funcionários mineiros e capixabas que operavam a Ferrovia Vitória a Minas, na época ainda não encampada pela Vale (fundada em 1942). Disputou em 1932 e 1934. Em 33 fazia excursões a Campos e cidades do sul do ES e não perdia, segundo relatos. Localmente fez partidas memoráveis contra seus adversários diretos: Uruguaiano, São João do Forte e Santo Antônio, equipes de nível mais próximos do Viminas neste período. Dedicava-se também a outros esportes e tinha equipes de Remo, Water Polo e Basquete.

No dia 24 do corrente foi realizado o torneio inicial do campeonato de foot-ball da cidade. Nada menos de seis clubs disputaram com denodo e galhardia, o titulo de campeão, fazendo com que a «torcida» sentisse, durante horas, emoções violentas. Foi uma tarde desportiva movimentada, que levou ás installações da Liga, promotora do meeting, uma assistencia regular. Venceu o torneio, sob applausos geraes, a Associação Viminas de Esportes, sendo vice-campeão o Rio Branco F. C.

Foi o embrião da maior rivalidade do futebol capixaba que eclodiu 37 anos depois? - Eu penso que sim... Emoções violentas para a torcida, diz o texto do Vida. rsrsrs

Como eu sou um cara enjoado encontrei um erro nos sites nacionais e em listas oficiais da Federação. Existe um buraco em 1927 na lista dos campeões do Início, mas ele aconteceu e foi vencido pelo Viminas embora o Memória FC diga que ele foi fundado em 1930. Mas ler jornal velho tem suas vantagens, rsrs (no caso a Revista Capichaba). Outro site diz que em 32 o Viminas ganhou o que é um erro também. / Em 1932 os dois clubes decidiram novamente o torneio e dessa vez deu Rio Branco. Outro erro fantástico e esse geral foi que em 1932 houve um tal Torneio Eliminatório Capixaba (com 5 clubes) para arrecadar din din para participação do Brasil nas olimpíadas. Vai daí que como foi disputado em um único dia nos moldes do Initium todo mundo foi na onda que o Rio Branco o venceu, e venceu mesmo, derrotando o São João na final do torneio, mas o Initium real foi o citado antes entre o RB e o Viminas na final no dia 8 de maio. Eu prefiro acreditar nos jornais e revistas da época, mas isso pode ser uma tarefa inglória pois os mesmos embora anunciassem as partidas e eventos nem sempre prosseguiam com seu desfecho.

Em 1936 entraram no Citadino o desconhecido Portugal, daqueles que ninguém ouviu falar e como não existem tabelas nem nada sobre o Citadino do ano só o sabemos pois jogou duas partidas contra o Rio Branco e tomou duas piabas (4 x 0 e 7 x 0). No mesmo ano e no seguinte também quem disputou foi o Vinte de Novembro que eu pensava ser da ilha, mas é de Vila Velha. Como lá está cheio vai aqui em baixo mesmo, kk

- Vinte de Novembro. Louvor ao Memória do qual transcrevo um trecho >>> O 20 de Novembro das Docas como era conhecido devido suas raízes portuárias, disputou Campeonato Suburbano em 1955, 1956 e 1957 competição que dava chance de disputar vaga na 1ª divisão do campeonato capixaba. Em 1956 foi quando esteve mais perto de conquistar o acesso para elite capixaba, após ser campeão da Zona Centro Suburbana deixando para trás Estrelinha, Bangu e Itaúnas, garantiu uma vaga no chamado Supercampeonato da 2ª divisão que contou com 20 de Novembro, Santa Cruz de Vitória e Ferroviário de Cariacica campeões das outras Zonas Sul e Norte.

O Memória prossegue que na final houve uma grande confusão quando a polícia precisou intervir depois que torcedores do Vinte deram uns tabefes no juiz que apitou a partida decisiva (deixou de dar um pênalti claro ao final do jogo) vencida pelo Ferroviário na casa deste no mesmo local onde depois foi construído o Engenheiro Araripe. Todavia o Memória não cita que o Vinte disputou a série "A" em 36 e 37 e sofrendo com o RB (5 x 2 e 10 x 0 em 1936 e 7 x 1 em 37) que são os jogos que tenho certeza que ocorreram.

- Sport Club Americano. /

"Quando eu era menino pequeno, lá na Vila Rubim", havia um clube muito simpático, até no apelido (Periquito) que disputava o campeonato de futebol principal do estado e tinha sede social na Ladeira São Jacob, no alto (onde rolavam uns bailes bem concorridos), perto da igreja de São Pedro. Era uma espécie de segundo time dos torcedores da Desportiva, do Rio Branco, do Vitória e também dos antigos rivais Santo Antônio e América da capital.

Local onde funcionava a antiga sede social do Americano

Fundado em 1935 já no ano seguinte participa do Citadino. Papão de Torneios Inícios os venceu em 1941, 1948, 1949, 1951, 1953 e 1963. Tem em seu panteão de glórias o Campeonato Capixaba da Série "A" em 1940 quando atropelou a todos no Turno e embora não começasse bem o Returno mudou tudo ao bater novamente o RB (único oponente difícil) e depois de vencer o Santo Antônio foi pra galera ao vencer o rival de bairro, o América na última rodada. No último título oficial da equipe no profissional o Torneio Início de 1963, o Americano passou pelo Rio Branco na primeira partida, na 2° eliminou o Santo Antônio que havia eliminado Corinthians de São Torquato, e na grande final conquistou o título passando pelo Caxias que eliminou Recreio, Vitória e Santos de Paul.

Embora o MFC afirme que o clube disputou a Série "A" por pelo menos 20 vezes em me debrucei aqui nos meus alfarrábios e foram na realidade 36 participações ininterruptas entre 1936 e 1969 o que talvez explique ter sido ele um clube de boa torcida e que tinha a simpatia de seus adversários. Eu criança vi o clube jogar algumas vezes ou contra o Rio Branco ou em preliminares de rodadas duplas que aconteciam frequentemente nos anos 60 no Bley.

Por incrível que pareça são raros os registros do time (a maior parte fotos de má qualidade) e seus dirigentes não deixaram lembranças. Infelizmente tal descaso com as memórias é muito comum em nosso estado

Em 1937 quem aparece na jogada é o Centenário e aqui abrimos um espaço para o "Clássico da Praia".

- Recreio Futebol Clube. // Fundado em 1925 tinha um excelente campo na Praia do Suá onde inclusive foi realizado o Initium de 1935. Ele era usado sempre por outros clubes como o Santo Antônio, o Americano e o São João e pela Seleção Capixaba. Disputou a Série B em cinco ocasiões e a Série "A" em 1962 e esquecido pelo MFC o de 63 também. O bom mesmo era vencer o Centenário, mas o troféu mais importante mesmo do Recreio foi o título da Série "B" de 1961. Depois de vencer a Zona Sul foi campeão em cima do Corinthians, de Vila Velha.

- Centenário Futebol Clube. Fundado em 1929 na Praia do Canto em 1936 conseguiu o acesso para a "A" do ano seguinte com uma dupla vitória. Além de vencer o Portugal ainda viu o Vice (o Santos de Paul|), dar uma goleada no seu rival, o Recreio. A imprensa noticiou um intenso foguetório no Governador Bley. Na "A" em 37 deu uma cacetada de 5 x 1 no Americano e 3 x 0 no Santo Antônio. Disputou também em 38, 39 e 40 pelo meio da tabela pra baixo.

O MFC apurou um fato interessante: em 57 pela "B" no jogo contra o Atletico de VV o time perdia por 2 x 1 e foi suspenso por falta de segurança (*torcedores? – grifo meu*) faltando 5 minutos em dezembro e por falta de calendário só pôde ser terminada no ano seguinte, e conseguiu empatar. Acontece que em 1945 no turno contra o vizinho Santa Cruz empatava quando uma chuva torrencial suspendeu a partida faltando também 5 minutos. A federação marcou então a conclusão do jogo na partida do returno e o que aconteceu? O Centenário tomou um gol nos tais 5 minutos e depois perdeu o jogo da tabela também, ou seja, duas derrotas no mesmo dia. rsrsrs / Creio que sua sede social ainda resiste espremida entre prédios numa das regiões mais valorizadas da Praia do Canto e por conseguinte do Estado. Minto, virou uma INGREIJA, aff!

- Caxias Esporte Clube.

/ Torcida nenhuma procurava confusão com a do Caxias, por motivos óbvios, kkk

Fundado em 1940 pela Polícia Militar do Espírito Santo, o Caxias iniciou sua história montando fortes equipes, e nelas jogavam mesmo alguns integrantes da força; não demorou para ser considerado um dos principais times de Vitória. No seu segundo ano participando do Estadual, o time dos militares ficou em terceiro lugar. Em 1943, a conquista do vice-campeonato reafirmou o Caxias como um dos fortes candidatos. Quatro anos após sua fundação veio a primeira e mais importante conquista da história do Rubro-negro da Capital: o título estadual de 1944. Como já dissemos lá atrás depois da virada épica de 0 x 3 no 1° tempo para 4 x 3 no 2° sobre o antes favorito Rio Branco na penúltima rodada (já havia vencido o Turno) o Caxias conta na última com o empate do mesmo Rio Branco contra o Vitória e ao vencer o América leva a Taça do Citadino mas ainda havia uma missão a cumprir, rsrs >>> agora era enfrentar o Cachoeiro Futebol Clube campeão Sulino para ser reconhecido o campeão Capixaba de 1944, e após o empate em 1x1 na ida o Caxias levantou o troféu de Campeão Capixaba ao vencer por 2x0.

Escudo do clube nos anos 40. O atual está lá na história do Jipinho

O Caxias na minha pesquisa disputou 32 vezes a 1ª Divisão; de forma ininterrupta de 1942 a 1971 e os derradeiros em 1976 e 1977. Venceu também dois torneios Início em 1955 e 1961. Sobre o Citadino de 1970 já falamos lá atrás na história do Jipinho. Existe uma foto da torcida do Caxias no Bley, mas seria a pior foto, pela sua qualidade, a constar no livro. Preferi não incluir pois não dá pra ver nada mesmo, rsrs. Num texto do Coronel Gelson Loyola ele diz de 3 tentativas de acesso pela "B" em 2008, 2009 e 2010 e eu acrescentaria uma, não consegui precisar o ano, em 2020 ou um pouco antes quando quase subiu, mas ficou em 3°. As categorias de base do clube disputam quase todas as competições da Federação. O clube social continua em pleno funcionamento em uma área onde está o seu estádio (no passado lá ele disputava os jogos menores) muito valorizada comercialmente, mas quem é que vai se meter a besta contra "Os Hômi" ?

Como as poucas fotos do clube são sofríveis escolhemos esta dos garotos do ano de 2023

O uniforme do Caxias era exatamente igual ao do Flamengo. Acima o N° dois. Se não fosse a garotada nunca mais veríamos essa "jaqueta" nos gramados capixabas

Em 1945 chega um cachorro grande para a festa ...

- Associação Atlética Vale do Rio Doce. Fundado em 1943 o Vale (era assim que meu pai o chamava) disputou a Série "A" de 1945 até 1962, ano de sua extinção quando tudo que era do clube passou a incorporar o patrimônio da Desportiva Ferroviária. Sua sede ficava em um terreno na Ilha de Santa Maria em Vitória. Era formada por funcionários do escritório da Companhia Vale do Rio Doce e foi o clube de mais sucesso entre os 6 que participaram da fusão. // Suas maiores conquistas foram as Taça Cidade de Vitória de 1948 e 1962, ano do seu último campeonato. Sempre competitivo o Vale foi 3° em 1945 (atrás de RBAC e SAFC), vice estadual de 48 em uma sacanagem da Federação que não avisou que haveria cruzamento com o Campeão do Sulino (como ocorrido em 1930, 1936 e 1944); tempos depois que desmobilizou o time (nem treinando estava) recebeu a notícia da Gloriosa de que teria que enfrentar o afiado time rubro que acabava de ser campeão no Sul. Venceu uma e perdeu uma na melhor de 3, mas no 3° jogo faltou pernas. O estadual acabou se tornando título da Taça Cidade de Vitória o que não desmereceu em nada a grande conquista do tricolor.

Foi vice estadual novamente em 1959 (8 participantes) em uma final melhor de 3 contra o Rio Branco. Perdeu a 1ª, ganhou a 2ª e na 3ª meu tio "Elvis Presley" deu a vitória ao Capa Preta. No título do Citadino de 1962 há uma pequena confusão nos dados do MFC. Ao discorrer sobre a campanha são citados adversários como a UACEC, Colatinense, Ordem e Progresso e Ypiranga até com os placares. Acontece que os que disputaram o Cidade foram ele, o Rio Branco, Caxias, União, Vitória, Santo Antônio, Atlético de VV, Jabaquara, Ferroviário e Recreio. ... No estadual (vencido pelo RB) jogaram destes o SAFC, o Rio Branco e o Vale além dos do interior citados. Não há dúvidas que a campanha citada é a do estadual e com uma inclusão hilariante: lá consta uma vitória e por 4 x 0 num tal União da Glória. Estão perdoados já que como não há tabelas completas dos 2 campeonatos (o Estadual foi disputado em 63 e o Vale jogou sim) devem ter se informado na Federação que trocou as bolas, como já ocorrido outras vezes com eles.

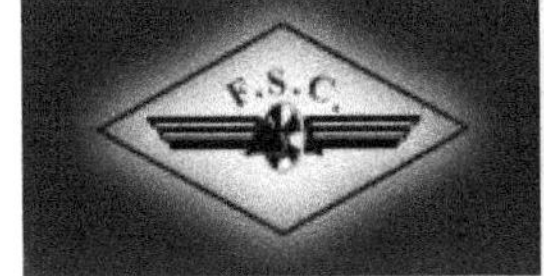

Pagando dívidas lá de Cariacica >>> o 1° é o Ferroviário que faltava o escudo lá. Na sequência o Guarany, o Valeriodoce e o Cauê, alguns dos clubes que geraram a Desportiva Ferroviária sendo que estes disputaram algumas vezes o "Suburbano" que dava vaga para a 1ª Divisão.

- Esporte Clube União. Mais um sem escudo ou história. Do União por caso encontrei uma foto do time posado, mas fora do nosso objetivo pois não dá pra ver nem de onde vem a imagem. Parece ser no Governador Bley. Era o time da Fábrica de Tecidos de mesmo nome localizada em Jucutuquara, uma das 1as indústrias da cidade. Jogou depois de subir em 1960 (tentou antes na "B" em 1958 e 59) na 1ª Divisão de 1961 a 1963. Em jornais antigos sabe-se que disputou a "B" outras vezes. Revelou alguns craques que depois seriam campeões no RB como o goleiro Rubens, o zagueiro Geraldo (vindo de Baixo Guandu) e o ensaboado ponta direita Cafuringa que deu origem ao apelido do depois jogador do Fluminense (do qual nem Milton Neves sabe o motivo) numa longa história que aqui não cabe. Mas sua mais famosa cria foi o lateral esquerdo Maciel que também jogou no RB e depois por anos e anos foi titular no Corinthians paulista. // Segundo um amigo o time tinha excelente preparo físico e batia de frente com os "grandes"; citou outros bons jogadores como o Genovite, Pitula e Perigo. O clube tinha um campo no final da atual Avenida César Hilal no Horto (Reta do Constantino), mas jogava no Bley. Sua pequena torcida era a de funcionário da fábrica. Não se sabe quando parou, mas certamente foi por problemas financeiros na fábrica. A camisa do time de futebol era quadriculada.

Na foto o corredor do clube, o Maneco, apenas para se ter uma ideia do escudo.

- Jabaquara Futebol Clube. Pouco existe sobre o clube e nem mesmo se sabe se eram essas as cores postadas em um site nacional (rssfbrasil). E como sei disso? - Acontece que quando eu postei tal matéria apareceram torcedores e ex-jogadores que afirmaram que o clube era alviverde e não alvianil rsrsrs / O certo é que disputou o Campeonato Capixaba da 2a Divisão em 1957, 1958 e 1959 e em três edições na Elite em 1960, 1961 e 1962. / Era um clube de bairro, Gurigica hoje conhecido como Consolação. Seu campo era na Avenida Marechal Campos onde hoje é um ... supermercado. Tinha uma grande rivalidade dentro do próprio bairro com o Botafogo, o Grêmio e o Olaria - todos com seus próprios campos - e segundo relatos as brigas entre as torcidas eram constantes. De suas fileiras veio o grande zagueiro capixaba Orion (lá chamado de Jurubeba) que, aí são minhas palavras, não era alto, mas subia muito de cabeça, um fenômeno. Com os tais amigos do facebook descobri uma coisa fascinante: quando veio tentar a vida em Vitória, vindo do interior de MG com 15 anos, o Rodrigues Neto foi morar na casa do Seu Édson, presidente do clube. Por sua influência arrumou uma vaga para o garoto treinar também no Vitória. O Flamengo veio fazer um amistoso no Salvador Costa e no 2º tempo o técnico alvianil coloca o jovem de 16 anos para jogar e seu vistoso futebol enche os olhos da comissão técnica do time carioca que em poucos meses o leva de mala e cuia para jogar no seu juvenil ... aí, virou lenda ... entre tantas foi o único brasileiro que jogou na Seleção Argentina. Duvidam? O olho clínico do Seu Édson quando viu o menino jogando no Tabajara fez toda a diferença.

Jabaquara Futebol Clube

- Cesan Esporte Clube. Fundado em 1970 pela Companhia Espírito Santense de Saneamento, disputou o Citadino de 1971 e surpreendentemente venceu o Torneio Início superando Desportiva e Rio Branco. No campeonato ficou em 3º no turno (chegou a empatar com a Desportiva) e disputou o returno (venceu o RB) até a última rodada. Terminou no 3º lugar geral. No estadual não foi bem pois foi se desfazendo de alguns jogadores emprestados por outros clubes. Acabou o dinheiro.

- Ceunes. O Clube Esportivo Universitário do Espírito Santo foi fundado em 1974 dentro da UFES e se aventurou no futebol profissional durante a gestão do faz tudo Rômulo Vello Loureiro, seu presidente. Disputou o Estadual de 1976 e foi até bem na 1ª fase classificando-se para o hexagonal final, mas a boa fase acabou aí é perdeu todas. Em 1977 foi mal na primeira fase (apenas uma vitória e fora contra o Leão de São Marcos) e abandonou o hexagonal da repescagem. Muitas dificuldades financeiras decretaram o fim do sonho. Sua última partida foi um 0 x 0 contra o Santos em Barra de São Francisco. Tinha um belo uniforme

- 3 de Maio Futebol Clube. Fundado em 1938 (na data do nome do clube) no Bairro Goiabeiras é o clube mais tradicional da região tendo vencido muitas competições amadoras. Aventurou-se em 1977 no futebol profissional na "A". Teve bons e maus resultados, mas não conseguiu classificação para as finais. Seu mais tradicional adversário da região é o Esporte Clube Goiabeiras, de 1954. Lá existe também o antigo Industrial que parece se chamar hoje Liverpool e o Belenenses, muito querido também e que chegou a vencer o Interligas em 2001

Essa cena ao lado era muito comum no passado. A gente passava de carro aos domingos indo para as paias da Serra e via muita gente no campo e nos botecos do outro lado da pista na antiga Reta do Aeroporto. O campo não existe mais, mas fizeram um bem bacana dentro do bairro e os clubes continuam ativos e disputando competições tendo inclusive jogos entre veteranos ... e sempre com casa cheia.

Cada um com sua visão, mas nesses dias de elaboração do trabalho eu intuo (estranho né? rs) que até aí, fim dos anos 70 do século passado, adveio o fim da era romântica do nosso futebol. Contudo o passado e o futuro se perpassam e nosso pequeno grande estado arranjou uma solução mágica para sobreviver ante o descaso e a incompetência de quem deveria, mas nada faz pelo nosso combalido futebol: foi a criação da Copa Gazetinha; uma iniciativa privada e fora da alçada oficial, depois apoiada pelo estado e prefeituras e que se tornou a maior competição infantojuvenil do país há 49 anos. Em 2025 serão 50 anos.

Então vamos abrir aqui um outro parêntesis saindo um pouco de nossa meta que é mostrar os torcedores que no caso em tela são os papais e mamães dos pequenos atletas e os abnegados que treinam as crianças.

Copa A Gazetinha

E tudo começou capixabamente na areia... Depois de um campeonato {não foi o 1° pois antes tinha ocorrido uns 2 no aterro onde é hoje a Rodoviária de Vitória - e eu joguei (camisa 5) por num time com o estranho nome de Grenix ideia do Camarão -é a mãe} bem sucedido denominado Torneio de Futebol de Praia Infanto-Juvenil, no Aterro da Condusa, onde hoje é a Praça dos Namorados, o jornalista JANC gosta da ideia e resolve com o apoio do jornal promover um torneio bem organizado e que foi se aprimorando ao longo dos anos. A primeira Copa A Gazetinha de futebol de campo foi aberta festivamente na manhã de céu azul do dia 8 de maio de 1976, com as 43 equipes inscritas desfilando no Estádio Engenheiro Araripe.

O campeão da Primeira Copa A Gazetinha foi o Barcelona, do bairro cariaciquense de Campo Grande, e foi desta equipe que surgiu Walace, o primeiro craque a ser revelado pela competição. Em minha opinião o Principe Geovani Silva foi o melhor meia de todos os tempos do futebol capixaba. E revoguem-se as outras disposições em contrário! // A Desportiva Ferroviária foi campeã da Copa A Gazetinha de 1977. O 1° campeão do interior foi o São Mateus em 1978

Entre centenas de bons jogadores, foram revelados (e depois partiram para clubes nacionais e do exterior): Antônio José, Jacimar, Walace, Fernando Batalha, Eurico Batalha, Douglas, Régis, Bartô, China, Mauro Soares, Geovani Silva, Carlos Germano, França, Werlesson, Dedé, Nilson, Pedro Renato, Moisés, Bil, Jean, Marquinhos Capixaba, Sávio, Fabiano Eller, Vanderson, Ely Tadeu, Maxwell, Jussiê, Gladstone, Thiago Martinelli, Ramon, Cicero, Kieza, Kleber, Richarlison, Pedro Paulo e Luan Garcia. Muitos destes jogaram em grandes clubes e mesmo na Seleção Brasileira de base e na principal. Olheiros de todos os clubes do país acompanham principalmente as fases finais da competição.

A disputa é nas categorias Sub11, 12/13 e 14/15 e cresceu muitos com as finais em Cidades Sedes espalhadas pelo estado e que movimentam as economias locais. São escolhidas ano a ano depois de decididos os campeões municipais. A competição conta hoje com clubes de MG e RJ e existe mesmo uma fase internacional. Durante o ano de 2025, a Copa A Gazetinha estará realizando as competições nas regiões metropolitanas de São Paulo, Rio de Janeiro, Belo Horizonte e Salvador. As melhores equipes destas capitais estarão participando da SUPER COPA A GAZETINHA 2026, nas categorias Sub11, 12/13 e 14/15 anos. ################## Este é o futebol capixaba que deu certo. ###################

Prossigamos ...

- Sport Clube Brasil Capixaba Ltda. Atualmente conhecido apenas como Sport ES foi fundado em 2013; campeão da "B" em 2014 o clube empresa também disputou a competição entre 2017 e até hoje, 2024 ... Na Série "A" foram duas participações: 2016 (8° colocado) e 2018. Jogou também 8 Copas ES (de 2016 a 2019 e de 2021 até hoje).

Eu não sabia onde encaixar esse time (não confundir com o Sport Capixaba de Guaçuí) que foi fundado em Domingos Martins, mas já representou também Linhares e Colatina; atualmente dizem que está na Serra, mas manda seus jogos hoje no Kléber Andrade. Como é um autêntico Cigano Capixaba sua apresentação fica no espaço da Capital mesmo, rsrs - até porque em 2015 mandou jogos no Salvador Costa se bem que em 2017 mandou seus jogos no Sernamby em São Mateus e também no Gil Bernardes em Vila Velha. Penso que assim fica difícil ter torcedores autênticos.

- Doze Futebol Clube, ou como os capixabas falam: "Douze" rsrsrs - o clube foi fundado em 2014 por um grupo de empresários liderados por Israel Levi, com intuito de aplicar um novo formato de gestão e entretenimento no futebol brasileiro, o Crowdmanaging. A ideia deu certo durante um tempo e envolvia torcedores tanto que eu mesmo os via nas ruas usando a camisa do clube, coisa rara por essas bandas. O time treinava nas montanhas no China Park, um campo no Padrão Fifa e tinha o Sorato e o Carlos Germano na Comissão Técnica / Em 2015 consegue o acesso na "B" como vice e disputa na 1ª Divisão em 2016 (jogando no Salvador Costa), 2017 e 2018. Jogou também a Copa ES em 2015. No Capixabão 2017 "ciganou" -a base ficou em Vila Velha, se não me engano - treinando em Marataízes e mandando seus jogos em Itapemirim, mas foi Vice Campeão perdendo a final para o Atletico Itapemirim. Em 2019, o Doze não confirma sua participação na Série B (pandemia?), entrando em inatividade no futebol profissional pela primeira vez desde a estreia em 2015. Não apareceu mais!

- Aster Brasil Futebol Club.

Um empreendimento de empresários paulistas, talvez interessados no potencial dos atletas capixabas já que aqui os "grandes" pararam de dar importância à base. O clube, fundado em 2018 teve alguns bons resultados e em 2019 fez um trabalho de intercâmbio com jovens chineses. Com as vitórias na base (sub-15 em 2019) em 2021 e 2022 representou o ES na Copa São Paulo de Futebol Junior e nas Copas do Brasil sub-20 nos mesmos anos. Tem também um time feminino. O planejamento para a criação da equipe profissional deveria ocorrer nos próximos 5 anos, mas logo no final do ano de 2020 o clube anuncia que iria participar de torneios profissionais no ano seguinte. Disputou então três temporadas na "B" (2021, 22 e 23) sem conseguir o acesso. Também disputou a Copa ES em 2021 (vice para o Nova Venécia, nos pênaltis na final) e 2022.

- Porto Vitória Futebol Clube.

Fundado em 2014, o Porto Vitória Futebol Clube (PVFC) foi criado para ser referência entre os clubes de futebol no Brasil, tanto na gestão (Controle de orçamento) quanto na formação de futebolistas de qualidade. Atualmente, o clube conta com 164 atletas, sendo 30 em cada categoria (Sub-13, Sub-15 e Sub-17), além de 10 atletas com idade entre 12 e 17 anos que ficam em avaliação. Também tem times no Sub-11 e no Sub-20.

Em sua infraestrutura, o Porto Vitória possui um centro de treinamento com três campos, um ginásio, quatro vestiários e área de lazer. Para preparar os jogadores para as competições e avaliações, a comissão técnica tem seis profissionais (Coordenador da Base, Preparador Físico, Preparador de Goleiro e três técnicos, sendo um para cada categoria). Todos os profissionais da comissão técnica são formados em Educação Física com especialização em Futebol e passam, continuamente, por qualificações que os capacitam para desenvolver treinamentos os mais próximos possíveis das grandes equipes do Brasil. Conta com Assistente Social, Nutricionista, Pedagoga e Psicólogos para os times e tem um hotel que acomoda 60 pessoas e serve 300 refeições por dia.

Na busca por revelar atletas para grandes clubes, o PVFC conta com um índice de aprovação elevado. Hoje, além dos atletas que atuam nos times profissionais do futebol capixaba, dez jogadores descobertos pelo Porto Vitória estão atuando em times de relevância nacional: Denivys Will (Cruzeiro - MG), Natan de Souza (Flamengo - RJ), Gustavo Ferreira (Grêmio - RS), David Gomes, Victor Amorim, Marcos Paulo, Matheus Santos e Erick Rocha (Ponte Preta - SP), Matheus Cabral (Vasco - RJ), Guilherme (Atlético Mineiro - MG). Também revelou jogadores para o Internacional, Athletico Paranaense e Fluminense. (Memória FC e Wikipedia)

Fazer uma lista de títulos da base do Porto é tarefa complicada pois simplesmente ganharam quase tudo.

2014 / - Campeão da Copa Espírito Santo Sub-17 pela primeira vez, diante do Rio Branco AC.

2015 / - Campeão do Estadual Sub-17 pela primeira vez, superando o Caxias EC. - Bicampeão da Copa Espírito Santo Sub-17, em cima do Vitória.

2016 / - Campeão do Estadual Sub-15 pela primeira vez, vencendo o Linhares EC. - Bicampeão do Estadual Sub-17, diante da Desportiva Ferroviária. - Participa da Taça BH de Futebol Júnior pela primeira vez, na categoria Sub-17, sendo eliminado na primeira fase.

2017 / - Tricampeão do Estadual Sub-17, novamente superando a Desportiva Ferroviária na final. - Campeão da Copa Espírito Santo Sub-17 pela terceira vez, diante do Atlético Itapemirim.

2018 / - Conquista o Estadual Sub-15 pela segunda vez, vencendo o Caxias EC. - Tetracampeão no Estadual Sub-17, superando o Atlético Itapemirim. - Campeão da Copa Espírito Santo Sub-15 pela primeira vez, diante da Desportiva Ferroviária. - Conquista o quarto título da Copa Espírito Santo Sub-17, em final contra o Rio Branco AC. - Participa pela segunda vez da Taça BH de Futebol Júnior, categoria Sub-17, ficando novamente na fase de grupos.

2019 / - Pentacampeão do Estadual Sub-17, ao derrotar o Vitória. - Campeão da Copa Espírito Santo Sub-17 pela quinta vez, também superando a equipe do Vitória. - Estreia na Copa do Brasil Sub-17, caindo na primeira fase para o Náutico-PE, nos pênaltis (3 a 2), após empate em 0 a 0.

2020 / - Disputa a Copa do Brasil Sub-17 pela segunda vez, perdendo para o Fluminense-RJ na primeira fase, por 3 a 1.

2021 / - Hexacampeão do Estadual Sub-17, vencendo o Aster Brasil na final. - Faz boa campanha na Copa do Brasil Sub-17, chegando até as quartas de final. Eliminou o Fortaleza-CE na primeira fase, e São Raimundo-RR), na segunda fase, até ser derrotado pelo Atlético Mineiro-MG.

2022 / - É hexacampeão da Copa ES Sub-17, diante do Vitória. - Bicampeão da Copa ES Sub-15, superando o Nova Venécia nos pênaltis. - Campeão do Estadual Sub-11 em cima do Aster Brasil. - Campeão do Estadual Sub-13, diante do Tupy

2023 / - Chega às finais de todas as oito competições de base da FES no ano e conquista seis títulos: Estaduais Sub-11, Sub-13, Sub-15 e Sub-17 e Copas ES Sub-20 e Sub-17. - Consegue o Certificado de Clube Formador, emitido CBF.

2024 / - É campeão do Estadual Sub-20 pela primeira vez, diante do Rio Branco SAF (vitória por 2 a 0 na ida e empate em 3 a 3 na volta). - Fatura o quinto título do Estadual Sub-15, superando o SC Brasil Capixaba nos pênaltis (4 a 2), após empate em 2 a 2. - É campeão do Estadual Sub-17 pela oitava vez, ao superar o Vitória por 5 a 4. - Tricampeão capixaba Sub-11 e Sub-13. No Estadual Sub-11, vitória por 2 a 0 em cima do Rio Branco FC. No Sub-13, 3 a 0 diante do Doze FC. - Bicampeão da Copa ES Sub-20. Em mais uma final no ano contra o Rio Branco SAF na categoria, o Porto vence nos pênaltis por 4 a 1, depois de 0 a 0 no tempo regulamentar.

Estes são dados oficiais da Federação, mas consultando a página do clube encontramos mais >>> Em todos foi Campeão ...

2019 / Copa do Campeões Guri Sub-11 - Copa Guri Nacional, Sub-13 e Sub-15 - Copa Fair Play, Sub-10 e Sub-14 - Copa Zico Sub-11 e Sub-13

2020 / Copa do Campeões Guri Sub-11

2021 / Grande Vitória Cup, Sub-12, Sub-16 e Sub-17

Como curiosidade o Porto perdeu a final do Sub-15 em 2023 para o Ypiranga de Mimoso, aquele mesmo da cidade sulina berço de craques nos anos 60 mostrando que sempre é possível se fazer um bom trabalho com as crianças

2022 / Copa Grande Maruípe Sub-13 - ES Champions Sub-17 e Sub-20 - Grande Vitória Cup Sub-11 - Copa Timóteo Sub-12 - Copa Guri Nacional Sub-11 e Sub-13

E agora em 2024 o Porto venceu TODAS as 10 competições oficiais da Federação

No Oficial do clube há uma lista com outros atletas revelados: Henrique Melo (Coritiba Football Club); Vitor Silva, Matheus Gomes e Nathan Coser (América Futebol Clube MG); João Vasconcellos (CSA); Brayan Leal e Guilherme Cruz (Clube de Regatas do Flamengo); Lucas Rafael e Caio Cruz (Club de Regatas Vasco da Gama); Lucas Matias, Leonardo Dodô e Cauã Anício (Clube Atlético Mineiro); Guilherme Calci e Samuel Oliveira (São Paulo Futebol Clube); Ray Miguel (Fluminense Football Club); Jefferson Brito, Natan Bernardo e Guilherme Santos (Red Bull Bragantino); Diogo Oliveira e Rhyan Oliveira (Ferroviária de Araraquara) e Guilherme Santo (Avaí) entre outros. Lembrando que o clube também tem um trabalho com as meninas no Futebol Feminino.

Toda essa falação sobre o Porto é pelo brilhante trabalho e a certeza de que não é daqueles clubes cintilantes que surgem e logo desaparecem. >>> Fala Presidente Vinícius Coelho, (44 anos) desde a fundação do clube ao Tribuna Online >>> *Adquirimos um terreno de 130 mil metros quadrados em Jacaraípe. O projeto inclui um CT moderno com hotel, cozinha industrial, restaurante e academia, que deve estar pronto em dois anos. O estádio, com capacidade para 5 mil pessoas, será construído posteriormente, estimando-se um prazo de cinco anos.* <<< *Segundo A Gazeta o investimento será de 25 milhões e a área também vai se tornar a sede administrativa do Porto e contar com alojamento, salas para o departamento médico e fisioterapia, mini-auditório e lavanderia. Será ao lado do terminal de ônibus.*

Agora vamos voltar ao nosso desígnio: antes víamos pela TV como torcedores, apenas os garotos da base nos estádios, mas aos poucos a torcida verde vai aumentando como visto nas imagens acima capturadas na decisão da Copa ES de 2024

Então vamos ao ***"profissa"***, rsrs – Entra na "B" em 2021 (campanha mediana com 3 vitórias, 1 empate e 3 derrotas) e em 2022 foi vice (para o Atlético Itapemirim) e sobe. Estreia na "A" em 2023 sendo 2° colocado nos 2 turnos e vai ao quadrangular final, contra o Real, Vitória e Nova Venécia, mas não chega na decisão. Em 2024 também termina na 4ª posição atrás do Rio Branco, Real Noroeste e Desportiva.

Na Copa ES sua 1ª participação foi em 2021, mas não chega às finais; não joga em 2022 e em 2023 chega até as 4ªs. mas sai para o Serra (que venceu o RB na final) >>> Em 2024, porém vem o primeiro título ao deixar todo mundo pra trás em sua chave e decidiu com o vencedor da outra, o Vitória em jogo único no Kléber Andrade. Venceu por 1 x 0 para desespero da torcida alvianil que passou a semana dizendo que a camisa pesaria na final.

##

Me penitenciando por não os ter encaixado antes em seus respectivos municípios e reconhecendo que não dá pra voltar agora por motivos técnicos (meus, rsrs) vamos abordar rapidamente alguns clubes curiosos que em período relativamente recente disputaram a "B" nos moldes atuais, mas não conseguiram subir; depois voltaremos a outros da Capital – mas os abaixo são de outras cidades >>> Os escudinhos vão na ordem em que forem citados ...

- *Esporte Clube São Geraldo* da Serra. Fundado em 1981 disputou em 1993 (mandava em casa no Robertão) e ficou em 6° entre 12 clubes; nunca mais voltou. Tem uma boa equipe no Futebol Feminino. - *Associação Esportiva Gironda*, de Cachoeiro e fundado em 1983 o clube disputou em 1994. Começou bem (até vencendo o tradicional Cachoeiro e goleando o Santa Maria) mas na sequência desandou não conseguindo avançar. Não disputou mais competições profissionais. - *Estrela de Cachoeiro Futebol Clube LTDA*. Uma ideia maluca que durou menos de 1 ano e que dentro de campo até que deu certo pois em 2004 foi muito bem nos 2 turnos. Nas semifinais eliminou o Jaguaré e na final derrotou AA Nova Venécia fora nem precisando jogar a última pois já tinha um ponto de bonificação. Aí as coisas desandaram. Não disputou a "A" seguinte (já tinha desistido da Copa ES) e fechou a tramela com menos de 1 ano de vida. - *Flamengo Capixaba*. (de Cariacica) Mais uma ideia mirabolante: queriam atrair torcedores do rubro-negro carioca e fazer um time forte com esse preceito. Jogou a "B" em 2.000. A campanha era boa, 7 pontos em 4 jogos, mas simplesmente abandonou a competição alegando problemas financeiros. Quem viu disse que tinha uma torcida barulhenta. - Associação Esportiva Cariacica. Mais "time de prefeitura" do que esse é impossível. Disputou em 1999 (mal) e acabou. Só venceu uma partida – fora na Barra do Riacho.

- Esporte Clube Rio Branco de Cariacica. Tem coisas que só acontecem no ... em 1999 a balbúrdia no RB era tão grande que um grupo de torcedores indignados com os rumos do clube resolveu fazer um outro Rio Branco e foram pra disputa. Então, no 1° semestre a torcida alvinegra foi para o "oficial" e no 2° para o Genérico. Aquele jogo que citamos lá atrás no estadinho entre o mar e o rio pela segundinha foi lá. No final das contas a decisão foi entre o mesmo Riachuelo e o Estrela (campeão) mas acontece que o Esporte Clube Rio Branco foi 3° - só se deu mal ao tomar uma goleada em Cachoeiro //// E aí vem a pergunta que nunca será respondida. Se ele sobe, quem torceria para qual no ano seguinte com os dois disputando a mesma competição? Ouso dizer que para o genérico, kkkkk

"Caçando" jornais velhos como o Folha Capichaba, Folha do Povo e Diário da manhã encontramos clubes que jogaram o campeonato da 2ª divisão - nem todos da capital - em 1919 e 1920 um tal Paulense FC (de Paul); no mesmo 1920 um time chamado Guarany que pode ser de Itacibá (pelo menos havia um campo por lá); em 1927 o Vitoriense do Morro do Moscoso; em 1936 um inacreditável Associação Esportiva dos Alfaiates e também outro: Palestra Itália FC e o Portugal que descobrimos ser Futebol Clube ("leader" até determinada rodada). Em 1945 o Náutico Brasil conhecido em outros esportes, mas que teve sim um time de futebol. No mesmo ano os jornais citam partidas no Campo do Estrela da Vila Rubim (Ypiranga e Humaitá -também da Vila Rubim); e na Fazenda Maruípe (onde jogava a craque Caxirica), Jabaquara x Botafoguinho.

Nome : Racing Futebol Clube
Fundação : 09 de outubro de 1944
Local : bairro Ilha das Caieiras, Vitória
Estádio : Manoel dos Passos Lírio

Pulando para os anos 50 encontramos em 1953 no Estádio Álvaro Matos, no Morro dos Alagoanos (o EC Alagoano disputou em 1957) um jogo entre o Racing e o Humaitá. Em 1955 o XV de Novembro contra o Grêmio Santo Antônio e em 56, fora alguns já citados, o Social (de Vila Velha), o Bonsucesso FC e o Jucutuquara; no mesmo ano o Andaraí do Bairro Santa Marta certamente ligado à Escola de Samba criada 10 anos antes. Em 57 temos um relato de um jogo também na "Reta do Constantino" citado como o Clássico entre Estrelinha e Itaúnas FC. Os dois aparecem em outras edições do campeonato da 2ª bem como o Bangu, o Vinte de Novembro, o Recreio e o Centenário. Foi o que consegui apurar e evidentemente alguns devem ter ficado de fora. /// E quem ficou que não poderia faltar entre os amadores ?????

Estrelinha Futebol Clube, Vitória.

- *Santa Cruz Futebol Clube.* Tradicionalíssimo, o clube fundado em 1928 no Bairro Santa Lúcia foi o que mais disputou a segundinha capixaba tendo sido vice em 1957. Chegou perto de disputar a 1ª divisão algumas vezes, mas a falta de poder financeiro sempre impedia a equipe de crescer mais; mesmo assim com muito empenho enfrentava as equipes com mais capacidade financeira: A.A Vale e Ferroviário formados por ferroviários da Companhia Vale do Rio Doce que os ajudava, Atlético e Santos de Vila Velha entre outros (Memória FC). // Sua sede em Santa Lúcia era usada para todo tipo de eventos, bailes de carnaval, festas de formatura, concursos de Miss entre outras atividades nos primeiros anos de existência do SCFC. // O Santa participou da Série B por pelo menos oito vezes, os anos 50 foram os melhores da equipe dentro de campo, tanto que disputou quase todas as séries B nos anos 40 e 50 de forma ininterrupta. Atualmente o clube luta na justiça pois seu patrimônio ia sendo expropriado pelo Governo Federal pela maldita Taxa de Marinha sendo que o campo se localiza a muitos quilômetros de distância do mar. Só não conseguiu devido à interferência da prefeitura e pressão dos moradores receosos de perder sua única área de lazer espremida entre prédios. Duas escolinhas de futebol funcionam no lugar. Até fogo no campo os especuladores já atearam.

E não me venham com essa conversa de que futebol amador não tem público. A 'Bala de Prata" na argumentação poderia ser essa final em uma cidade que tem menos de 15 mil habitantes, mas a região ao redor também participou - compare com a final do Capixabão 2024 no Kléber Andrade que deu 3.078 pagantes. Kkkkk

Mais de 5 mil torcedores prestigiam final do Municipal de Vila Valerio 2023.

Aí vem aquela velha conversa afiada de que os amadores são melhores do que os profissionais e eu concordo em gênero e número (em minha opinião os maiores craques muitas vezes nem chegaram a calçar uma chuteira) mas tenho minhas dúvidas quanto ao grau. Teve uma época, nos anos 70 que isto era quase unamimidade entre os boleiros e o argumento era plausível: os amadores só não venciam os profissionais pois eram trabalhadores e não tinham preparo físico nem treinamento adequado para tais confrontos. Pois bem, a turma que gravitava a loja do Ademar Cunha (um ícone do futebol capixaba que tinha uma casa de produtos esportivos fundamental e histórica para os amadores) fez um esforço junto aos empregadores para redução da carga semanal de jogadores de Vila Velha, Vitóra e Cariacica (uma Seleção) e treinaram, mesmo com as adversidades durante mais de 2 meses. Enfrentaram o Vitória (em pré temporada) e começaram o jogo fazendo 2 x 0; ainda no 1° tempo tomaram 5 gols e mais 6 no 2° e o placar final foi 11 x 2 para o Vitória mostrando que a buraca é mais embaixo. Nos dias atuais poderia ser pior já que tem jogadores que estão mais para o atletismo do que para o "futebó".

Essa foto já foi em 1990 quando s seleção da Liga de Vila Velha -e aí está justificado o registro – no Estádio Rubens Gomes. A única foto decente que existe do estádio do Santo Antônio (que amigos dizem ser no Bairro Soteco) enfrentou um time profissional e tomou uma caçambada também. Correr 90 min com a mesma intensidade não é para quem quer ... é para quem poude , rsrsrs

For Other Side - meus alfarrábios são infalíveis kkk - "Houve uma vez na América", rsrsrs -mais precisamente em 1990 um enigmático torneio tapa buraco com o VFC, ADF e Rio Branco contra o MEC, da Serra, o Glória de VV e o Brasil de Cariacica. Foi denominado Torneio Início da Copa Metropolitana. O Serra (na época amador) tirou a Desportiva nos pênaltis; o MEC venceu o Vitória (2 x 0) e depois o Glória nos pênaltis; O Rio Branco eliminou o Brasil e o Serra e foi à final contra o MEC.. Na final RB 0 x O MEC (com um jogador a menos) e tacinha pros verdes serranos. O MEC tem um belo estádio na Serra sede mas políticos optaram por investir no Serra.

3 x 1 pro MEC nos pênaltis no Jardim

ps: O Municipal venceu o início mas no Campeonatinho o RB venceu a Desportiva na final.

Sim, eu também tinha um clube amador de preferência. Era o João Nery, do bairro Sto Antônio, mas nada existe sobre ele na internet. Não chegei a ver jogar mas torcia pois meus amigos do bairro jogavam e acompanhavam as equipes.

Torcida raiz. Porto **Alegrense** de Cariacica.

"E Zéfiní"!!!

... nunca acaba ... Anexos e Penduricalhos ...sem teto>>>.

FÉ. O comerciante José Borbato se vestiu de padre para proteger o Rio Branco na decisão da Segundinha Capixaba.

Esqueci de falar no livro sobre uma homenagem que fizemos ao Wilson Pereira muitos anos depois dele ter pendurado a chuteira num jogo no Jardim. Cantamos o nome dele que recebia uma placa e ele se emocionou visivelmente

Cachoeiro e Estrela ficaram no 1x1 em Soturno. A vaga para a próxima fase da Seletiva será decidida amanhã

Em destaque no círculo o saudoso Anselmo, fundador da Grenamor

Nossos braços são fracos que importa ... temos fé, temos crença a fartar ...

Há muitas luas, zanzando pelo Facebook (que se coaduna com que eu aprecio: fotos agrupadas e textos longos - que me perdoem as "otras redsociales" imediatistas e com assuntos efêmeros, encontro uma página de outra coisa de meu interesse, o tal Rio Branco Atlético Clube.

... No peito, um crachá
Na boca, um sanduíche misto
Muito pouco aqui no bolso
Mas muita fé em Jesus Cristo

... Quem sabe ele se zanga
Desce lá do Corcovado
Passa o cajado nessa corja
Deus também fica arretado

... Mas enquanto ele não vem
Não vou ficar parado
Segure a onda, meu irmão
Que eu já tô injuriado

... Se você não me respeita
Vou radicalizar
Meto a mão em seu focinho
Eu tô cansado de apanhar

... E vamos outra vez
Pro fundo do buraco
Você não tem vergonha
E eu já não tenho saco

Era uma página criada há muito mais tempo pelo ex-jogador do clube, o Riva Costa, de 2016 e é daquelas páginas que são criadas no entusiasmo e depois de um tempo vão ficando sem postagens que incluam os objetivos para as quais foram criadas. A página estava eivada de Mercadores do Templo*. Kkkkkkkkkk

Pois bem, a página do grupo estava tomada por todo tipo anúncio de vendas de produtos, memes, gracinhas, igrejas inescrupulosas, receita de batida de cachaça, rsrsrs, enfim, de tudo, menos futebol. Aquilo me fez "subir nas tamancas" e fiz igualzinho à página da Associação de Moradores do meu bairro: procurei o administrador e perguntei: Brother, vc já viu o que estão fazendo na página que vc administra???? Passa o Cajado nessa Corja.

*Templo de Jerusalém / Neste episódio, Jesus e seus discípulos viajam a Jerusalém para a Pessach (a Páscoa judaica) e lá ele expulsa os cambistas do Templo de Jerusalém (o Templo de Herodes ou "Segundo Templo"), acusando-os de tornar o local sagrado em um covil de ladrões através de suas atividades comerciais.

No caso do meu bairro foi fácil, encontrei o amigo na rua e ele disse, é rapaz, a página virou uma zona tão grande que eu desanimei (e fez o que muitos fazem, migrou - ele tira fotos bacanas da natureza - para os instagrams, twitters, Youtubes e outras plataformas) e ainda disse: Zé, faz uma faxina lá pra mim .... Ele é como 99% das pessoas, faz tudo pelo celular e eu não, só tenho um porque precisa, mas fica dentro da gaveta, nem sai de casa. Odeio celular, kkkkkk - Como é possível as pessoas quebrarem o pescoço lendo alguma coisa naquela telinha? Kkkk - e olhe que não tenho problema em enxergar de perto. Rsrsrs

Respondi: aceito, mas terei que mudar todas as regras. OK? / E assim foi feito e está uma beleza hoje. Mas no caso do Riva foi mais difícil pois ele morava no RJ, mas ele acabou por me responder e eu disse que muitos torcedores iam na página e se decepcionavam com o conteúdo. Falei que era uma pena pois a página já tinha quase 1000 membros e estava abandonada. Ele reconheceu e alegou que estava sem tempo devido seus afazeres profissionais (era Oficial da Marinha) e perguntou o que poderia ser feito. Minha resposta foi que eu já tinha feito uma "faxina" na outra página citada. Ele me colocou como moderador e agora (2024) estamos beirando 4.000 membros ativos e muitos outros que a visitam para se inteirar das coisas não só do Rio Branco, mas de outros clubes do estado já que todos e todas são bem vindos. Buscamos ser uma fonte de informação confiável e sem falsa modéstia até um site inglês entrou em contato e disse que numa pesquisa em todas as redes que falam sobre o futebol nacional (a pesquisa foi feita em 20 estados do Brasil) no Espirito Santo ficamos na frente de muita gente boa que trata desse assunto meio desconhecido até mesmo pelos capixabas que é o futebol local. Viramos referência para pesquisadores "de fora". Nossa satisfação é ver a participação de ex-jogadores, técnicos e torcedores de outros clubes num verdadeiro resgate de nossas tradições. É essa trajetória que pretendemos registrar por aqui.

Os critérios para avaliação da equipe de Jeff Guiret sobre o tema futebol regional (tive que traduzir) foram: "o propósito" bem claro e definido; o "tipo de cobertura" (profundidade, exatidão, incluindo assuntos genéricos ou específicos, com datas importantes); a "imparcialidade" (é critério o respeito pelos adversários, mesmo abordando um clube de preferência) sem clubismos ou piadas contra as demais instituições, não misturar conteúdo com propagandas; "a interatividade" (há um referencial entre o N^{0} de membros e participação com posts (maior peso) comentários (peso intermediário) e com menor pelos likes e views; existe também um peso para pouco "sharing" ou seja material não compartilhado diretamente de outros locais (unprecedented) e finalmente se a página dá o chamado "feedback" aos posts dos usuários. A página Rio Branco Atlético Clube foi bem nestes itens. Os caras são tão detalhistas (isso foi em 2021) que quando respondi ao e-mail agradecendo e dizendo que eu tinha criado uma página auxiliar do mesmo modelo, outra pessoa (colaborador) respondeu que tinham visto também a página Torcida Bola Branca Memorial e disse que só não entrou nas avaliadas no estado pois ainda não tinha 1000 membros; na época tinha 850.

Eles enumeraram as páginas com o mesmo nome e na lista a nossa foi "A", enquanto a própria página oficial do clube era a "B", a "C" era outra da torcida, mas foi mal. A "D" outra oficial do Clube e as "E" e "F" as da Rio Branco de Cariacica e Rio Branco, beach soccer. Eles não disseram o nome das outras avaliadas, apenas as com mesmo nome, mas eu sei, entrando lá onde foi feita a pesquisa em inglês, que a nossa liderou a categoria redes com 184 pontos e na categoria páginas da web (que tem outros critérios); em 1° lugar ficou a "Memória do Futebol capixaba" e em 20° a "Tivapédia" (achei mal avaliada pois a página é muito boa, com muitos vídeos e informações confiáveis). Na nossa categoria apareceram em 2° e 3os lugares outras páginas de ex-jogadores, a página da torcida do Ibiraçu (perdeu pontos por falta de atualizações) e a do Estrela que careceu de legendas explicativas nas ilustrações; a do Vitória e do São Mateus, talvez por abordarem apenas seus clubes ficaram logo abaixo e em seguida algumas sobre o futebol hoje amador, mas que já atuaram no profissional como a do Guarapari e do Caxias. A pesquisa foi intitulada como CBRF (Context of Brazilian Regional Football) 2020/21. São 12 requisitos no total, alguns específicos para cada categoria avaliada que formam a "data Base" da pesquisa que abrangeu todas as regiões. Na região norte apenas o estado do Pará foi contemplado.

Apenas mais duas foram bem avaliadas ou seja: classificadas como confiáveis. Foram 28 páginas pesquisadas em duas categorias no ES principalmente no Twitter, Facebook, Instagram e Youtube. O WhatsApp não entrou. Ficamos na melhor colocação mesmo sem os recursos de "acessibilidade" como auxílio a pessoas com deficiência e "tradução" para outras línguas (minimizados pela plataforma Facebook que tem os recursos) e "links" para outras fontes na página principal. Somando tudo - não foi fácil entender - na comunicação deles fica implícito que tendo um melhor "design" (cheios de blá, bla, bla), fotos antigas "tratadas" com recursos pra melhor qualidade na imagem e um tal de "organization" (opção para usuários, simples e intermediários e avançados) teríamos ficado entre os melhores do Brasil zil zil nas duas categorias. Eles disseram que haveria, mas não tenho informações sobre atualizações. Tenho certeza que de lá pra cá outras boas páginas foram criadas por essas bandas como a Futebol Capixaba (tem 3 com esse nome, mas uma é muito boa); a Point do Futebol Capixaba e a própria página de Federação (na categoria Web pages) que melhorou muito. Outras pararam no tempo ... mas faz parte!!!!

Voltando às Mascotes

Leão de São Marco, Indústrial, América de Linhares e Santos são, pelo menos até agora, os quatro times que voltam a disputar o Campeonato Capixaba. O Leão é o já conhecido time do padre Emílio Escalada, o homem forte do futebol de Nova Venécia. O Leão disputou em 1977 e teve uma boa presença, fornecendo inclusive jogadores para outras equipes, como foi o caso do Chulé para o Vitória. O Industrial vai voltar quente, esperando superar o seu mais tradicional rival que é o América, o "diabo rubro de Linhares". Tanto o Industrial como o América estão armando boas equipes e Linhares vai ser destaque no Campeonato Capixaba, já que estarão bem representadas. E o Santos, de Barra de São Francisco, graças aos esforços do Enivaldo dos Anjos, volta também com a pólvora toda e com as táticas milagrosas do "Véio Zuza". Com a presença destas quatro agremiações e as outras seis já confirmadas, estamos certos que teremos um campeonato que vai superar todos os outros que já foram disputados.

Ladies: /Já citamos o Vila Nova de Vila Velha (eneacampeã estadual); o Prosperidade de Vargem Alta (atual campeã e 5 vezes Vice) o Áster e o São Geraldo, mas há outros >>> o Comercial de Castelo (campeã em 2012, 13 e 14); o Colatina (campeã em 2011) e a UNESC da mesma cidade; o Projeto SELC, o Serra, o Ipiranga e o Estadual, todos da Serra; o Guarapariense; o PSNE do Bairro São Pedro em Vitória; o Boa Esperança da cidade de mesmo nome; o Vilavelhense e o Jardinense de Vila Velha; o Galácticas de Cariacica; o Linhares; o Piúma; o AE Capixaba e o João Neiva. Estas são as em atividade, mas existiram outras no passado. No Facebook já apresentamos times femininos no passado, a saber em Colatina e Cachoeiro .Ahhh já ia me esquecendo no Santo Antônio FC também teve uma tentativa nos anos 70.

Foto Romero Mendonça

Geovani com a camisa da Desportiva

Torcida Jovem Grená nos anos 70/80

Gol do Rio Branco contra a Desportiva pelo Brasileiro Série "A"

Torcida Grená (Seu Carlinhos junto) em Jaguaré

Meus times >>>

Aqui em casa é democracia pura e nunca pensei em remar contra a maré. Cada um torce, como todos os capixabas, para quem quiser, mas seeee (não acontece, pois, levei tod@s aos estádios desde sempre) alguém quiser torcer pra Desportiva ou pro Serra, por exemplo, tudo bem, só que vai ter que dormir lá fora na casinha dos cachorros. A muié é o time de torcida mais chata no Rio, o Botafogo; o filho mais novo é Fluminense (time da avó materna) o do meio é Vasco (time da avó paterna, minha mãe) e a mais velha é Corinthians, ninguém sabe o porquê. rsrsrs

Como todo fanático pelo Association eu também torço para outros times; quando vencem comemoro, mas aplaudo o adversário que faz jus à vitória. Todavia eu confesso que vivo em um ambiente de "alta promiscuidade" e tem também os clubes que eu sou simpático / Eu sei que ninguém tem curiosidade, mas eu falo assim mesmo. TORCER >>> Flamengo / São Paulo / Grêmio / América-MG / Coritiba / Santa Cruz e Bahia no Nordeste, / Remo no Norte e Vila Nova no Centro Oeste. > simpáticos: Portuguesa de Desportos e Santos Futebol Clube em SP e Ceará apenas porque descobri um dia desses que o primeiro nome do também alvinegro "Vozão" era Rio Branco lá no passado. Tem também o falido América-RJ

Deu 13; é pouco ou é muito? Também é supersticioso como todo mundo? Então tá, não são 13 ... são 20. Kkkkk >>> TORÇO >>> Aston Villa (paixão de criança) mas gosto de todos os ingleses tradicionais * / Sporting (herança do Vô Manoel) / Borússia (pela galera) / Ajax (pela revolução no futebol e camisa incomparável) Athletic Club Bilbao (só joga quem nasceu na região – acho isso fantástico / Juventus, que inspirou as cores do Rio Branco – é sério ... Simpático << apenas a Udinese e o Estrela Vermelha da antiga Iugoslávia.

França, Bélgica, Rússia e demais europeus, clubes de TODOS os países do Continente Americano, Africano, Asiático (dos japoneses aprecio todos, pelas torcidas) Oceania e fora do planeta Terra não torço para mais ninguém. Tá vendo? Poderiam ser muitos mais ... kkkk / E antes de fechar o Confessionário, sim eu já "virei folha", torcia pro Ypiranga em Salvador, mas como o clube acabou adotei o Bahia que foi campeão brasileiro (não tinha percebido em meus tempos de Aurinegro) no ano em que nasci, 1959. Mas também só torcia pelo Ypiranga por ser o time do Jorge Amado e do João Gilberto, kkk

* Gosto dos times ingleses e de suas torcidas desde os anos 70 e todo mundo achava estranho essa admiração. Nada como o passar do tempo para mudar essa concepção de futebol feio e chuveirinho (eu explicava que era pela objetividade e busca incessante pelo gol) e hoje é o campeonato mais prestigiado do mundo. Cheio de gringos? Sim, mas hoje até os clubes brasileiros os tem ... quase todos. Rsrsrsr.

JAAA. Nov/2024

www.ingramcontent.com/pod-product-compliance
Ingram Content Group UK Ltd.
Pitfield, Milton Keynes, MK11 3LW, UK
UKHW061818190726
13853UKWH00007B/2212

9 786501 239347